oekom

Klimaneutral
Verlag
ClimatePartner.com/53585-1805-1001

Selbstverpflichtung zum nachhaltigen Publizieren
Nicht nur publizistisch, sondern auch als Unternehmen setzt sich der oekom verlag konsequent für Nachhaltigkeit ein. Bei Ausstattung und Produktion der Publikationen orientieren wir uns an höchsten ökologischen Kriterien.

Dieses Buch wurde auf 100 % Recyclingpapier, zertifiziert mit dem FSC®-Siegel und dem Blauen Engel (RAL-UZ 14), gedruckt. Auch für den Karton des Umschlags wurde ein Papier aus 100 % Recyclingmaterial, das FSC®-ausgezeichnet ist, gewählt. Alle durch diese Publikation verursachten CO_2-Emissionen werden durch Investitionen in ein Gold-Standard-Projekt kompensiert. Die Mehrkosten hierfür trägt der Verlag.
Mehr Informationen finden Sie hinten im Buch und unter:
http://www.oekom.de/allgemeine-verlagsinformationen/nachhaltiger-verlag.html

Bibliografische Information der Deutschen Nationalbibliothek:
Die Deutsche Nationalbibliothek verzeichnet diese Publikation in der Deutschen Nationalbibliografie; detaillierte bibliografische Daten sind im Internet über http://dnb.d-nb.de abrufbar.

Gesellschaft für ökologische Kommunikation mbH
Waltherstraße 29, 80337 München

Satz: Reihs Satzstudio, Lohmar
Korrektorat: Maike Specht
Umschlaggestaltung: www.buero-jorge-schmidt.de
Druck: Friedrich Pustet GmbH & Co. KG, Regensburg

ISBN 978-3-96238-107-3

FSC
www.fsc.org
RECYCLED
Papier aus Recyclingmaterial
FSC® C014889

Eva Rosenkranz

Überall ist Garten

Zufluchtsort zwischen Lebenskunst und Überleben

Mit Illustrationen von Ulrike Peters

Für
Heiner, Anna, Dawit, Martha,
den Laubfrosch
und das Federgeistchen

Inhalt

EINLEITUNG

Der Weg führt ins Offene

»Wenn ich mit intellektuellen Freunden spreche,
festigt sich in mir die Überzeugung,
vollkommenes Glück sei ein unerreichbarer Wunschtraum.
Spreche ich dagegen mit meinem Gärtner,
bin ich vom Gegenteil überzeugt.«

Bertrand Russel

Gärtnern ist der neue Sex.« Nun ja, wird angesichts dieses Slogans so mancher Gärtner mit einem angelegentlichen Blick auf Gummistiefel und Dreckränder unter den Fingernägeln gedacht haben. Und doch hat die Behauptung etwas für sich. Der Garten hat Konjunktur: vom Balkonkasten über landesweite Tage der offenen Gartentür, Reiki für Rosen, Bibel-, Duft-, Klostergärten, Gartenpiraten, Gartenkunst bis zu Urban Gardening, Schrebergärten und – immer wichtiger in den bedrohlich ausgeräumten Landschaften – als Refugium für bedrohte Pflanzen- und Tierarten. Allenthalben ist Gartenlust spürbar.

Eigentlich ist die Lust am Gärtnern alt. Man hat andere Worte dafür verwendet. Sex gehörte sicher nicht dazu. Und wenn diese Verbindung denn heute schon sein muss, so kommen mir eher jene Gartencenter mit ihrer schnell vergänglichen Ware in den Sinn. Sucht man nach Erklärungen für die Gartenträume auch junger Leute, böten sich wohl eher Sinnlichkeit, Glück oder Selbstbestimmung als Synonyme für gärtnerische Sehnsucht an.

Aber Vorsicht! Hier lauern Sentimentalität, Überhöhung und Romantik. Gärtnern ist zuerst handfest, ist Arbeit – und auch Geschäft. In Deutschland gibt es etwa 20 Millionen Gärten (Balkongärten inklusive); Ausgaben von 10 Milliarden Euro signalisieren einen riesigen Markt mit ungebrochenem Wachstumspotenzial. (Auch Gartenbücher gehören nicht gerade zu den bedrohten Spezies.)

Der Garten meiner Kindheit war ein alter, etwas vernachlässigter Großstadtgarten hinter einem Mehrfamilienhaus mit alten Obstbäumen, die wir nur allzu gern gegen alle Verbote zum Klettern benutzten, mit schwer durchdringlichem Gebüsch, das uns vor den Blicken der Mütter schützte. Gleich angrenzend (lange Zeit ohne Zaun) lag ein verwahrlostes Grundstück (die Erwachsenen nannten es »Trümmergrundstück«), wo wir, sobald wir uns unbeobachtet fühlten, spielten – und dort die eine oder andere Blessur davontrugen. Doch auch der eigentliche Garten beflügelte unsere Phantasie. Bis heute sehe ich uns in einem winzigen Sandkasten nach Grundwasser graben – leider vergeblich. Mit lustvollem Gruseln identifizierten wir Beetumrandungen als Grabsteine; auf der Rückseite, die wir in tagelanger Arbeit freilegten, standen tatsächlich Namen. Wie lange habe ich geglaubt, dass ein Toter in unserem Garten liegt!

Als ich zwölf wurde, zogen wir in ein anderes Haus mit Hof, ohne Garten. Das Trümmergrundstück wurde zur ordentlichen Grünfläche mit Bänken, auf die sich nie jemand setzte. Viele Jahre hatte ich keinen Garten. Später nacheinander einen pflegeleichten Übernahmegarten und einen badetuchgroßen Reihenhausgarten. Heute einen ländlichen Garten im Alpenvorland. Gärtnerisch bin ich Dilettantin geblieben. Die Faszination, die Gärten auf mich ausüben, fußt in jenem unspektakulären, kein bisschen gestylten Garten meiner Kinderzeit. Sein Zauber ist in heutigem Empfinden verbunden mit Begriffen wie Selbstbestimmtheit, Neugier, Sich-ins-Offene-Wagen. Angst erinnere ich kaum.

Die Avantgarde sitzt im Schrebergarten

»Ich bin dann mal im Garten« – könnte man heute, in Anlehnung an ein erfolgreiches Buch über Selbstfindung und Innehalten, als Motto ausgeben. Unverkennbar hat sich an der Hinwendung zum Garten etwas verändert, und sei es nur in der Bewertung des Gartens als besonderem Ort und des Gärtnerns nicht nur als Tätigkeit, sondern auch als Haltung. Solange es Gärten gibt, spiegeln sich in ihnen Befindlichkeit und Weltsicht jener, die sie anlegen und hegen. In der Wertschätzung des Gärtnerns finden sich Spuren von Ersehntem, Erlittenem, für möglich Gehaltenem. In diesem Sinne kann der »Garten als Zauberschlüssel« (wie der in Gärtnerkreisen berühmte Staudenzüchter Karl Foerster schrieb) funktionieren oder, profaner gesagt, als Indikator für Verluste ebenso wie als eine Art Experimentierfeld des Möglichen. Gärtnern als Ideenreservoir und Arche für die Welt von morgen – mit Glücksvorrat?

Was dem einen seine Pilgerreise, dem anderen sein Klosteraufenthalt oder sein Himalaja-Trip, ist anderen der Garten. In einer Gesellschaft mit Nomaden, virtuellen Zeitreisenden und Globalisten entwickelt das Gärtnern im Empfinden vieler Menschen eine neue (weil eigentlich alte) Dimension. Es changiert zwischen kleinen Fluchten und Freiheitssehnsucht, zwischen Müßiggang und Eigensinn. Man könnte es als eine Art Bremse bei an Beliebigkeit grenzender Flexibilität begreifen, Widersetzlichkeit gegen allgegenwärtige Gängelei und Funktionalisierung. Schaut man genau hin, erwachsen dem Gärtner allenthalben Brüder und Schwestern. Sei es die Renaissance der Kleingartenanlagen bei den 25- bis 40-Jährigen, die Trendforscher zu der These verleiten, »die Avantgarde sitze im Schrebergarten«. Das Glück um die Ecke hat durch sich verändernde Wertvorstellungen Konjunktur.

Hierzu passen Bewegungen des Selbermachens, der Trend zu Nachhaltigkeit und Wiederverwertung. »Globalisierungs- und Kapitalismuskritik, Boykott von Großkonzernen, Fair-Trade-Ideen und ein neuer Feminismus vermischen sich hier auf wundersame Weise zu einem Modell der Gegenökonomie« (Thomas Kniebe). Auch in Theorie und Praxis einer anderen Stadtkultur spielen das Nachhaltige und das Sich-handelnd-Einmischen eine wesentliche Rolle.

Natur ist in. Natur ist brisant. Natur ist hochpolitisch. Natur ist in die Philosophie, in die Gesellschaftstheorie und in die Schlagzeilen zurückgekehrt. Das hat viel mehr mit Realismus als mit Romantik zu tun. Denn viele haben begriffen, dass es um alles geht. Dieses Buch heißt deshalb: »Überall ist Garten«.

Es wäre zu einfach, solche Phänomene allein mit rückwärtsgewandter Nostalgie abzutun. Beobachter sozialer und individueller Befindlichkeiten entdecken Zeichen eines starken Bedürfnisses nach Materialität in einer Epoche radikaler Verflüchtigung. Die innere Abhängigkeit von undurchsichtigen Sachzwängen oder kafkaesk anmutenden Institutionen ist auf Dauer persönlich zerstörerisch und gefährlich für ein lebendiges Gemeinwesen. Welche Dimensionen diese Gefährdung durch eine Ökonomie des Irrealen hat, zeigten die internationalen Bankenkrisen. Eine Welt, in der mit nicht vorhandenem Geld und Gut gehandelt wird, überfordert auf Dauer Menschen und Gesellschaft. Gärtnern ist in einer solchen Welt mehr als Mode, mehr als Marktstrategie, mehr als How-to-do oder Step-by-step. Gärtnern ist Finden, nicht Suchen. Es ist Lebenshaltung, Rettungsanker und Modell einer Ökonomie des Materialen. Be the change you want to see. Diese Aufforderung setzt das Gärtnern beherzt und selbstbewusst in Tun um.

Gärtnern in diesem Sinne verstanden, könnte also konstruktiven Widerstand signalisieren gegen das Diktat von Timern und Handys in einer Welt voller Zumutungen und Überforderung. Gärtnern kann, wie die Philosophie, »die Welt geräumiger machen« (Rüdiger Safranski).

Refugium für müde Seelen

Doch bevor wir in allzu viel Emphase untertauchen, sei an die andere, die dunkle Seite des Gärtnerns erinnert: Der Garten ist, wenn überhaupt, nur in Teilen ein Paradies; er ist auch ein bisschen Hölle und ein Lehrmeister in Illusionslosigkeit. Hier haben uns ›die Alten‹ etwas zu sagen. Unsentimental bearbeiteten sie die urbar gemachte Natur. Manchmal erschien es mir unbegreiflich herzlos, wenn Großmutter dem Huhn nach einem, für heutige Maßstäbe, glücklichen Leben selbstverständlich und mit respektvoller Präzision den Kopf abschlug.

So wird im schönsten Garten gestorben, gemordet, findet unter Rosenduft härteste Auslese statt. Der Gärtner bemerkt es nur manchmal, will oft nicht hinschauen. Es schmerzt ihn, wenn an einem schönen Junimorgen die ständig nach Fressen rufenden Meisenkinder verstummt sind und nur noch Federn am Nistkasten von der nächtlichen Tragödie erzählen. Wenn die Elster unterm Kirschbaum mit weit ausholenden Schnabelhieben eine Ringelnatter für ihre Brut tötet, weiß ich, dass mein Garten, umgeben von einer weitgehend ausgeräumten Flur, Refugium dieser Schlangen ist. Ich bin nicht ermächtigt, in den Kreislauf von Fressen und Gefressenwerden einzugreifen. Unsere Gefühle, bei denen wir nur allzu gern das eigene Tun ausblenden, lassen die Natur kalt.

Und doch baut jeder Gärtner unermüdlich weiter an seinem Stück Schönheit und Schutzraum, an seinem Refugium für müde Seelen, übt sich in Respekt und Schweigen, im Ausharren, in Geduld und manchmal auch im Nichtstun. Gutes Gärtnern ist sperrig, folgt keinem Mainstream und bewährt sich als Widerlager der Gesellschaft. Im Garten lässt sich nichts erkaufen und nur scheinbar etwas beschleunigen. Je schneller wir etwas erzwingen wollen, desto eher welkt es dahin – und umso langsamer nähern wir uns unserem Gartentraum.

Virtuelle Welten haben keine Erde zu bieten, in der sich lustvoll wühlen lässt. Was Highpotentials heute in teuren Workshops mühsam lernen wollen, ist dem Gärtner selbstverständlich. Ohne groß darüber zu reden, entschleunigt er, ist kühn in seinen Entscheidungen, setzt Struktur gegen Kontrolle, ist eigensinnig, teamfähig und – in aller Illusionslosigkeit – immer wieder glücklich.

So verbindet sich in der Realität des Gärtnerns Leidenschaft mit Demut, Stärke mit Schwäche und mit der ständigen Möglichkeit des Scheiterns. Hier kommt der Gärtner jenem Wesentlichen nahe, das seinem Tun zugrunde liegt: Gärtnern ist Widerspruch, Gegensatz und der permanente Versuch, Balance zu halten. Gärtnern changiert zwischen Nüchternheit, jenseits allen Wehklagens, und Vision, zwischen Vergänglichkeit und Hoffnung auf Wiederkehr, zwischen Unbezähmbarkeit und Glück. Diese Gegensätzlichkeit auszuhalten, muss ein Gärtner immer wieder lernen – und dass der Kampf um Vorherrschaft nicht endgültig zu gewinnen ist. In der Schlacht gegen die Schnecken wird auch der Gärtner zum Opfer. Dies zu sehen, bietet die Chance, gegen Absolutheitsansprüche immun zu werden, gegen jedwede Behauptung vom einzig Richtigen und Machbaren.

Beim Gärtnern geht es um Verstehen, Staunen, Annehmen und Immer-wieder-neu-Beginnen. Ein guter Garten ist wie ein spannungsreicher Dialog. Reden wir also angesichts aller Garten-Hypes nicht von der Rückkehr zur Natur; die Blaue Blume der Romantik kann schon morgen Schneckenfraß sein. Der Stachel der Vergänglichkeit ist allen Hochglanzversprechen zum Trotz nicht auszureißen. »Natur! Wir sind von ihr umgeben und umschlungen – unvermögend, aus ihr herauszutreten, und unvermögend, tiefer in sie hineinzukommen. Ungebeten und ungewarnt nimmt sie uns in den Kreislauf ihres Tanzes auf und treibt sich mit uns fort, bis wir ermüdet sind und ihren Armen entfallen.« Diesem Wissen Goethes ist auch heute wenig hinzuzufügen.

Eigensinn in Gummistiefeln

Bei aller illusionslosen Nüchternheit, die das Gärtnern lehrt, lebt jeder Gärtner auch im Bann des Versprechens von Zauber, Geheimnis und Schönheit, das in jedem Garten aufgehoben ist. Das Glück beginnt mit winterlichen Eisblumen-Träumen und endet noch lange nicht mit dem frechen Gruß des ersten Laubfroschs. Angesichts von Katastrophenszenarien, die den Mehltau an der spröden Constance Spry nur scheinbar nebensächlich erscheinen lassen, bleibt der Gärtner nüchtern-visionär: Er findet, umgeben von gesellschaftlicher Rat- und Trostlosigkeit, immer wieder Wege zwischen Rose und Klimawandel, zwischen Arnika und Feuerbrand. Beharrlich bildet er sich ein, aus dem Erkennen der Zaunkönigstimme erwachse mehr als persönliches Glück.

Garten – »das sind Bilder des Paradiesgartens in dieser Welt, physische Formen, die uns helfen, uns eine Vorstellung vom wahren Paradies zu machen. Gärten ermöglichen dieses Dasein, weil sie nützlich und fruchtbar, wirklich und nüchtern sind, sie sind Nahrung und Ernährer, aber gleichzeitig Überfluss und Luxus, Schönheit und Schmuck, Entzücken und Rausch; Brot und Spiel, Mühe und Erholung, Existenz und Freiheit in einem« (Dževad Karahasan).

Zwischen solchem Wissen bewegt sich dieses Buch als Melange aus Lebenskunst und grünem Daumen. Es wandert umher zwischen Sinnlichkeit und Mehltau, Sehnsucht und Hexenschuss. Es erzählt Geschichten vom Dachs im Sandkasten und von einer Königin aus dem Nichts, vom geheimnisvollen Minikolibri und von der Holundersuppe im Winter. Es lädt ein zum Flanieren in kleinen und großen Gärten, in Phantasiegärten, in Wunderwerken genialer Gärtner quer durch die Kulturgeschichte. Es präsentiert Geschichten über Eroberer und Besiegte, unglückliche Gartenlieben, den Frauendreißiger im August, waghalsige Pflanzenjäger und eigensinnige Zuversicht in Gummistiefeln.

Der Garten soll sichtbar werden als kulturgeschichtliches Phänomen und als Sehnsuchtsort in einer Welt voller Zeitnot, Lärm und Fremdbestimmung. Der Garten als Ort der Kommunikation, der Begegnung mit sich und mit der Natur. Der Garten als Hort der Selbstbestimmung, Phantasie und schöpferischen Energie, der Lebensrettung (manchmal), Muße und Visionen. Der Garten als Lehrmeister und Freund, als Therapeut und Wegweiser, als Spiegel und Versprechen. Und der Garten als Refugium von Langsamkeit, Geduld, Zuhören, Sinnlichkeit und Mut, als eine Schatzkammer voller Geschichten, Abenteuer, Poesie und Kultur. Es geht um Sichtbares, Riechbares, Fühlbares, Hörbares, um vergessene Pflanzenschätze, um Lebensqualität und Gartenzauber. Eingeteilt in zwölf Kapitel – eines für jeden Monat des Jahres.

Jedes Kapitel bekommt eine Pflanze und ein Tier als Leitmedium im gärtnerischen wie im gesellschafts- und umweltpolitischen Sinn. In Charakter und Geschichte der Pflanze spiegeln sich gleichzeitig Jahreslauf, Botanik und Kulturgeschichte. Im Wechselspiel beider Lebewesen entpuppt sich Garten- und Lebensrealität. Jeder Monat steht damit auch für ein übergreifendes Phänomen, wie etwa den Verlust der Nacht, das Artensterben oder das Überlebensprinzip Vielfalt, und hat einen Paten aus Literatur oder Philosophie. Dabei beharre ich in Auswahl und Zuordnung auf meinem persönlichen Eigensinn, lasse manch gärtnerische Ordnung außer Acht und gebe Krisenzeichen Raum. Und ich gestatte mir das Vergnügen, hier und da querfeldein zu denken. Etwa wenn die Amsel nicht als Künderin des Frühlings erscheint, die sie in Zeiten des Klimawandels im Übrigen vielfach nicht mehr ist, sondern meinen Dezember begleitet und sich dort auf den zweiten Blick doch wieder als Botschafterin des Anfangs erweist.

Es gibt keinen Garten ohne Träume und ohne Dreck, ohne Sehnsucht und ohne Sterben – auch in Zeiten von Instant Gardening und Fast-Food-Pflanzen, in denen sich unsere innere Überdüngung spiegelt.

Ein duftendes Trotzdem

Dieses Buch will Augen öffnen. Es erzählt von Gefahr und Glücksfähigkeit. Es will verzaubern, mit Sprache, mit Bildern, mit Geschichten. Es ist ein gärtnerischer Mutmacher voll nüchterner Zuversicht und ungebremster Lust an der Erkenntnis. Es ruft dazu auf, der Sehnsucht zu folgen und der Realität ins Auge zu sehen, im Sinne gelassener Risikobereitschaft. Es ist überzeugt, dass Schönheit heilt und Denken hilft – und dass immer alles möglich ist. Es ist begeistert subversiv, spielt auf unbespielbaren Klavieren und träumt von Sommerwind an nackten Beinen.

Dieses Buch sammelt magische Momente und furchterregende Zerstörung. Es ist eine kühle Analyse und eine *emotional journey*. Es legt Zeugnis ab von jenem unbesiegbaren Sommer in jedem von uns.

Es speist sich aus der Überzeugung, dass überall Garten ist. Es erzählt auf der Ebene der Gartenerfahrung vom Charme der kalten Sophie, von Hungerkünstlern und Mimosen, vom frechen Ruf des Laubfrosches oder von verlorener Dunkelheit, von Sehnsucht nach Stille und Muße. Es birgt Zauber und berichtet doch aus der Gefahrenzone.

Doch in aller Illusionslosigkeit möchte ich mich zu einer Prise Empathie bekennen: »ein Mensch, der seine Empathie bewahrt und versucht, sich nicht blenden zu lassen. Von gar nichts« (Henning Ahrens).

Gedacht ist an ein Buch für Gärtner, die schon alle Gartenbücher haben, für Nichtgärtner, die von Gärten träumen – und für all jene, die hin und wieder den Zumutungen unserer Gegenwart die Zunge herausstrecken.

Nicht zuletzt will dieses Buch einen kleinen Beitrag zur ›Bezauberung‹ unserer Welt leisten. Denn die Gewissheiten sind dahin. Der Weg führt ins Offene, und von den Rändern unserer Gärten öffnet sich der Blick.

JANUAR

Torwächter schützt Unbekümmerte

Buchsbaum und Spatz

»Ein einziger Vogel genügt,
damit der Himmel nicht stürzt.«

Faraj Bayrakdar

Der Januar ist eine Enttäuschung. Fraglos ist das ein gewagter Einstieg in ein Buch zum Garten. Aber bleiben Sie bei mir! Enttäuschung wird Erstaunliches zum Vorschein bringen.

Enttäuschung schafft Klarheit, auch Enttäuschungen haben ihren Reiz. Denn der Januar lehrt, sich künftig kein X mehr für ein U vormachen zu lassen. Er verspricht Durchblick. Lassen Sie sich also nicht abschrecken.

Bleiben wir zunächst bei meiner Enttäuschung.

Ja, ich kann den Januar nicht leiden – eigentlich. Er fühlt sich jedes Jahr länger an als 31 Tage, viel länger. Warum?

Nichts los nach all der Dezember-Aufregung, dunkel, alles offen, kein Aufbruch, zu viel wegräumen, Kerzen abgebrannt, Weihnachtsbaum wird grau und lässt Zweige hängen; melancholisch, weil Weihnachten so schön, so gemeinschaftlich, so still war; unwirsch, weil das Getriebe wieder anläuft; Sehnsucht, dass die sanfte Zeit von Weihnachten bis zum Jahreswechsel, hier in Bayern bis Dreikönig, noch ein wenig bleiben möge …

Das Gegenteil ist der Fall. Sobald der erste Tag nach Ferienende heraufzieht, bricht hektische Betriebsamkeit aus. Als müsse sofort alles nachgeholt, nachgelebt werden. Nur ja nicht den Eindruck erwecken, es sei gut gewesen in der Ruhe und Stille (die ungeduldigen Weihnachtsurlauber haben sowieso nur die eine Hektik mit der anderen vertauscht). Den Müßiggang und die lange Weile, in Bayern gibt es hierfür das wunderbare Wort Zeitlang, gilt es vergessen zu machen. Nur nicht zeigen, dass ein anderes Leben denkbar, sogar schön wäre, dass wir gern ein wenig vom Nachsinnen, Langsamsein, heute sagt man Entschleunigung, bewahren würden. Es könnte anders sein, ist eine so verlockende wie beklemmende Botschaft.

Enttäuschung setzt Erwartungen voraus. Der Kalender verspricht Neues, zwölf Monate liegen vor uns, Vorsätze haben Konjunktur. Doch der Blick in den Garten ist ernüchternd. Von wegen »allem Anfang wohnt ein Zauber inne«. So predigen denn die meisten Gartenbücher zum Jahresbeginn, wenn der Winter gerade ein wenig ernst macht, Pseudoaktivitäten. Schnell wieder in den Arbeitsmodus schalten.

Im Garten passiert – nichts. Und deshalb versuchen viele Gartenbücher, die dem Monatsrhythmus folgen, die Januar-Langeweile heftig zu übermalen. Mit dem Hinweis auf neue Kataloge und neue Züchtungen, mit Traumbildern von Frühlings- und Sommergärten. Oder wenigstens mit schön ausgeleuchteten Winterbildern. Die Botschaft heißt: Einkaufslisten machen. Enttäuschung in Käuflichkeit umdeuten.

Das ist verständlich. Aber der Blick aus dem Fenster zeigt in meinem Garten Graubraun als Trendfarbe. Melancholischer geht es kaum. Der Garten widersetzt sich, wie die gesamte Natur draußen, jedem Anflug von Beschaulichkeit, ist beharrlich still, spröde, abweisend. Als sei alle Kraft nach innen gerichtet, aufs Überleben konzentriert.

Der Januar-Garten mutet ungastlich, unversöhnlich, kompromisslos an. Keine Beschönigung. Kein Trost.

Gemeinsam sind wir stark

Da wird gefiederter Widerspruch laut. Spatzen – erst einer, dann zwei, dann … 17, 18, 19. Mag sein, dass ich mich hier schon verzählt habe. Sie können einfach nicht still sitzen. Schon gar nicht, wenn es um Futter geht. Und das übrigens nicht nur im Winter. Aber jetzt lassen sie sich an den Futterstellen auf der Terrasse aus relativer Nähe beobachten. Und ich kann sie im Vergleich mit anderen hungrigen Gästen studieren. Nein, Wintervogel ist nicht gleich Wintervogel. Natürlich wollen sie alle nur eines: fressen. Damit haben sich die Gemeinsamkeiten auch schon. Die Hochlagen des Futters sind Lieblingsplätze der Meisen, der etwas behäbig wirkenden Kohlmeisen wie der feingliedrigen Blaumeisen. Wenn es nicht anders geht, klemmen sich auch Spatzen auf den Rand des mit Glas überdachten Futterrondells. Und wie üblich, nicht nur einer, sondern möglichst alle – was notgedrungen zu Abstürzen führt. Was soll's, scheint der eine oder andere zu signalisieren. Schauen wir mal, was auf dem Holzdeck so rumliegt. Die Meisen haben etwas indigniert (das ist natürlich eine Vermutung, die ich mit großem Vergnügen nicht nur im Januar anstelle) im angrenzenden Winterschneeball Platz genommen und beobachten das Gedränge. Während die meisten Spatzen also am Boden picken – für die oben verbliebenen ist es auch bald langweilig, und sie schauen mal bei denen unten vorbei –, kommen einige Meisen zurück.

Was nun folgt, ist mir bis heute unklar. Die Meisen kehren das Futter von unterst zu oberst, werfen so einiges runter zu den Spatzen. Die nehmen den Futterregen fressend zur Kenntnis, ohne jedoch alle Brosamen zu akzeptieren. Vor allem sind ihnen Sonnenblumenkerne augenscheinlich zu mühsam. Die bleiben oft wochenlang liegen, bis ich sie durch Ritzen und über die Ränder der Terrasse fege. Im Frühjahr sprießen dann aus Zwischenräumen, in Blumenkästen, an Holzkanten Sonnenblumen. So fällt für die menschlichen Mitbewohner etwas ab.

Die Hilfe aus den oberen Etagen nehmen auch Rotkehlchen, Erlenzeisig, Zaunkönig oder Amsel gerne in Anspruch. Letztere versuchen erst gar nicht, sich in die aufragende Futterstelle zu klemmen. Eine Amsel hat es mal versucht, mit vorhersehbarem Ausgang. Rotkehlchen und Zaunkönig sind ausschließlich hüpfende Bodenfresser. Eine Strategie, die sicher einen guten Grund hat – strenge Zuordnung der Gartenetagen vielleicht –, aber in jedem Fall riskant erscheint. Nachbars Kater ist nie weit.

Highlights bei der Wintergesellschaft sind die Fettbälle, die ich in Metallkörbchen an langen Stielen unterbringe, dort, wo einst Kerzen vorgesehen waren. Auf der überschaubaren Oberfläche dieser Kugeln finden bis zu drei Spatzen Platz, wobei Tumulte, Geflatter und paarweises Auffliegen mit kurzem Lufttänzchen unvermeidlich zu sein scheinen. Um die Futterbälle herum wird jeder halbwegs taugliche Zweig, trockene Stängel oder vergessene Stützstab als Sitz genutzt, um den Abflug der zuerst Fressenden ja nicht zu verpassen. Wildes Geschaukel inklusive. Ich habe den Eindruck, dass Geduld nicht die stärkste Qualität von Spatzenpersönlichkeiten ist.

Wenn ich die Spatzenschar auf der Terrasse einfallen sehe, erinnere ich mich an ein Frühsommerbild: das Spatzenbad. Einer vorne weg in die Matschpfütze mit ausreichendem Wasserstand, bestimmt der Kundschafter; dann 1, 2, 3, 4, 5, 6 hinterher. Ein spritziges Geplansche, halbe Tauchversuche. Ein wenig wie im Nichtschwimmerbecken für die Kleinsten. Schließlich fliegen alle auf, bis auf den Ersten. Seine Begeisterung scheint grenzenlos. Immer wieder streckt er den Kopf vor ins Wasser und lässt es in einer schnellen wellenartigen Bewegung über den Körper laufen. Erst als er komplett nass wirkt, fliegt er tropfend und zerzaust in die nahe Weide, wo die anderen bereits ihr Gefieder sortieren.

Ich bin verliebt in die Unbekümmertheit der Spatzengesellschaft und könnte ihnen ewig zuschauen. Sie setzen unverbrüchlich auf Gemeinschaft. Wie stark ihr Zusammenhalt und wie gefährdet dieser ehemalige Allerweltsvogel heute ist, lässt sich überall auf dem ›Planet der Spatzen‹ studieren.

Übrigens ist Spatz ein Kosename für die Sperlinge (Feld- und Haussperling), von denen etwa 500 Millionen weltweit leben;

beide Namen werden auf sprachliche Bedeutungen von ›zappeln‹ zurückgeführt. Was meinem Eindruck von den unentwegt hüpfenden, auffliegenden, drängelnden Lebenskünstlern entspricht. Lebenskünstler? Welch großes Wort für diese kleinen Vögel, die es nicht einmal zu einem auffälligen Gewand gebracht haben. In Tausenden von Jahren haben sie sich in Braungrau den Menschen und ihren Behausungen angepasst, suchen ihre Nähe, bleiben aber wachsam. Nimmt man eine Notiz von Alfred Brehm ernst, so scheint eine gewisse Vorsicht der Spatzen gegenüber Menschen durchaus ratsam: »Er ist ein schrecklicher Schwätzer und ein erbärmlicher Sänger. Trotzdem schreit, lärmt und singt er, als ob er mit der Stimme einer Nachtigall begabt wäre.« Auch die Beschreibung ›Dreckspatz‹ ist wohl nur mit Wohlwollen als zärtlich einzustufen, verweist aber auf ihre Vorliebe für Staubbäder, um die Federn von Parasiten frei zu halten. Kaum jemand weiß, dass China unter Mao Krieg gegen die Spatzen führte. Man wollte ihnen die Schuld an den Hungersnöten unter die Federn schieben. Landesweit wurden die Spatzen durch Lärm und Verjagen für drei Tage in der Luft gehalten. Zwei Milliarden Vögel starben. Die Folge: Die Schädlinge nahmen überhand, und Feldsperlinge wurden wieder importiert. Menschliche Dummheit vom Schlimmsten.

Aus Zuneigung zu der graubraunen Gesellschaft in meinem Garten, deren Gepflogenheiten mir so wenig vertraut waren wie ihre Allgegenwart selbstverständlich, habe ich einige Informationen eingeholt. Sie leben, wenn es gut geht, etwa vier Jahre, führen eine Dauerehe mit Seitensprüngen, in der das Weibchen entscheidet, wessen Nestangebot ihren hohen Ansprüchen genügt. Sie brüten bis zu viermal pro Jahr, versorgen auch Küken, die verwaist sind, und haben den höchsten Anteil an Verkehrstoten. In allen Großstädten sind sie zu Hause. Die weltweit größte Spatzenkolonie lebt in Paris an der Kirche Notre-Dame; ihr Flugballett gehört dort zu den Attraktionen. Gehörte muss man nach dem Brand der berühmten Kathedrale wohl sagen. Über die Verluste der Spatzen ist bisher nichts bekannt. Doch die Verluste dort fallen angesichts der gesamten Notlage wohl kaum ins Gewicht.

Und dabei ist der Spatz uns Menschen so selbstverständlich, dass wir fast übersehen hätten, wie stark die Bestände zurückgehen (in Europa fast halbiert). Ursachen sind industrialisierte Landwirtschaft mit hohem Gifteinsatz und weitreichender Verödung der Landschaften sowie Futtermangel insbesondere durch das Insektensterben, außerdem die Vernichtung von Hecken als Schutzgehölze sowie gedämmte Häuser und fugenfreie Dächer. Daraus resultiert massive Wohnungsnot. Aus einigen Städten sind die Spatzen verschwunden.

Geheimniskrämer und Freigeist

Von Gefährdungen und Verlusten wird übers Jahr immer wieder zu berichten sein, denn sie lauern auch um mich herum an jeder Ecke.

Hier ist es an der Zeit, meinen Garten, der mich zu diesem Buch bewogen hat, ein wenig vorzustellen. Er liegt in der oberbayerischen Moränenlandschaft, einem ›gletschergeborenen Land‹, am Rand eines Dorfes mit 1500 Einwohnern. Bis vor 25 Jahren war er eine fette Wiese; bis heute grenzt er an landwirtschaftlich genutzte Flächen. Er misst etwa 900 Quadratmeter und hat eine überwiegende Südausrichtung. Das Haus bildet einen lang gestreckten Schutzwall gegen Norden. Für mich strahlte er von Beginn an Gleichmäßigkeit aus, die ich heute Gleichmut zu nennen wage. Auf mich wirkt er unaufgeregt und schön.

Er ist kein Paradiesgarten, kein ›Mein schöner Garten‹, keine Wildnis. Im Laufe der Geschichten um ihn herum wird er Kontur gewinnen. Mit seinen wunderbaren Plätzen und schwierigen Ecken, die aber andere Gartenbewohner für ein gelungenes Leben schätzen. Mit seinen Zuwanderern und Geflüchteten, den Widerborstigen und Anhänglichen. Er hält Überraschendes, Wildwuchs, Geplantes und Ungeplantes bereit – mein Sinn und des Gartens Eigensinn kollidieren hin und wieder.

Schaue ich in beliebte landlustige oder in eher streng kultivierte Zeitschriften zum Garten, beschleichen mich Zweifel, ob jemand außer mir die innere Struktur meines Gartens erkennt. Werde ich den Ansprüchen an einen ›guten‹ Garten gerecht? Sogleich beginne ich im Kopf zu planen, wegzunehmen, neu zu pflanzen. Manches setze ich in die Tat um, vieles nicht, noch nicht, möchte ich hinzusetzen, um die Hoffnung nicht aufzugeben, es doch noch zu realisieren – irgendwann.

Heute prägen ihn einige große Bäume; darunter meine Lebenstrostbuche, deren Vollendung ich trotz ihres beachtlichen Alters von 50 Jahren nicht erleben werde, außerdem der Hüter meines Apfelbaumbüros, zwei Süßkirschen und eine Ulme ganz am Rand (zu dicht an der Ackergrenze …), die dem Ulmensterben trotzt – noch. Anderes kommt hinzu, das im Laufe des Gartenjahres hier und da eine Rolle spielen wird. Die Baum-Mitbewohner mögen den Eindruck erwecken, es müsse schattig sein in diesem (für bayerische Landverhältnisse) mittelgroßen Garten. Aber das ist nicht der Fall. Es gibt eine angenehme Verteilung von Licht und Schatten, die im Tageslauf durch den Garten wandern und einladen, immer neue Plätze zu erkunden. Nach ernüchternden Versuchen gibt es keinen Gemüsegarten, dafür mehr und mehr wilde Wiese für die Insekten (unsere gemeinsame Geschichte werde ich im Juni erzählen), eine Vielzahl von Stauden und noch mehr Rosen (eine kleine Bestandsaufnahme verspricht ebenfalls der Rosenmonat). Klingt unspektakulär und ist es wohl auch. Manchmal erscheint mir der Garten riesig mit seinen sichtbaren und unsichtbaren Bewohnern, mit all dem, was sich beobachten lässt. Er ist ein Geheimniskrämer (ein Wort, das meine Großmutter gern benutzte), der mir lächelnd die kühle Schulter zeigt, gleichwohl voller Angebote steckt, zu sehen, zu riechen, zu staunen. Unerwartet berührt er – und sei es nur mit einer Brennnessel, die ich, unbedarft umhergehend, übersah.

Er ist offen, aber wir würden uns nie an Vorzeige-Aktionen beteiligen. Manche werden ihn als wild empfinden (der Freund meiner Tochter fragte augenzwinkernd, ob die Bienen nicht eine Machete benötigen). Obgleich ich erst in den Weiten Kanadas gelernt habe, was wild bedeutet. Nein, wild ist er wohl nicht. Wäre er ein Mensch, würde ich ihn als Freigeist bezeichnen, der mich jeden Tag etwas lehrt. Vielleicht könnte ich ihn auch einen Lehrer im Querfeldein-Denken nennen. Er zieht stets eine andere Möglichkeit in Betracht, denn die oft vorgegaukelte *eine* Antwort gibt es nicht.

Natur eben. »Sie ist klug, sensibel, erfinderisch und genügt sich selbst« (David Boyd). Damit ist Wesentliches über meinen Garten gesagt.

Der Janusköpfige und die Magie

Aber jetzt ist Januar, und der Garten lehrt mich nichts – jedenfalls auf den ersten, zweiten und dritten Blick.

Für die alten Gartenbeobachter war er der härteste Monat des Jahres. Die Energie der Natur ist dick zugedeckt, tief versteckt, geschützt. Das Samenkorn liegt unsichtbar in der Erde, Eier und Puppen warten in Altholz oder welken Pflanzenresten, Bäume und Sträucher wirken wie tot. Ernüchternd jeder Blick nach draußen. Der kälteste, dunkelste, abweisendste Monat und Höhepunkt des Wenig im Jahreslauf. Fast alles draußen ist nun ungeschmückt, pur und nackt. Die Bäume stehen entkleidet da. Ein wenig erstaunt und verschämt muten sie an. Nackte Schönheit? Nur meine Buche trägt weiter ihr noch an die rotgoldene Herbstfärbung erinnerndes Gewand, wie die kleinen Hainbuchen (botanisch übrigens nicht ihre Schwestern) in der Südhecke, die nach dem großen Kahlschlag, von dem noch zu erzählen sein wird, gepflanzt wurde. Erst die Frühjahrsstürme werden die alten Blätter hinwegfegen.

Die längste Nacht der Wintersonnenwende ist kalendarisch im späten Dezember; doch wird sie erhellt vom Lichterfest Weihnachten. Erst der Januar lässt uns den Mangel an natürlichem Licht spüren. Er liegt zwischen dem Einstieg ins Dunkel und dem Ausstieg zu Lichtmess Anfang Februar. Januar und Februar empfinde ich daher als Winterzwillinge mit voneinander abgewandten Gesichtern: Der eine schaut ins Dunkel, der andere ins Licht.

Und in der Tat verdankt dieser Monat seinen Namen dem antiken Gott Janus; der mit den zwei Gesichtern. Eines blickte in die Vergangenheit, eines in die Zukunft. Er war der Hüter des Tores, des Ein- und Ausgangs. Der 1. Januar war ihm geweiht. Den kalendarischen Jahresbeginn markiert der Januar aber erst seit dem 2. Jahrhundert vor Christus.

Als Hüter der Schwelle stehen an der Nordseite zu unserer kleinen Straßen zwei Buchsbäume. Übermannshoch weisen sie den Weg zum Haus und entlassen mich in die Welt. Als Schutzbaum, dessen magische Kraft bis in antike Kulturen zurückreicht, begleitet er die Menschen, galt als Sinnbild des Lebenszyklus, der Liebe und der Unsterblichkeit. Später spielte er als gärtnerisches Gestaltungselement zum Beispiel in den Gärten der französischen Könige eine wesentliche Rolle. Bis heute wird der Buchs in rituellen Gebräuchen eingesetzt, etwa für die vorösterlichen Palmbuschen. Im Garten wird er vielfach als pflegeleichte Einfassung verwendet, wobei ihm seit einiger Zeit der Buchsbaumzünsler an die immergrünen Blätter rückt. Ein zartweißer Schmetterling, der aus Ostasien eingeschleppt, in Wahrheit für den hiesigen Buchsbaum-Hunger als ungebetener Gast mitimportiert wurde.

Mir gefällt die Idee des Schutzbaums, auch wenn ich erst lange nach dem Pflanzen davon erfahren habe. Dass die Magie von Pflanzen mir im Januar in den Sinn kommt, ist auch Teil seiner Janusköpfigkeit. Über Jahrtausende haben Dunkelheit und Kälte die Menschen geängstigt; ihre Tage waren kurz und die langen Nächte bedrohlich mit Traumgestalten und Geistern bevölkert. Die im Alpenraum verbreiteten Raunächte zeugen von dem Bedürfnis, sich für die härtesten Zeiten im Jahr Schutzgeister zu wünschen.

Die Magie von Pflanzen ist aber keineswegs auf winterliche Ängste beschränkt. Der Seidelbast, den ich in diesem Winter geschenkt bekam und der nicht weit von den Buchsbäumen einen Platz gefunden hat, strahlt mit seinen oft schon im Januar erscheinenden lilafarbenen Blüten etwas Magisches aus. Vielfach geht solche Anmutung mit stark giftiger Wirkung einher und mit dem Einsatz in der Heilkunde. Der Buchsbaum enthält 70 bekannte Giftsubstanzen, die übrigens die Raupen des Buchsbaumzünslers speichern und damit selbst für mögliche Fressfeinde ziemlich schwere Kost werden. Allerdings wurde hin und wieder beobachtet, dass Meisen die Raupen an ihre Brut verfüttern. Vielleicht bahnt sich ein Anpassungsprozess bei hiesigen Vögeln an, um diese üppige Nahrungsquelle ausschöpfen zu können.

Im vielfältigen Potpourri der Zauberpflanzen ragt die Alraune (wohlklingend auch Mandragora) heraus; sie beschäftigt die Phantasie bis heute. In meiner Diele hängt die Zeichnung eines Freundes – eine Alraunenwurzel, die sich bei konzentriertem Schauen in ein Liebespaar verwandelt. Um diese heiligste Pflanze, deren Wurzel alte Zeichnungen oft in Menschengestalt zeigen, ranken sich eine Vielzahl von Mythen, und damit hat sie es sogar in die Harry-Potter-Filme geschafft. Dort wird die Legende aufgegriffen, dass die Alraune beim Ausgraben zu schreien beginnt und Menschen um den Verstand bringt. Ich selbst habe vor einigen Jahren eine Alraunenpflanze erworben, sie vorsichtig, ohne ihre Wurzel freizulegen, in einen Topf gepflanzt. Dort machte sie nichts. Regungslos war sie weder bereit zu wachsen noch zu blühen. Eines Nachts verschwanden alle Blätter. Nach langem Zögern – eigentlich glaube ich nicht an Zauber – habe ich die Wurzel ausgegraben. Geschrien hat sie nicht.

Anmut des Winters

Trotz Spatzenglück und Pflanzenmagie holt mich der Januar-Blues wieder ein. Der Garten im Monat eins des Jahres ist eine Kampfansage an unser Schönheitsempfinden. Erst recht an jenes laute Blühdiktat, das Gartencenter und Baumärkte propagieren. Doch ich widersetze mich dieser Versuchung, den kleinen Fluchten in schnelles Ersatzglück – und schaue hin.

Besser wird mein Eindruck allerdings nicht. Es sei denn, man möchte die Erfindungsgabe der Farbe Braun besingen. Denn der

Garten ergeht sich in immer neuen Variationen dazu. Dunkelbraun Faulendes, aschbrauner Matsch, beigebraun Absterbendes, tückisch schwarzbraun schillerndes Totes. Klingt ein wenig nach botanischer Leichenfledderei. Man könnte hier ein Loblied der Vergänglichkeit auf die Geheimnisse von Verwelken, pflanzlichem Recycling und natürlicher Müllvermeidung anstimmen, was ich aber zunächst auf den November verschiebe. Immerhin halten manche Storchschnäbel mit fein rötlichem Schimmer dagegen, ebenso wie eine einsame weiße Rosenblüte. Der Gesamteindruck ist jedoch – braun.

Doch wie immer im Garten ist die Vorherrschaft des Augenfälligen, hier des wenig Zauberhaften, nur ein Teil der Wahrheit. Denn da ist auch dieser betörend schöne Wintermorgen. Schnee, Kälte. Schimmernder Nebel liegt wie feine Spitze auf der Landschaft, darüber spannt sich ein intensiv blauer Himmel. Die noch tief stehende Sonne verwandelt den Schnee auf Bäumen und Büschen in diamantene Schnüre.

Oder: die Traumtage im Januar. Durchscheinend; manchmal schieben sich Schneewolken langsam ins Blau, silberkristallglitzernde Schneeplättchen sinken vom Himmel und werden im Schwebflug von schräg einfallenden Sonnenstrahlen zu Lichtflocken veredelt. Als fiele reines Licht zur Erde.

Oder: Froststarre Schönheit im frühen Sonnenschein verführt mich, mit nackten Füßen langsam die glitzernde Oberfläche des Schnees zu erkunden. Wie lange halte ich die Kälte aus?

Oder: geliebte Eiszapfen – altmodische Überbleibsel einer anderen Welt. Es muss etwas tropfen, die Dachrinne zum Beispiel. Aber welcher Hausbesitzer lässt schon seine Dachrinne tropfen? Ich. Über dem alten Rosenstock an der Nordseite, wo sich ein bizarres Eiskunstwerk bildet. Je nach Tropfendauer immer anders. Und ich höre schon die Warnungen. Eiszapfen sind wie Dachlawinen gefährlich – schön.

Und: als wir mit den Kindern ausgelassen Schneemann und Schneefrau bauen, selbst im Alpenvorland eine Rarität in Zeiten des Klimawandels.

Der Januar kann eben auch das: Winter vom Feinsten.

Der Morgen etwa, als alles in Glas gegossen scheint. Büsche bis in die feinsten Verästelungen mit glitzernder Eisschicht umhüllt, die Buche mit ihren trockenen Blättern, die nun mit feinen Eisrändern verziert sind, der große Apfelbaum mit seiner Schirmkrone, der still verharrt, als könne nichts ihn aus der Winterruhe holen. Welche Grazie.

Der kleine Apfelbaum wirkt dagegen etwas zauselig; ich habe im Laufe der Jahre wohl zu unentschlossen geschnitten. So mutet sein Astwerk an wie eine wilde Mähne, die jetzt fast weiß wirkt. Gleichwohl ist er der Empfindsamere; denn die Sorte Cox Orange zeichnet sich durch ein fein zwischen Süße und Säuerlichkeit abgestimmtes Aroma aus, ist dabei frostempfindlich und auch sonst für allerlei Unbill empfänglich. Das wissend, habe ich mich für diesen Apfel entschieden, weil er als guter Befruchter für die große Renette gilt und weil ich mich von all den wohlmeinenden Ratschlägen, die mir als Gartendilettantin auch nach Jahren noch begegnen, eher herausfordern lasse. Auf 650 Höhenmetern ein Cox? Ja, klar. Einen Versuch ist es wert. Heute belohnt er mich – manchmal – mit kleinen Kostbarkeiten. Und was mindestens genauso zählt, unter seiner Krone herrscht noch an heißesten Sommertagen frische Kühle. An diesem Januartag ist allerdings nur Kälte geboten.

Überhaupt, die reine Architektur von Bäumen und Büschen, die sich unverdeckt zeigt. Der sparrige Holunder, die phantasievoll gemusterte Rinde der Walnuss, die streng aufragende Ulme mit der klaren Linienführung, der knorrige alte Weinstock, die wie eine Wabe gebauten Samenstände des Brandkrauts. Die Phantasie von Samen oder Knospen wird mich in den kommenden Monaten immer wieder überraschen.

Verzweifelt mutig überleben

Der große Schnee-Einbruch mit Sturm. Ein Rotkehlchen sitzt wie ratlos im tief verschneiten Busch. In solchen Augenblicken bewundere ich die evolutionäre Klugheit und den Mut, solch winzige Geschöpfe in diesen Winter zu schicken. Welch Vertrauen in die (Über-)Lebenskräfte. Mit seiner leuchtend orangeroten Brust erinnert mich das winzige Rotkehlchen mit der Farbe des Sommers auch daran, dass leichtere Zeiten kommen werden. Später beobachte ich den bunten Gesellen, wie er eine neue Futterstelle unter dem Tisch, etwas vor dem Schnee geschützt, erkundet. Mut, dem die Spatzenschar im nahen Busch zunächst abwartend zuschaut.

Täglich werden die hungrigen Gäste zahlreicher. Bergfinken tauchen auf, der winzige Zaunkönig sucht Genießbares im Eck hinter einem leeren Blumentopf, ein Eichelhäher und eine Elster wagen sich in ungewohnte Hausnähe, erstmals in über 20 Jahren finden sich Stieglitze ein, die akrobatisch an den Nachtkerzen turnen und sich die feinen schwarzen Samen aus den Samenkapseln klauben. Bei ihnen beobachte ich eine klare Absage an Fast Food, sprich Fettbälle. Es wäre um ein Vielfaches leichter, diese Nahrungsquelle zu nutzen. Doch sie verschmähen das menschengemachte Futter meist zugunsten jener Pflanzen, an die sie angepasst sind. Dazu gehören Nacht- und Königskerzen sowie Disteln. Mit ihrem Fressverhalten erinnern sie mich nachdrücklich daran, dass es in der Debatte um Artenschutz, die ich im Juni führen werde, vor allem um die Erhaltung von Lebensräumen geht. Der Stieglitz überlebt vielleicht auch ohne Disteln und Nachtkerzen, weil Menschen ihn zufüttern. Doch den verpuppten Wildbienen zum Beispiel, die vielleicht im verholzten Stängel der Königskerze auf den Sommer warten, können wir kein Surrogat anbieten. Sie gehen mit ihrem Lebensraum verloren.

Die überwinternden Vögel trotzen mit verblüffender Kraft und genialem Körperbau widrigen Umständen. Und befinden sich damit in bester Gesellschaft. Phantasie und Mut sind bei den

Überlebensstrategien im Garten angesagt. Und sie verdeutlichen einmal mehr, wie das hochkomplexe System funktioniert, das wir Natur nennen und aus dem wir uns selbstgefällig gern heraushalten wollen, ohne zu begreifen, dass wir uns nur um den Preis des Nichtüberlebens endgültig herauskatapultieren können. Von ein paar wenigen Strategien aus meinem Garten sei hier die Rede.

Oft habe ich mich gefragt, woher bereits im Februar Zitronenfalter oder Tagpfauenaugen kommen. Der Prozess vom Ei zum Falter konnte sich doch nicht über den Winter vollziehen. Die Strategie heißt ›natürliches Frostschutzmittel‹, das die Falter im Körper haben. Sie lassen sich an geschützten Plätzen, gut getarnt, einfrieren und tauen in wärmenden Sonnenstrahlen auf.

Marienkäfer kuscheln sich über- und untereinander zusammen und fallen in eine Art Winterschlaf. Ein solches Häufchen der Punktekäfer entdeckte ich zufällig unter einer Moosdecke am Schuppen; leise habe ich den Schlafplatz wieder verlassen. Der sommerliche Appetit der kleinen Schläfer auf Blattläuse leistet einen wichtigen Beitrag zur Balance in meinem Garten. Denn trotz vieler Rosen werden die Läuse nie zum Ärgernis. Der Winterschlaf wird uns übrigens im November zusammen mit dem Siebenschläfer noch einmal begegnen.

Hummeln gehören zu den Frühaufstehern im noch winterlichen Garten. Bei mildem Wetter brummt es unvermittelt, wenn ich an der Weide oder der Kornelkirsche vorbeigehe. Ein Ton, der in der Stille des Januar besonders laut wirkt. Hummelköniginnen überwintern in lockerem Boden, in einem Schlafzimmer möglichst im Halbschatten. Ihr Pelz erlaubt es ihnen, bereits bei niedrigen Plusgraden zu fliegen. Und so geht ihr Lebenszyklus mit dem der besonderen Spezies Winterblüher Hand in Hand, wie noch zu sehen sein wird.

Auch die nachtaktiven Ohrwürmer suchen ein behagliches Winterquartier in Ritzen von altem Holz etwa. Wenn ich ihnen im Sommer, versteckt in Rosenblüten, zufällig begegne, denke ich an unsere Furcht in Kinderjahren. Bei uns hießen sie Ohrkneifer, und ihre zangenartige Ausformung am Hinterleib flößte uns Respekt ein. Bis heute, trotz besseren Wissens, berühre ich sie vorsichtig. Erst kürzlich las ich, dass sie ihren Namen einem heilkundlichen Irrtum verdanken: Man trocknete sie und verabreichte sie Schwerhörigen – ich vermute, mit mäßigem Erfolg.

Von den Überlebenskünsten im Reich der Insekten gewinne ich in meinem Garten lediglich eine Ahnung. Lese ich etwa in der Wildbienen-Bibel von Paul Westrich, scheint mir der Einfallsreichtum der Evolution wie eine geheimnisvolle Welt, in die ich trotz langer Beobachtung erst einen Wimpernschlag kurz geblickt habe. Und dann sind da ja auch noch die Spinnen, die Amphibien und nicht zu vergessen die Mäuse mit ihrer winterlichen Sehnsucht nach meiner Küchenschublade.

Viele überleben nicht. Meist sterben sie einen leisen Tod, und ich habe keine Vorstellung, wie viele Opfer der Winter gleich nebenan fordert. Auch hier bewahrt der Garten seine Geheimnisse. Nur Einzelne bekommen ein Gesicht. Den Erlenzeisig fand ich tot im verwaisten Blumenkasten, die Haut des Igels und den Amselflügel später im Jahr.

Nach einer eisigen Nacht liegen Hinterläufe eines Hasen oder Kaninchens auf der Straße vor dem Haus, die wohl als Reste nächtlicher, für mich unsichtbarer Kämpfe um Leben und Tod ins Helle hinübergeraten sind. Und die Bäuerin berichtet, dass der Fuchs sich nicht scheut, im Tageslicht nach den Hühnern zu suchen. Winterhunger macht verzweifelt mutig.

Immer mehr Schnee. Bäume und Büsche tragen schwer, manche brechen. Wachsende Not. Wo ist ›mein‹ Turmfalke? Gehört er zu jenen, die schon verloren haben? Schließlich erkenne ich ihn suchend im Schneesturm trudeln. Ein Rütteln lässt der Wind wohl nicht zu. Wie froh bin ich, ihn zu sehen. Doch wird er überleben? Mich beschäftigen die Greifvögel im Januar, weil ich die hier überwinternden bei Schnee auf erhöhten Ansitzen oder auch am Boden sehe – unter erschwerten Bedingungen nach Beute Ausschau haltend. Oft schon habe ich darüber nachgedacht, dass ich die kalten sonnigen Tage mit hohem Schnee so sehr herbeisehne und genieße, diese Vögel aber bedroht sind, wenn Mäuse und Co. durch den Schnee gut geschützt bleiben und die Greife in der Regel nicht in den Genuss menschlicher Fütterung kommen wie Amseln, Meisen oder Spatzen. Ich erinnere mich, dass Falken und Bussarde selbst unter Schnee Urinspuren von Mäusen orten können. Hilft ihnen das? Ich spüre Unbehagen. Einerseits ist es berauschend, durch die Winterlandschaft zu laufen. Gleichwohl fürchte ich all die Tragödien, die sich unsichtbar um mich herum vollziehen. Oder ist Tragödie nur ein Menschenwort und ein Menschengefühl? Ist auch das Sterben in der zärtlichen Gleichgültigkeit der Natur aufgehoben – über die ich im März, dem Monat des Versprechens, nachdenken werde? Und ist Natur in all ihrer Vielfalt dabei nicht eigentlich ›humaner‹ als wir Menschen?

Am selben Tag folge ich einer kaum erträglichen Todesspur von Greifvögeln auf der Autobahn. Immer wieder zerrissene Tiere zwischen Leitplanken oder auf dem Seitenstreifen. Hier hat der Hunger verzweifelt leichtsinnig gemacht.

Hunger nach Schönheit: die frühen Mahner

›Mein‹ Falke löst Erinnerungen aus, denen ich ein wenig folgen will, weil sie meine Enttäuschung im Januar aus anderer Warte beleuchten. Natürlich ist es nicht ›mein‹ Falke; er gehört nur sich selbst. Aber ich begegne ihm so oft an einem seiner Sitzplätze, einem großen Verkehrsschild an der Landstraße. Im Rücken ein Wäldchen, im Vordergrund Wiesen. Im Sonnenlicht schimmert er rosa. Da ich ihn immer wieder rüttelnd über den Wiesen stehen sehe, konnte ich ihn leicht identifizieren: ein Turmfalke, der eben nicht nur auf Türmen wohnt. Er gehört durch seinen Rüttelflug zu den auffälligen Greifvögeln unserer Landschaft. Dass ich ihn besonders im Winter auf seinem Lieblingsstraßenschild verharren sehe, hat einen einleuchtenden Grund: Energie sparen. Das Ansitzen ist bei Nahrungs-, sprich Mäusemangel Überlebenshilfe. Vom

Wanderfalken unterscheidet ihn vor allem dessen spektakulärer Flug, der ihn zum schnellsten Tier der Erde macht. Seit Jahrtausenden wird er zur Beizjagd eingesetzt und stand bei Herrschern in höchstem Ansehen. Erwähnen will ich nur einbalsamierte Falken in ägyptischen Königsgräbern und die enge Beziehung des Stauferkaisers Friedrich II. zu diesen besonderen Vögeln, denen er im 13. Jahrhundert sein bis heute herausragendes Falkenbuch widmete, einen »Urknall ornithologischen Wissens« (Michael Menzel). Darin verglich Friedrich einen idealen Falkner mit einem idealen Herrscher.

Mich verbindet mit ›meinem‹ Falken, dessen Auftauchen mich in diesen Schneetagen so sehr freut, eine bedeutsame Erfahrung, meine Begegnung mit der Umweltschutzlegende Horst Stern. Am 17. Januar 2019 starb er. Fast vergessen wie viele der frühen Warner vor Naturzerstörung. Mit ihm will ich an einige der Rufer in einer vor einem halben Jahrhundert noch umweltpolitischen Wüste erinnern.

Horst Stern sah – wie viele von ihnen – im Rückblick desillusioniert sein Engagement von Jahrzehnten als folgenlos an. Liest man die aktuellen Aussagen des Weltdiversitätsrates, scheint auch heute kaum ein anderes Fazit möglich. Wenn wir so weitermachen, wird die Erde unbewohnbar für uns Menschen. Und doch rebelliert etwas in mir gegen den Stern'schen Pessimismus. Denn angesichts einer neuen gesellschaftlichen Bewegung für die Bewahrung unseres Planeten würde ich ihn als einen der entscheidenden Wegbereiter für Umwelt- und Naturschutz sehen, dessen kompromissloses Engagement gerade heute Früchte trägt – auch wenn sein Namen vielen nichts mehr sagt. »In einer Zeit, in der ökologische Fragen noch nicht salonfähig waren, hat er dem Naturschutz publizistische Aufmerksamkeit verschafft. Seine Intimgegner waren Jäger, Intensivlandwirte, Wirtschaftsfunktionäre und ignorante Politiker« (Hubert Weinzierl). »Ein Leben lang hat Horst Stern sich für einen besseren Umgang mit Tier und Natur eingesetzt«, hieß es in der Todesanzeige. »In Zeitschriften, Büchern und seiner legendären Fernsehreihe ›Sterns Stunde‹ las er

Millionen Menschen klar und geschliffen die Leviten.« Bestattet wurde er im Nationalpark Bayerischer Wald, zu dessen Initiatoren er gehört hat.

Als junge Redakteurin habe ich mit ihm mein erstes großes Interview geführt. Nicht über seine Fernsehreihe ›Sterns Stunde‹, die lange zurücklag, sondern über seinen Roman *Mann aus Apulien*, den er ebenjenem Stauferkaiser Friedrich II. gewidmet hatte. Mir ist ein warmherziger Mann in Erinnerung geblieben, der mit viel Entgegenkommen der aufgeregten Journalistin Rede und Antwort stand. Damals hatte er sich bereits aus der Öffentlichkeit nach Irland zurückgezogen.

Nie werde ich die Stelle zu Beginn des Romans vergessen, als der Lieblingsfalke des Stauferkaisers einen Jungadler schlägt. »Der König der Vögel in den Staub getreten von einem Geringeren. Und ich der Kaiser des Erdkreises, aufgerufen zu einem Urteil, das die verletzte Ordnung der Welt wiederherstellen soll.« Und Friedrich gibt den Befehl, dem Falken den Kopf abzuschneiden. Mit weitreichenden Folgen, die ihre Parallelen in der heutigen Naturschutzpolitik hat. »Wieder einmal hatte mein Amt mich genötigt, vor der Wahrheit der Natur die Fassade des Staates aufzurichten.« Welch eine schmerzliche Erkenntnis dieses Weltenherrschers – und des Kämpfers Horst Stern.

Er war der Erste, der sich Zutritt zu Ställen mit Massentierhaltung verschaffte und die unerträglichen Bedingungen schonungslos offenlegte, der falsch verstandene Tierliebe anprangerte und Jägern attestierte, dass ihnen das Jagen wichtiger sei als der Wald. Er gründete die erste Zeitschrift für Natur- und Umweltschutz *(Natur)* und den BUND sowie die Deutsche Umweltstiftung mit. Und doch war sein Fazit ernüchternd: »Ich habe eigentlich immer nur in den Köpfen und Herzen der Ohnmächtigen etwas bewirkt, in den Köpfen der Mächtigen so gut wie nichts.«

Natürlich gehört auch Rachel Carsons *Der stumme Frühling* zu den warnenden Stimmen, die unsere Umweltwahrnehmung entscheidend verändert haben und in Zeiten des großen Artensterbens geradezu prophetisch wirken. Meine Rückblicke auf die frühen Gewährsleute heutigen Widerstands gegen die Zerstörung unserer Lebensgrundlagen fielen in die Zeit des bayerischen Volksbegehrens zur Artenvielfalt. In meinem Dorf haben sich dazu viele Menschen engagiert, haben nachgedacht und debattiert. Menschen mit unterschiedlichstem Hintergrund haben begriffen, wie ernst die Lage in der scheinbaren bayerischen Idylle ist, und haben eine Welle der Veränderung ausgelöst.

Erwähnt sei hier eine Ikone des Biogartens, die Hunderttausenden von Gärtnern Mut gemacht hat, auf chemische Kampfmittel im Garten zu verzichten und den natürlichen Abfolgen zu vertrauen. Entgegen dem Mainstream ihrer Zeit machte Marie-Luise Kreuter darauf aufmerksam, dass Erde, Pflanzen und Tiere durch Kunstdünger und Pestizide Schaden nehmen und die Umwelt bereits gefährlich aus dem Gleichgewicht geraten sei. Fern jeglicher Romantisiererei beharrte sie auf dem Zusammenhang aller Lebewesen: »Ein biologischer Gärtner handelt nicht als Herrscher in seinem Garten. Alles Leben auf der Welt ist in komplizierten Kreisläufen miteinander verbunden. Das am höchsten entwickelte Wesen ist deshalb abhängig, dass die einfachsten Lebensformen funktionieren.«

Geradezu ungläubig habe ich nach vielen Jahren wieder den *Vorsorglichen Nachruf auf die Natur* von Barbara von Wulffen zur Hand genommen und dort eine Passage über die Sommerwiese entdeckt, die meiner Sommerbegegnung fast 50 Jahre später gleicht: »Autos waren stehen geblieben, Frauen und Kinder pflückten Mohn und Kornblumen, hingebungsvoll, hastig, mit einer Art Heißhunger – Hunger nach Schönheit: Blumenschönheit.« Nur mit dem Unterschied, dass wir uns heute noch nicht wieder trauen, Mohn und andere Wiesenblumen zu pflücken. In ausgeräumten Landschaften sind sie weiterhin Raritäten.

Auch Barbara von Wulffen legt den Finger in die Wunden, die ungebremster Fortschrittsglaube und Naturferne fortwährend schlagen. Erschöpfte Meere, schmutzige Luft, der man zu ihrer Zeit noch mit höheren Schornsteinen zu entkommen glaubte, oder siechende Wälder und verlorene Sommerwiesen – alles bedrückend gegenwärtig. Und die Ursachen? »Dieser Leichtsinn, mit dem wir in einer ausdrücklich für endlich erklärten Welt ständig an die Unendlichkeit der Umwelt glaubten, fordert nun unerbittlich seinen Preis.« Dies lesend, sehe ich die dreieinhalb Planeten vor mir, die wir in Deutschland (theoretisch hochgerechnet) jedes Jahr verbrauchen – im 21. Jahrhundert und in einer »für endlich erklärten Welt«. Abhilfe schaffen, und auch das ist ein so alter wie aktueller Gedanke, kann nur die Wiederkehr des Staunens über das, was ist. Erkennen also und damit die Chance zu lieben ergreifen – wie die alte Bedeutung von »erkennen« besagt.

Heute sprechen wir in diesem Zusammenhang von Shifting Baselines, was vor einem halben Jahrhundert so klang: »Um in der Welt daheim sein zu können, muss man sie kennen, lieben, beweinen lernen. Später wird ein in diesem Sinne erzogenes Kind auch fähig, für diese Welt Verantwortung zu übernehmen, sie zu verteidigen, um sie zu leiden, für sie Opfer zu bringen.« Denn »wenn der Sonnentau aus unserer Welt verschwände, brauchten wir wenig Aufhebens zu machen. Festzustellen, er habe bezaubernd ausgesehen und absonderlich gelebt, kommt seiner Besonderheit weitaus am nächsten. Er ist in seiner Art einmalig und unwiederbringlich. Er enthüllt das Wesen der Schöpfung als Vielfalt.« Und ich füge meine Überzeugung hinzu, dass es mehr als persönliches Glück bedeutet, die Stimme des Zaunkönigs zu erkennen.

Und damit bin ich bei meinem wichtigsten gärtnerischen Begleiter und Lehrer Jürgen Dahl, dem ich im Mai mit dem Federgeistchen eine persönliche Hommage widme. Seine Glossen und Bücher haben mich Ökologie anders denken, haben mich Garten anders sehen gelehrt. Jenseits betulicher Beetkultur und steriler Rosenrabatten, nicht zu reden von den heutigen Herrschaftsgebieten von Rasenrobotern oder Steinen. Wie kein anderer Autor seiner Zeit nahm er Gärtnern ernst und konnte ebenso begeistert über das sanfte Wesen von Malven schreiben wie unwirsch über den allgegenwärtigen Verfügbarkeitswahn. Gleichzeitig sezierte er unnachgiebig das Missverhältnis von Verschwendung und individuellem Widerstand: »In einer Welt, in der zur Herstellung eines

Autos nicht weniger als 400 000 Liter Wasser gebraucht werden, ist es lächerlich, die Leute zu ermahnen, sie sollten das Eierwasser zum Blumengießen verwenden, um Wasser zu sparen.« Er hat über seinen Garten geschrieben und dabei in die Welt geschaut. Das eine hat ihm geholfen, das andere klar zu sehen und Widerlager zu bauen gegen die persönliche Verzweiflung. Am schönsten aber hat er über die Unbegreiflichkeit des Gartens nachgedacht: »Der Garten ist verwüstet, die Wege sind zertrampelt, die Reste des Inventars werden gerade verheizt – aber das Rätsel des Gartens bleibt ein Rätsel. Ob noch einmal ein Garten daraus wird oder ob sein Ende schon begonnen hat, hängt von nichts anderem ab als davon: dass wieder Gärtner kommen, die den Garten unbegreiflich finden.«

In Zeiten von Wohlstandsbesoffenheit und Herrschaftsgebaren haben diese Männer und Frauen »der Empörung Worte gegeben. Prophetische, skeptische, ironische. Trauernde und aggressive. Laut oder leise haben sie gekämpft gegen die Verwüstung der Welt und der Seelen. Pioniere einer anderen Zukunft, hatten sie die Gabe, Gedanken und Leiber in Bewegung zu bringen, Horizonte zu öffnen, Lebensläufe zu verändern« (Mathias Greffrath).

Wenn ich an diese Frauen und Männer erinnere, sehe ich das Fundament, auf dem meine Gedanken fußen. Ich sehe allerdings auch, wie unübersehbar seit mehr als einem halben Jahrhundert die Verluste im Garten und darüber hinaus sind. Und ich begreife einmal mehr, wie schmal der Grat der Zuversicht geworden ist.

Schwanzmeisen oder: danke für nichts

Am Tag nachdem ich über die frühen Mahner nachgedacht habe, begegnen sich Schwanzmeisen, Greta Thunberg und Brechts Nachgeborene. In meinem Kopf.

Es beginnt mit den Schwanzmeisen. Erstmals sind die hübschen Sperlingsvögel im Garten zu Besuch. Immer zu dritt turnen sie an den Fettkugeln herum. Wie schwarz-weiße Wattebausche mit langem Schwanz. Kein Wunder, dass man sie scherzhaft Pfannenstiel nennt. Ihre lustige Schönheit passt zu Zaunkönig und Rotkehlchen. Ein Blick zu den Vogelkundigen verrät mir, dass der lange Schwanz mehr als die Hälfte ihrer Körperlänge ausmacht. Diese Balancierstange ermöglicht ihnen bemerkenswerte Kunststücke. Sie sind fähig, kopfüber an feinsten Zweigen entlangzuhüpfen oder auf einem Bein zu stehen und mit dem anderen bereits nach einem weiteren Zweig zu hangeln. Das alles ist kein vergnüglicher Selbstzweck. Sie gelangen durch ihre Gleichgewichtstechnik bis zu den feinsten Ästchen, können dort nach Raupen und Knospen suchen und haben damit einen Lebensraum erschlossen, den andere Vögel nicht erreichen können.

Angesichts der ahnungslos turnenden Schwanzmeisen beschleichen mich Trauer, Verzweiflung und Zorn. Wir zerstören in jeder Minute Wunderwerke der Natur, oft bevor wir sie recht verstehen. Selbstgefällig, ignorant, uneinsichtig. Als seien wir die Herrscher der Welt. Welche Verrohung, die nur mühsam mit Zierrat und bunten Massenpflanzen übertüncht wird. Für Augenblicke gebe ich all jenen recht, die Bauern, Tierfabriken, Großschlachtereien, Saatgutkonzernen, gierigen Lobbyisten die Verfügung über unser aller Boden, Wasser, Lebensgrundlage entziehen wollen. Was erdreisten sich diese geldgierigen Zerstörer?! Und warum unterstützen wir sie mit unserer Geiz-ist-geil-Mentalität?

Es ist auch mein Verlust, wenn der Lebensraum der Schwanzmeise zerstört wird. Ich entwerfe damit kein pessimistisches Zukunftsszenarium, sondern beschreibe eine Realität, die sich immer weniger ausblenden lässt. In meiner Umgebung werden Schutzflächen zerstört, zugepflastert, was geht, und Engagement für Natur wird belächelt. Zorn und Resignation liegen manchmal nah beieinander.

Das Enttäuschungsmotiv des Januar ist also mehr als meine persönliche Missstimmung. Enttäuschung liegt über Lebensläufen, damals wie heute. In ihr spiegeln sich eine gefährdete Gemeinschaft und die Frage nach dem Fortbestand der Erde. Denn diese Enttäuschung macht den Schritt schwer. Und hier erinnern mich die fedrig-leichten Schwanzmeisen an die berühmten ›Nachgeborenen‹ von Bert Brecht, ein Gedicht, das er im Exil der 1930er-Jahre schrieb und das für mich eine neue Bedeutung gewinnt:

Ihr, die ihr auftauchen werdet aus der Flut
In der wir untergegangen sind
Gedenkt
Wenn ihr von unseren Schwächen sprecht
Auch der finsteren Zeit
Der ihr entronnen seid.

…

Ihr aber, wenn es so weit sein wird
Dass der Mensch dem Menschen ein Helfer ist
Gedenkt unsrer
Mit Nachsicht.

Ja, es waren finstere Zeiten, Kriege, Massenmord, unmenschliches Unrecht. Weit weg. Weit weg?

Inzwischen sind wir es, die Nachgeborenen, die um Nachsicht bitten müssen. Nur, werden die Jungen von Fridays for Future um Greta Thunberg sie uns gewähren? Haben wir Nachsicht verdient? Heute, wo ein Gespräch über Bienen ungemütlich werden kann, wie beim bayerischen Volksbegehren erlebt. Selbstgerechtigkeit darf nicht auf Nachsicht hoffen.

Einige Monate nach dem Besuch der Schwanzmeisen, als ich dieses Buch zu Ende schreibe, erinnert der zornige Beitrag eines von Brechts Nachgeborenen an ein Titelbild des britischen *Observer*. Ein Teller mit wenigen Kuchenkrümeln und dem Kommentar: »Sorry, kids, we ate it all.« Die Zeitschrift beschrieb, wie die Alten den Jungen die Zukunft zerstören. Erde aufgeheizt, Umwelt vernichtet, Arten ausgerottet. »Danke für nichts.« An den aufgebrachten Kommentaren zu jenem Beitrag erkennt der Journalist Fred Grimm, dass vielen ›Alten‹ jedes Bewusstsein dafür fehlt, welche Verantwortung sie für den Zustand der Welt und für die Nachgeborenen haben. Vielmehr zeugen auch die Reaktionen auf den Protest der Jungen heute von einer ›beleidigten Mischung aus Arroganz und Unverstand‹: »Wir haben wie Kleinkinder jahrelang die Decke über den Kopf gezogen und gehofft, all das werde schon irgendwie vorübergehen. Und die Zerstörer einfach weitermachen lassen.

Jeder dritte Neuwagen wird heute von einem Senioren gekauft. Am beliebtesten sind SUVs, die fetten Luftverpester. Ein herzlicher ›Fuck You‹-Gruß an die Zukunft. Irgendwann werden die Alten, die den Kuchen aufgegessen haben, die Jungen beschimpfen, weil nichts mehr da ist. Ich wünsche den Gretas dieser Welt starke Nerven und mehr Mut, als wir ihn hatten.«

Sommer kann jeder

Zärtlich, wie so oft, tritt mir mein Garten bei zornigen Gedanken vors Schienbein. Es ist kalt. Zögernd trete ich aus der Tür und verlasse die Wärme des Hauses. Und schon lachen mich an dieser nördlichsten Nordseite pinkfarben winzige Wildalpenveilchen an, die sich weder von Kälte noch Schnee oder allgemeinem Gewelke hindern lassen, schon im Januar Farbe und Lebenslust zu bekennen. Unbeschwert scheinen sie sich darin mit den ersten Blüten des Seidelbasts einig: Sommer kann schließlich jeder.

Ich bin gerührt von diesen Winzlingen, die ich eher zufällig an ein zugiges Eck gepflanzt habe, das sie sich langsam, aber zielstrebig erobern. Sie haben für mich so gar nichts gemeinsam mit der Zimmerpflanze gleichen Namens, obgleich sie vermutlich in früher Vorzeit Verwandte hatten. Jeden Winter plane ich, weitere Exemplare zu suchen, bisher vergebens.

Bei ihrem Anblick verfliegt mein Januar-Jammer sofort. Ich mache die Augen auf und sehe immer mehr von jenen Winterblühern, die in unseren Gärten dem Januar-Braun Paroli bieten. Kaum jemand hat ihnen ein solch überzeugendes Loblied gesungen wie Jürgen Dahl: »Eine hinreißende Aufführung. Die Mahonie ›Winter Sun‹ mit ihren schwefelgelben Blütenkerzen; ›Jelena‹, eine Zaubernuss-Züchtung mit kupferfarbenen Blüten, die wie aus Porzellan geformten Blüten eines Schneeballs und die intensiv duftenden weißen Blüten der Duftenden Heckenkirsche. Sie haben uns geholfen, den Wetterbericht (›… die von Norden einströmende Meeresluft‹) mit Fassung zu ertragen.«

Sie alle sind auch bei mir zu Hause. Gleich ums Ecke die beiden Mahonien, die ich in einer Anwandlung von geometrischer Ordnung rechts und links des Nordbeetes gepflanzt habe. Nach Westen schließt sich die Kornelkirsche an, die für die Frühaufsteher unter den Insekten in jeden Garten gehört; von ihren Kirschen und dem Gaumenschmaus der Dirndl-Marmelade wird im September zu schwärmen sein.

Nach Osten haben sich diverse weiß und dunkelviolett blühende Christrosen ausgebreitet, denen dieser Platz ungemein zu behagen scheint.

Weiter Richtung Südseite hat der Winterjasmin seinen großen Auftritt. Er klettert an der mittleren Holzwand hoch und breitet sich gern in alle Richtungen aus, nimmt die Einschnitte der Gärtnerin aber kein bisschen übel. Er gehört zu den auffälligsten Vertretern der Winterblüher und bewahrt mit seinen Tausenden gelben Blüten die Erinnerung an Sommertage und Sonnenblumen. Bei mir bildet er eine gelungene Gemeinschaft mit der Kletterrose Apple Blossom. Beide scheinen zu wetteifern, wer zuerst die etwa sechs Meter hohe Dachkante erreicht. Was die Schönheit anbelangt, lässt die Rose im Winter dem Jasmin den Vortritt, im Juni bildet er den dekorativen grünen Hintergrund für ihre zartrosa Blütenkaskaden. Die Herkunft aus dem Himalaja hat dem Winterjasmin ein kluges Blühkonzept mitgegeben. Jeder Kälteeinbruch lässt die zarten Blüten zusammenfallen; doch der nächste Blütenflor wartet schon auf milde Tage, denn die Pflanze setzt nie alles auf eine Karte und öffnet den Knospenvorrat nach und nach. So reicht die Blütezeit manchmal bis in den April. Den Kreis schließt der große duftende Winterschneeball gleich neben der Terrasse, dessen besondere Geschichte ich im Dezember erzählen werde. Sie alle stehen in Hausnähe. Zum einen, um ein wenig Schutz vor starken Frösten zu haben, zum anderen, um ihre Blüten von drinnen zu sehen und ihren Duft schon beim Öffnen eines Fensters wahrnehmen zu können.

Winterblüher sind für uns Menschen Augentrost und stillen für Augenblicke unsere Sehnsucht nach Farbe und Duft. Und das ist ihnen gleichgültig. Ihre wahre Bedeutung im Jahresrhythmus wird uns im Dezember beschäftigen, wenn mein Winterschneeball mit dem Duft seiner ersten Blüten über die Grenze des Gartens hinaus fröstelnde Spaziergänger einhüllt.

Erster!

Neben den Großen, die dem Januar-Garten Farbtupfer verleihen, sind unterirdisch kleine Kraftpakete am Start. Zwiebeln und Knollen lassen sich schon von wenigen Sonnenstrahlen verlocken, ihre Blüten an die Oberfläche zu schieben. Auch Schnee kann sie nicht daran hindern. Hier spielen Windschutz, Sonnenreflexion und Zellstoffwechsel eine Rolle. Schneeglöckchen und andere Frühjahrsblüher können sich also förmlich durch die Schneedecke schmelzen. Und das tun sie dann auch. Zu den Ersten gehören die gelben Winterlinge, die meinem Garten allerdings notorisch den Rücken kehren. Bald folgen Schneeglöckchen, die mir früher, vor der hässlichen Mauer einer alten Kaserne, wie Boten der Schönheit, der unzerstörbaren Zartheit erschienen. Eine helle Glocke im dunklen Januar.

Gegen Monatsende tauchen, je nach Witterung, immer mehr zartlilafarbene Elfenkrokusse auf.

Natürlich finden sich weitere Andeutungen von Farben im Januar-Garten. Bei mir sind es vor allem die knallroten Zweige des Sibirischen Hartriegels, das Dunkelrot der verschiedenen Purpurglöckchen oder die Gelbtöne verschiedener Gräser. Bei rötlich laubigen Stauden verstärkt Frost übrigens den Roteffekt.

Eisblumen auf der Roten Liste

Bei anhaltendem Schneefall, sich türmenden Schneebergen und Kälte fühlt sich die Trennung zwischen mir und dem Garten härter an. Auch wenn die großen Fenster Nähe suggerieren. Gab es alte Verbindungen zwischen drinnen und draußen? Zwischen Haus- und Gartenbewohnern? Wenig erstaunlich, dass sich an dieser Stelle Bilder von Eisblumen in meine Gedanken schmuggeln. Was für ein klimafeindlicher Luxus, sich Eisblumen zurückzuwünschen.

In Zeiten vor mehrfachverglasten Fenstern waren Eisblumen ein winterliches Kinderglück, den Erwachsenen vermutlich ein ungeliebter Winterbegleiter. Die Eiskristalle bilden phantasievolle Blumenformen an schlecht isolierenden Innenscheiben. Zumeist wachsen sie von den unteren Rändern in die Mitte des Glases. Heute sind diese Freunde meiner frühen Kindheit weitgehend verschwunden, sie könnten also einen Platz auf der Roten Liste beanspruchen. Natürlich ist das in Zeiten des Klimawandels eine gewagte Aussage. Wer will schon zugige Fenster und hohe Energieverluste mit den entsprechenden Klimafolgen? Und doch sind meine Erinnerungen an Eisblumen mit Bedauern verknüpft. Ich sehe mich als Kind im uralten Fachwerkhaus von Verwandten. Feucht, schlecht beheizt, kaum isoliert, eng. Bei Winterbesuchen stand ich am Fenster, wie gebannt von der Vielfalt der Eisblumen. Immer wieder habe ich sie weggehaucht, mit warmem Atem zum Schmelzen gebracht. Nach kurzer Zeit wuchsen sie neu, immer andere phantastische Gebilde. Und eine weitere Erinnerung gesellt sich dazu: In der legendären Verfilmung des Romans *Doktor Schiwago* von Boris Pasternak finden die Liebenden für kurze Zeit Zuflucht in einem einsamen Domizil, das wie ein Kristallpalast mit Eisblumen bedeckt ist. Zarte Metapher für ein gefährdetes Liebesglück.

Mit ein wenig Lust auf Provokation könnte ich sagen: Eisblumen sind Opfer unserer Dämmhysterie. Immerhin neigen wir hier wie so oft zur Übertreibung. Wenn Häuser gedämmt werden, bis sich Schimmel breitmacht, weil keine Feuchtigkeit mehr an den energetischen Schwachstellen Fenster entweichen kann. Automatische Belüftungsanlagen werden in supergedämmten Häusern notwendig. Machen wir unsere Häuser zu dicht? Werden hier Erkenntnisse und Notwendigkeit zu Klimawandel und Energiewende verabsolutiert, weil wir komplexe Ursachen und Zusammenhänge so schwer aushalten? Sobald wir eine Lösung für ein Problem erkannt zu haben glauben, wird sie zur einzig richtigen, die überall gelten muss, jedem aufgezwungen wird. Eine andere Form der Zerstörung von Vielfalt, die sich in Natur und Gesellschaft beobachten lässt. Die Eisblumen jedenfalls sind längst geflohen.

Unverblümt
oder: die Primellüge

Und dann wieder diese Januartage, in denen meine Abneigung unabweisbar ist: nebelig, feucht, grau, kalt. Eigentlich kein Wunder, dass Gartenzeitschriften auf bunte Bilder setzen. Man könnte es auch Schönfärberei nennen. Dort ist es nie dunkel, nassgrau, nebelkalt. Meist zeigen sie uns jene herrlichen Frosttage mit viel Himmelsblau. Es wird viel dekoriert, üppig gekocht und gebacken – statt zum Entdecken im wenigen anzuregen. Hier und da gibt es Nebelbilder und Hinweise auf die andere Schönheit des Winters. Auch ich sehne mich nach diesen perfekten Wintertagen mit ihrem puren Wohlgefühl, nach Teppichen von Schneeglöckchen und Elfenkrokussen, die auf den verlockenden Bildern so groß sind, dass bei manchem Reihenhausgarten der Platz für zwei Familien mit Sandkasten und Fußballtor reichen müsste. Die Gefahr, dass hier billiger Trost versprochen wird und doch alles nur auf Käuflichkeit hinausläuft, ist groß.

Nehmen wir zum Beispiel die Primellüge. Ab Januar bevölkern Millionen bunte Primeln die Gartencenter und Supermärkte. Jeder, der diese bedauernswerten Mastpflanzen schon einmal erworben hat, weiß, dass sie weder drinnen noch draußen überleben können. Sie sind zum Sterben gemästet. Mitleid erregende Wegwerfgeschöpfe. Nein, wir können den ersehnten Frühling nicht kaufen. Selbst wenn die Primeln im Supermarkt etwas anderes vorgaukeln sollen. Der Blick in Garten und Umwelt zeigt im Januar – aber nicht nur dann – unverblümt, dass wir uns nicht folgenlos einreden können, alles sei möglich und alles läge in unserer Hand.

Wie passgenau fällt mein Blick auf Bemerkungen zur diesjährigen Trendfarbe: Korallenrot. Ihr kann der Betrachter hinsichtlich diverser einschlägiger Kleidungsdiscounter und einem korallenroten Bikinihöschen nur noch mit Sarkasmus begegnen: »Für insgesamt 7,98 Euro kann man sich durchaus am Klimawandel beteiligen, indem man den Verbrauch von Ressourcen auf billigste Weise steigert. Mit etwas Glück fördert man auch noch die illegale Kinderarbeit in einem fernen Land« (Gerhard Matzig). Dass die Korallen weltweit gerade ergrauen und ihre Überlebensgrundlagen verlieren, sei nur am Rande erwähnt. Das Farbunternehmen Pantone hat die Jahresfarbe als »lebensbejahendes Orange mit goldenem Unterton« beschrieben. Mehr Dummheit oder (Farben-) Blindheit scheint eigentlich kaum noch vorstellbar. »Erst ruinieren wir lebensverneinend die Welt, dann streichen wir sie uns lebensbejahend wieder an. Die Farbe des Jahres ist daher auch so etwas wie die Lebenslüge des Jahres« (Matzig).

Solche Täuschungen nehme ich nicht an. Meine Enttäuschung für eine Weile zu akzeptieren, ohne sie mit gekauften Illusionen zu verdrängen, hat mich der Januar gelehrt. Mein Garten schärft den Blick für Hässliches, aber auch für leise Schönes. Wenn ich diesen Blick aushalte, wird aus der Enttäuschung eine Ent-täuschung, also Klarheit. Ich sehe das Unzulängliche, das Fehlende, die pure Struktur, unverblümt. Und ich erahne etwas von dem, das im kommenden Gartenjahr sein Potenzial entfalten wird. In diesem Monat scheint der Sommer am fernsten. Und doch ist alles Kommende bereits da – als Samen, als Knospen, im Wurzelwerk verborgen, als Ei oder Puppe in Kompost oder vertrocknetem Stängel, geborgen in den wilden Ecken meines Gartens. Das Kirschenglück meiner Tochter im Juni genauso wie der ersehnte Laubfrosch im zeitigen Frühjahr oder das Glühwürmchen im August. Und für all diese Fülle, Großzügigkeit und Spiellust, für robuste Vielfalt der dort lebenden Geschöpfe heißt die Strategie des Januar-Gartens: innehalten, Energieverbrauch minimieren, jede Dekoration vermeiden, auf Überflüssiges verzichten.

Wer im Januar genau hinzuschauen lernt, fällt auf die Primellüge nicht mehr herein, lässt sich kein käufliches Ersatzglück vorgaukeln.

Sonntagsbraten
oder: not all inclusive

Der Postwachstumsforscher Niko Paech nimmt in seinen Analysen auch auf die aktuellen Gartenbewegungen Bezug. Wie Wissenschaftler vieler Sparten ist er überzeugt, dass es mit Blick auf die tief greifenden Verletzungen unseres Planeten nicht mehr um ein Ob, sondern nur noch um ein Wie geht: »design or desaster«. Es geht darum, »die Kunst der Reduktion als veritables Gestaltungsprinzip zu rehabilitieren … pures Weglassen ist überall und kurzfristig umsetzbar«.

Man könnte beinahe vom Januar-Prinzip sprechen. Nachdenken über Verzicht, über Mäßigung scheint mir im Jahreslauf hier am deutlichsten angelegt. Wenn draußen das Wenige bestimmend ist. Die Weisen der Menschheitsgeschichte wussten viel über das rechte Maß. 3,5 Planeten Erde verbrauchen wir Deutschen jährlich, obgleich in Umfragen zwei Drittel der Menschen Umwelt als wichtigstes Thema erachten. Der Zustand unserer Welt scheint uns zu bewegen wie lange nicht mehr, doch immer noch glauben viele, es lasse sich alles durch die passenden politischen Maßnahmen zum Besseren wenden, ohne dass wir alle unseren Lebensstil ändern müssen.

Aber Nachdenken über Verzicht hat einen bitteren Beigeschmack, so wie der Januar-Garten mich nicht begeistert. Doch

Verzicht ist nicht Mangel. Mangel ist fremdbestimmt, Verzicht ist selbstbestimmt, macht souverän und befreit.

Gegenpol ist das Phänomen Masse/Massenproduktion/Massenzüchtung etc. Massenhafter Kükentod geht, als ich dies schreibe, durch die Medien. Was macht das mit den Menschen? Verrohung wie in Massentierhaltung und Massenschlachtung. Eine mörderische Ökonomie, die für billige Eier, billiges Fleisch, billige Massenpflanzen Gefühl und Mitgefühl zerstört. Unsere Lebensweise fußt auf Massenvernichtung. Denn alles Massenhafte kippt um in Zerstörung, weil es auf Zerstörung fußt – Zerstörung von Vielfalt, weil Masse nur mit Vereinfachung funktioniert. Das alles funktioniert nur mit Desensibilisierung, Abstumpfung, denn das Zuviel überfordert Menschen, die in Massenkonsum für Augenblicke ein gutes Gefühl suchen. Wir zerstören mit der Natur uns selbst. Die Spuren der äußeren Zerstörung finden sich in uns: Kerosin im Blut, Glyphosat im Urin, Mikroplastik im Gewebe.

Verzicht befreit von Abhängigkeit und öffnet Möglichkeitsräume; selbstbestimmter Verzicht öffnet Entscheidungsräume. Verzicht schenkt Zeit, Muße, vielleicht ab und zu Glück. Der Garten zeigt Wege.

Denken wir kurz 50 Jahre zurück. Der ›Sonntagsbraten‹ war so selbstverständlich wie die ›gute Butter‹. Supermärkte waren unbekannt, regional war üblich, die Bauern zogen ihr Saatgut selbst, Ställe hatten Stroheinlagen, gemischte Tierhaltung und Weidegang waren normal, Wiesen waren keine Grünflächen, Traktoren keine gigantischen Fahrzeuge, Milchkühe keine Hochleistungsmaschinen, die kaum laufen können …

Natürlich war gestern nicht alles besser. Aber was haben wir tatsächlich gewonnen?

Ein Hauch von Freiheit

Der Januar zeigt sich in scharfen Konturen, abweisend bis zur Eiseskälte, und doch von einer manchmal fiebrigen Intensität. Frösteln und sehnen, zweifeln und staunen, ängstigen und behüten. Bei allen klärenden Gedanken bleibt er für mich ein Monat des Verschlossenen, des Gegensatzes und der Melancholie.

Mein Blick schweift durch den kahlen Garten und bleibt am Bienenstock hängen. Kein Lebenszeichen ist zu erkennen, und doch weiß ich, dass im Innern ein heißer Organismus pulsiert. Er hält selbst bei strenger Kälte Temperaturen bis zu 20 Grad aufrecht. Auch eine tief verborgene Energie. 20 000 Winterbienen bilden eine feste Traube, um im Innersten ihre Königin zu schützen. Und mit ihr alle Möglichkeiten für einen neuen Bienensommer, an dem sie als Individuen keinen Anteil haben werden. Denn sie heizen im Frühjahr den Stock auf bis zu 35 Grad, ziehen die erste Brut auf und sterben – nach einem für Honigbienen langen Leben.

Und dann ist da diese Gedichtzeile von Faraj Bayrakdar, dem syrischen Dichter, der lange in Assads Gefängnissen leben musste. Ein Vogel genügt, um nicht zu verzweifeln, um sein Innerstes zu schützen. Eine Hoffnungsspur sichert das Überleben. Mich erinnert dieser Vogel an Nelson Mandela, der 27 Jahre im Gefängnis überlebte, ohne zu zerbrechen, und das bei langjähriger Isolation. In seiner Autobiografie schreibt er: »Wenn man im Gefängnis überleben will, muss man Wege finden, um sich im täglichen Leben Zufriedenheit zu verschaffen.« Nach vielen Jahren erhielt er die Erlaubnis, einen kleinen Garten anzulegen. Dieses Stückchen ließ ihn auch hinter Gefängnismauern die unbändige Kraft der Natur spüren. »Einen Samen in die Erde zu legen, ihm beim Wachsen zuzusehen, die Pflanze zu pflegen und dann zu ernten, bot eine einfache, aber dauerhafte Zufriedenheit. Das Gefühl, der Verwalter dieses kleinen Stückchens Erde zu sein, beinhaltete einen Hauch von Freiheit.«

Der Januar und die Enttäuschung. Das sind strahlend helle Wintertage genauso wie der Blues in Brauntönen. In vielerlei Hinsicht geht es ums Überleben. Aber es geht auch um die Schönheit des wenigen und die Hoffnung auf Sommerglück im Wintersturm. Meinen Garten kann ich nur hegen im Wissen um diese Widersprüche – und in Zuversicht. Diese Zuversicht wird mich durch das Gartenjahr begleiten. Sie hat nichts mit billigem Optimismus gemein. Vielmehr mit Balance. In diesem Sinne ist der Januar auch eine Einladung, ins Spiel der Jahreszeiten einzusteigen, das alle Möglichkeiten eröffnet.

Vielleicht könnte man diese »komische Zuversicht, dieses in Deutschland so unbekannte und ein wenig merkwürdige Ding« (Wolf Lotter), mit dem Glück vergleichen, an meinem Bach einen Eisvogel zu sehen, oder mit dem zarten Duft der Winterheckenkirsche.

FEBRUAR

Tagträumerin bestaunt Freeclimber

Schlüsselblume und Laubfrosch

»Es gibt nichts anderes als Natur.«
Emanuele Coccia

Der Februar ist Licht. Lange habe ich es für eine Marotte gehalten, dass mir mit Beginn dieses Monats das Licht verändert erscheint. Freundlicher, heller, aber auch schärfer, durchlässiger. Als sei eine wesentliche Veränderung innerhalb weniger Tage sichtbar geworden. Der helle Zwilling im Winterregiment hat die Herrschaft übernommen. Ich empfinde das Februar-Licht als enthüllend und gleichzeitig umhüllend. Alles scheint sich aufzurichten, dem Licht entgegenzustreben. Eine Helligkeit, die in den Lichtmess-Tag gegossen worden ist. In den Kirchen hat dieser Tag, der 2. Februar, an dem über Jahrhunderte die Weihnachtszeit endete, eine Bedeutung bekommen, die den Lichtbezug nicht mehr erkennen lässt. Doch in Bauernregeln wurde die längere Helligkeit wahrgenommen; man findet etwa Hinweise, dass ab Lichtmess wieder bei Tageslicht zu Abend gegessen werden könne. Unsere Erdhälfte neigt sich stärker der Sonne zu, und diese steht seit dem 21. Dezember eine Stunde länger über dem Horizont. Aber Helligkeit und Klarheit an diesem Tag werden in vielen Witterungsregeln als schlechtes Omen gedeutet; der Winter wird noch lange anhalten.

Der anderen Helligkeit zum Trotz hält im Garten das weiterhin vorherrschende Graubraun dagegen und wirkt an manchen Tagen, wenn kalter Regen übers Land zieht, einschüchternd auf mich. Als sei die Hoffnung auf Sommer, auf Fülle und Grenzenlosigkeit vermessen und würde Frostnächte mit vernichtender Wucht und gnadenlosem Gleichmut nach sich ziehen. Doch die pelzigen, der Hand schmeichelnden Knospen der Sternmagnolie sind wie zärtlich streichelnde Tröster. Wenn ich die Augen schließe, sagen sie leise: Es ist alles schon da. Nur noch ein wenig Geduld.

Eine andere Trösterin meines Gartens ist die große Buche am Südrand. Lege ich an sonnigen Tagen das Gesicht an den Buchenstamm, glaube ich etwas zu hören. Vielleicht hat der komplexe Lebensprozess in ihrem Innern nach der Winterruhe begonnen. Manchmal frage ich mich, ob sie vielleicht mit geheimen Signalen lauscht, wie es der Nachbarin ergeht. Denn mit den Jahren hat sie eine Art Freundschaft geschlossen mit dem großen Kirschbaum links neben ihr. Die ausladenden Äste haben sich erreicht. Das klingt nach menschlicher Betrachtungsweise; aber die Forschung zu den Kommunikationsformen zwischen Pflanzen lässt vermuten, dass hier höchst komplizierte Strukturen bestehen, die wir kaum durchschauen.

Himmelsschlüssel träumen vom Frühling

Wenn der Februar sich neigt und nicht mehr fest in Winterhand ist, entdecke ich im Südwestbeet erste Schlüsselblumen. Noch wagen sie sich nicht weit vor, halten also die Stiele kurz, und nur wenige ihrer kleinen Blütenköpfe sind geöffnet. In manchen Jahren ist die Freude über diese lichtgelben Frühjahrsboten von kurzer Dauer, und Schnee deckt alles wieder zu. Doch davon lässt die Schlüsselblume sich ihren Auftritt nicht vermasseln. Kaum wird das Wetter milder, tauchen an vielen Stellen im Garten jährlich größere Horste der zarten Schönheit auf. Noch haben sie wenig Konkurrenz beim Buhlen um Aufmerksamkeit – natürlich nicht nur meiner. In erster Linie begeistern sich zeitig aufgewachte Hummeln für sie; die orangefarbenen kleinen Tupfer auf den Innenseiten der Blütenkelche fungieren als Wegweiser. Eine ziemlich dicke, gestreifte Gartenhummel brummt an meinem Ohr vorbei, und eine kleinere mit orangefarbenem Po, eine Steinhummel, fliegt von Blüte zu Blüte. Beide sind Königinnen, die bereits im Vorjahr begattet wurden, irgendwo im Garten im Boden oder an anderen geschützten Stellen überwintert haben und nun auf Nahrungssuche sind. Die kleinen Hummelstaaten leben nur einen Sommer lang. Wenn die frühen Königinnen kein Futter finden und verhungern, ist eine Chance auf ein neues Hummelvolk vertan.

Schlüsselblumen haben ihren Namen von ihren Blütendolden, die wie alte Schlüssel wirken; in christlicher Tradition wurde seit etwa dem 12. Jahrhundert eine Verbindung zu Petrus und dessen Schlüssel zum Himmelreich hergestellt. In der Sagen- und Märchenwelt ranken sich viele Geschichten um sie. So wird von einer Schlüsseljungfrau berichtet, die der Pflanze die Gabe verleiht, verborgene Schätze zu finden. Elfen und Nixen lieben und beschützen sie. In der Volksmedizin galt sie als Heilpflanze, und bis heute wird sie als Schleimlöser bei Husten und Erkältungskrankheiten eingesetzt. Hildegard von Bingen schrieb, dass die Schlüsselblume ihre Grünkraft vom »Scheitelstand der Sonne« habe, sie also über sogenannte Lichtqualitäten verfüge. Sie macht also hell, warm und fröhlich.

Der Name Himmelsschlüssel verweist also darauf, dass Schlüsselblumen als himmelöffnende Frühjahrsblüher gelten. Für mich ist sie eine Botin des neuen Lichts im zweiten Monat des Jahres; mir scheint, als träume sie sich weg aus dem Herrschaftsbereich des Winters. Und auch ihre Botschaft ist unübersehbar: Dunkelheit und Kälte sind auf dem Rückzug – selbst wenn der Winter das teils heftig zu bestreiten versucht. Unter den Schneepolstern bilden sich kleine Hohlräume. Noch ist das kein Frühling, doch die dunkelsten Zeiten sind vorbei.

Kämpfer und Leuchtzeichen des Lebens

Immer mehr Krokusse erscheinen im Garten wie aus dem Nichts, gesellen sich zu Schneeglöckchen, die übrigens seit über 2000 Jahren bekannt sind, und kleinen Anemonen. Später schauen die Blattspitzen der ersten Wildtulpen aus dem Boden, die aber erst Ende März ihre Blütentütchen öffnen werden. Am Feldrand und auf Brachflächen erscheinen die kleinen Sonnen des Huflattich, der wie ein jüngerer Bruder des Löwenzahn wirkt. Er liebt offenen Boden und erscheint schnell an frisch aufgeworfenen Flächen. An Wiesenrainen tauchen die gelben Blütensterne des Scharbockskrauts auf. Die Leberblümchen im Schatten des noch blattlosen Osterschneeballs halten sich dort seit Jahren. Ihre blauvioletten Blüten strahlen für kurze Zeit im sie umgebenden Braun des trockenen Laubs. Der Name rührt von den dreilappigen Blättern, die an die Leber erinnern. Als Bewohner der Laubwälder gilt ihr Verbleib im Garten als schwierig und gelingt manchmal an lichten Frühlingsstandorten, deren Boden über Jahre unbearbeitet bleibt und deren Laubschicht nicht entfernt wird. Ihre Samen werden nur von Ameisen verbreitet. Es dauert Jahre, bis sich eine kleine Gruppe entwickelt. Ihre besondere Schönheit hat die Bestände in Wäldern dezimiert, da Spaziergänger sie ausgraben, um sie im eigenen Garten anzusiedeln – was oft nicht gelingt. Inzwischen steht dieser zauberhafte Frühlingskünder, wie einige seiner wilden Partner, auf der Roten Liste.

An feuchten Stellen findet sich ein zierlicher Gelbblüher ein, der leicht zu übersehen ist; dabei ist der Gelbstern eine anmutige Pflanze, die im fortschreitenden Frühling vollständig verschwindet. Den Boden der Buchenwälder zieren mehr und mehr die weißen Teppiche der zarten Buschwindröschen und ihrer blauen Schwestern, der Strahlenanemonen. Letztere bezeichnen Liebhaber als Töchter des Windes, weil sie der römischen Göttersage nach aus einem Streit zwischen Zephyr, dem Gott des Westwindes, und seiner Frau Flora, Göttin der Blumen, hervorgingen. Flora verwandelte die Nymphe Anemona aus Eifersucht in eine Blume.

Anemonen siedeln sich vorwiegend unter Bäumen an und lassen sich von Wurzelkonkurrenz nicht einschüchtern. Wie die meisten frühen Frühlingsblüher sind sie nicht zimperlich und kleine Kämpfernaturen. Seit einigen Jahren versuche ich, entgegen gärtnerischem Rat, Baumscheiben frei zu halten, einigen meiner Bäume Frühlingsblüher zu Füßen zu pflanzen. Denn sie alle nutzen das kurze Lichtfenster in Februar und März, bevor die Büsche und Bäume austreiben, und wirken unwiderstehlich auf früh fliegende Insekten, darunter auch die eine oder andere Honigbiene, die endlich ein wenig Sonne, Pollen und Nektar nach den dunklen Wintermonaten tankt.

Winterlinge, die in anderen Gärten große gelbe Polster bilden, ergreifen bei bei mir seit Jahren schnellstens die Flucht. Diesmal habe ich mehrere Töpfchen geschenkt bekommen, wohl wissend, wie wichtig diese frühen Frühblüher für die Ersten aus der Insektenwelt sind. Und kaum stehen sie in ihrem vorläufigen Domizil auf der Terrasse, findet sich eine kleine Schar Bienen ein. Zusammen mit dem Winterjasmin, der im Hintergrund unermüdlich blüht, ergänzen sie den Eindruck von strahlendem Licht.

Gemeinsam sind sie »Leuchtzeichen« (Jürgen Dahl) dafür, dass das Leben neu beginnt. Ob die Winterlinge, die ich bei passender Witterung in den Garten pflanzen werde, bleiben oder ihrem Ruf als meine notorischen Gartenflüchtlinge Ehre machen? Erst der nächste Februar wird es zeigen.

Zu den großen Winterblühern, die weiterhin meinen Garten schmücken, gesellen sich nach und nach Hasel, Kornelkirsche und Salweide. Sie alle sichern das Überleben unzähliger Insekten. Insbesondere die Salweide spielt hier mit dem 70-prozentigen Zuckeranteil ihres Nektars eine zentrale Rolle. Gemeinsam sind ihnen eher unauffällige Blüten, die unserer von Supermarktprimeln abgelenkten Aufmerksamkeit oft entgehen. Doch wenn ich dicht an der Kornelkirsche vorbeigehe, höre ich es summen – und für Augenblicke denke ich an Sommer. Bei den lilafarbenen Blüten des Seidelbast und bei seinem Duft kann von unauffällig keine Rede sein. In seinem botanischen Namen Daphne ist Faszination bewahrt, denn er erinnert an jene von Apoll verfolgte Nymphe, die sich dem zudringlichen Gott nur durch die Verwandlung in einen Strauch entziehen konnte.

Das Insektensterben hat die Sinne geschärft für die Bedürfnisse von Bienen, Schmetterlingen oder Schwebfliegen, und der Begriff Trachtband klingt vielen Gärtnern nicht mehr nach Oktoberfest. Gemeint ist ein Blütenband als kontinuierliche Nahrungsquelle vom zeitigen Frühling bis in den späten Herbst. Wenn wir Wildpflanzen im über lange Zeiträume erprobten Jahresrhythmus mehr Raum lassen und im Garten Frühlingsblühern Platz geben, leisten wir einen wichtigen Beitrag zum Überleben unserer sechsbeinigen Mitbewohner. Deren Lebenszyklen erstrecken sich von Februar bis November in unterschiedlichen Intervallen, die zum Bestäubungsmuster der jeweils blühenden Pflanzen passen (müssen).

Wie groß die Verluste unter den wilden Frühlingsblühern – und damit auch unter den sie begleitenden Insekten – sind, zeigen Erinnerungsbilder des bedeutenden Naturforschers Josef Reichholf. Er schwärmt wehmütig vom Auwaldfrühling mit seiner weißen Phase der Millionen Schneeglöckchen, der blauen Phase mit Blaustern und Leberblümchen sowie der gelben Phase mit gelben Anemonen und Schlüsselblumen. Eine heute weitgehend verlorene Schatzkammer der Vielfalt.

Warmtreter mit Februar-Stilleben

Der Februar verführt in seiner Mischung aus Leere und Licht an manchen Tagen zu gärtnerischem Größenwahn, der sich in schnellen Blühkäufen äußert. Vorgetriebene Primeln, Narzissen oder Tulpen lassen für Augenblicke vergessen, dass morgen ein halber Meter Schnee liegen kann und das Thermometer vielleicht auf zweistellige Minusgrade fällt. Schon ist der Frühlingstraum dahin. Außerdem fordert der Spagat zwischen Attraktivem und Unattraktivem, Altem und Neuem, zwischen Geduld und Vorfreude weiterhin heraus.

Vielleicht ist der Februar der Monat, der die Härte und Unsentimentalität der Natur draußen am deutlichsten zeigt, weil der Frühling so nah scheint und doch so weit weg sein kann – irgendwo zwischen berückendem Licht und lähmender Kälte.

Auch die Vogelwelt auf meiner Terrasse kann davon ein Lied singen, um im Bild zu bleiben. Trotz Sonnenscheins ist Vorsicht geboten. Die Nächte sind eisig, ohne ausreichend Futter sind die Energiereserven schnell aufgebraucht und ist ein kleiner Vogel wie die Blaumeise schnell verhungert oder erfroren.

Noch mehr als im Januar scheint mir Arbeitsteilung bei andauernd harten Zeiten verbreitet, wobei ich nie weiß, wo die genaue Beobachtung endet und die sentimentale Menscheninterpretation beginnt. Das eindeutigste Phänomen ist das der Warmtreter. Der tagelang aufflackernde Schneefall, begleitet von böigem Wind, schneit Teile des Vogelfutters selbst an geschützten Stellen immer wieder zu, sodass die Kleinen unter den Vögeln es nicht freischarren können. Das ist die Stunde der Amseln. Sie, die doch laut Kinderlied eigentlich im Süden sitzen sollten, marschieren mit ihren vergleichsweise großen Füßen durch den Schnee. Kleine Schneisen unter den Futterstellen entstehen, und schließlich werden erste Körner und Reste von Walnüssen sichtbar. Spatzen und Meisen hüpfen in gebührendem Abstand drum herum, ein Rotkehlchen steht wartend und/oder höflich an; sogar ein Eichelhäher, der sich gern Walnusskerne von der Terrasse holt, sitzt etwas entfernt im Rosenbogen. Alle scheinen die von mir so genannten Warmtreter zu beobachten. Denn ich vermute, dass nicht nur das Platttreten des Schnees dazu führt, dass Futter freigelegt wird, sondern auch eine gewisse Bewegungsenergie, die zum Schmelzen beiträgt. Nach einiger Zeit ist das meiste Futter wieder erreichbar, und alle schauen nach ihrem Anteil. Arbeitsteilung in harten Zeiten?

Die Erlenzeisige haben eine andere Strategie. In Schwärmen erkunden sie die Gegend und lassen sich auf einem Sonnenblumenfeld nieder, das über den Winter stehen bleiben durfte und im späten Frühjahr viel frische Blüten austreiben wird; dieser bunte

Teppich legt sich den schwarzen Skulpturen der abgestorbenen Sonnenblumen zu Füßen. Ein Kunstwerk der Natur.

Ende des Monats tauchen in manchen Jahren die ersten Stare auf. Erst einzeln, sodass ich mich ungläubig frage, ob das wirklich schon die blau schillernden Kirschenklauer sein können, denen ich nichts übel nehmen kann. Wenn sie aber wenig später in Gruppen herumstromern, bin ich überzeugt: Die Zugvögel sind auf dem Weg, und sie wissen, der Frühling wird ihnen bald folgen. Als müssten sich die Rückkehrer erst einmal des Glücks vergewissern, ihre gefährlichen Reise überlebt zu haben, ziehen sie in großen gefiederten Kreisen über die Wiesen. Noch sind ihnen Starenkästen und Balzgezwitscher egal; die Februartage gehören allein ihrer Lebenslust. Und die kann selbst gelegentlicher Schneefall kaum trüben.

Genauso wenig wie bei ›meinem‹ Falken, der auf ›seinem‹ Verkehrsschild sitzt, als wäre immer Sommer gewesen, und dessen Federdecke im Licht des Spätnachmittags altrosa schimmert.

Lebenslust ist auch für Menschen im Februar-Licht ein Thema. Sonnentage nach kalten Nächten verlocken zu Sonnenbädern. In der Stadt sind Sonnenbrillen und ein Kaffee im Freien angesagt. Jedes Jahr erfüllt uns von Neuem das Staunen, wie belebend, wie schmeichelnd das erste wärmende Sonnenlicht ist. Als würde jede Körperzelle danach lechzen. Ich sitze still, könnte ich doch durch eine falsche Bewegung dieses Lichtglück stören, diesen Wärmestrom, der bis ins Innerste dringt, unterbrechen.

Heller Dreck

Nie war mehr Licht. Dieser Satz gilt nicht dem ersehnten Sonnenlicht, wenn der Winter sich neigt. Er zeugt vom Diebstahl der Nacht durch eine Übermacht aus Straßenlaternen, Lichtreklame, Industrieanlagen. Kirchen, Rathäuser, Berge werden angestrahlt. Bewegungsmelder von Einfamilienhäusern tauchen das Umfeld in den Lichtkegel von Gefängnishöfen, sobald eine Maus vorbeihuscht. Minigärten werden ausgeleuchtet wie Parkanlagen, immer häufiger auch farbig.

Seit der Erfindung der Glühbirne haben wir Dunkelheit mehr und mehr dezimiert, eine bedrohte Art sozusagen. Ein Blick aus der Internationalen Raumstation zeigt die Erde als leuchtenden Planeten. Die Welt schläft nicht mehr, und sie ist immer hell. Dunkeldeutschland, also Bereiche, in denen es finster wird (ein Wort, das zusammen mit der Finsternis ausstirbt), will heißen, die Stufe eins auf der neunteiligen sogenannten Bortle-Skala erreichen, gibt es nur noch in der Rhön und im Havelland; weltweit finden sich Dunkelzonen lediglich in wenig besiedelten Regionen von Grönland, Kanada oder Afrika. Blickt man von dunklen Orten in den Nachthimmel, sieht man bis zu 6500 Sterne, in gut ausgeleuchteten Innenstädten gerade mal einige Dutzend.

Die Erfindung des elektrischen Lichts war eine Revolution; sie befreite Menschen aus der Herrschaft der Finsternis in vielerlei Hinsicht, denn sie demokratisierte die Tageseinteilung, das Sehen, Lesen, Arbeiten und Vergnügen. Denke ich darüber nach, scheint mir der Zwang, der uns in komische Ordnungen, also in die Abfolge von hell und dunkel, Tag und Nacht, bindet, ein wenig gelockert. Doch der »helle Dreck« (Burcu Dogramaci), der heute die Welt jedes Jahr um bis zu sechs Prozent stärker verschmutzt und bereits 80 Prozent der Weltbevölkerung betrifft, zeigt das gleiche Phänomen wie bei der Zerstörung von Lebensräumen, Klima oder Artenvielfalt. Wir finden kein Maß.

Die Schattenseiten der Lichtverschmutzung betreffen den gesamten Naturrhythmus, also auch den des Menschen. Pflanzen, Tiere und Menschen sind auf die Balance von hell und dunkel eingestellt, wie ein uraltes Programm. Pflanzen verändern ihren Wachstumszyklus; Bäume verzögern die Regulierung des Wasserhaushalts im Herbst, sie werfen in der Folge Blätter später ab, was zu Schäden bei frühem Frost führen kann. Nachtaktive Tiere, und dazu gehören 30 Prozent der Wirbeltiere und 60 Prozent der Wirbellosen, insbesondere Insekten, verändern ihr Flug- und Fortpflanzungsverhalten oder geraten in den wie ein Staubsauger wirkenden Sog von künstlichen Lichtquellen. »Für diese Tiere bedeutet die Einführung des künstlichen Lichts die wohl drastischste Veränderung ihres Lebensraumes durch den Menschen« (Christopher Kyba). In der Folge umschwirren Insekten so lange künstliche Lichtquellen, bis sie vor Erschöpfung sterben. Stadtvögel bleiben länger wach, Zugvögel verlieren die Orientierung. Denn viele Tiere haben im Laufe der Evolution Sensoren für sehr schwaches Licht entwickelt, starke künstliche Lichtquellen irritieren sie daher wesentlich mehr, als die menschliche Wahrnehmung erkennt.

Dass auch Menschen darunter leiden, wenn es nicht mehr dunkel wird, lassen Untersuchungen vermuten. Der Einfluss von Licht auf Hormonhaushalt und Schlafrhythmus gilt als wahrscheinlich. Unser Organismus ist auf einen 24-Stunden-Tag ohne echte Dunkelheit nicht eingestellt. Denn seit Jahrtausenden gaben der Mond sowie Tages- und Jahreszeiten den Rhythmus vor. Forderungen nach einem Menschenrecht auf Dunkelheit werden laut, ebenso wie auf Stille, deren Verlust wir im November erkunden. Das ›Himmelsglühen‹, wie der helle Dreck euphemistisch genannt wird, lässt sich nicht abschalten. Doch Städte und Gemeinden suchen nach Lösungen, um die Lichtbelastung zu reduzieren. Wien erstellt eine Lichtbilanz, New York schaltet das Licht der Hochhäuser ab, wenn die Zugvögel kommen, über intelligentes Lichtmanagement wird debattiert, Bayern hat im Rahmen des Volksbegehrens Artenvielfalt die Beleuchtung öffentlicher Gebäude reglementiert.

In meinem Garten habe ich den Verlust von Dunkelheit erlebt, wie im Dezember zu sehen sein wird. Noch sind nach Osten Tag und Nacht die wesentlichen Taktgeber, doch der verwirrte Maikäfer oder die hilflos flatternden Falter sind unübersehbar. Mit der Dunkelheit verlieren wir auch Schatten und Zwielicht, Geheimnisvolles, Nichtausgeleuchtetes. Im dunklen Garten sehe ich vieles nicht, weiß vieles nicht. Ich muss langsam gehen, muss mich auch auf Ohren und Nase, auf den Tastsinn verlassen. Ich werde auf ein anderes Maß gestutzt. Als ich bei einem nächtlichen Gartenspaziergang spüre, wie behutsam ich einen Schritt nach dem anderen mache, erinnere ich Gedanken zum Zaudern, mit denen der Kulturwissenschaftler Joseph Vogl Zeiträume erkundet, die ich als Zwischenzeiten im Garten aufgehoben sehe. Auch das Zaudern ist eine jener verpönten Qualitäten, denen ich im Laufe des Gartenjahres begegnen werde. Wer zaudert, verliert Zeit, denn zaudern hindert am Eilen; nur Langsamkeit mindert das Risiko zu stolpern. Dunkelheit verringert unsere Verfügungsmacht und gehört damit zu jenen Fähigkeiten, die im Garten zu erfahren sind und die ich als Eigensinn wahrnehme: beherzt zaudern, staunend lassen, illusionslos schwelgen und stets hoffend das andere für möglich halten.

Geschöpfe der Dunkelheit

Plötzlich steht er vor mir, keinen Meter weg. Schaut etwas irritiert, scheint mir. Beide sind wir so leise gewesen, dass wir uns kurz übersehen haben. Er oder sie ist ein junger Fuchs oder eine Füchsin. Schmal noch, schöner Kopf, langer Schwanz mit hellbuschigem Ende. Beide wissen wir nicht, was tun. Ich verharre, er kommt noch einen Schritt näher. Sekunden später dreht er nach rechts ab, wirft mir über die Schulter einen letzten Blick zu und verschwindet im Gebüsch. Eine Weile fühle ich mich beobachtet.

Von solchen Begegnungen zu erzählen, klingt schnell kitschig, mindestens sentimental. Doch das Leben der Nacht hat mit vielfach falsch verstandener Tierliebe nichts zu tun. Vielleicht war es der Fuchs, der spätabends der unvorsichtigen Bäuerin fast alle Hühner stahl oder mindestens tötete. Mich beschleicht in solchen Situationen ein Gefühl von Fremdsein. Ich gehöre nicht dazu. Schon im nächtlichen Garten, der mir tagsüber so vertraut ist, bin ich unsicher. Wer beobachtet mich, ohne dass ich es wahrnehmen kann? Wer ist leise unterwegs? Ich sehe nichts, ich rieche nichts, ich höre nichts im Vergleich zu den Geschöpfen um mich herum. Es gibt eine unzugängliche, weitgehend unbemerkte, auch ängstigende Welt neben, unter und über mir. Diese Dimension des

Fremden zu akzeptieren, fällt schwer. Auch das ist ein Grund, Häuser und Gärten auszuleuchten. Wir geben uns der Illusion hin, selbst im Dunkeln noch alles unter Kontrolle zu haben. Für mich ist das ewige Leuchten Ausdruck des allgegenwärtigen Verfügbarkeitswahns, der unser Verhältnis zu dem, was wir Natur nennen, prägt.

Doch meine nächtlichen Begegnungen erzählen anderes: Füchse im Sommer und im Winter, Rehe in der Dämmerung, Kröten auf dem Weg zu ihren Laichplätzen, Wildschweine, die nur kurz aufschauen und dann weiter in der Wiese wühlen, Dachse, die hinter einem einsamen Bushäuschen verschwinden, Marder, die vielleicht unterm Schuppen Quartier bezogen haben, der Kauz auf dem Zaunpfahl, Maikäfer, Glühwürmchen, Igel, Fledermäuse, Nachtfalter – ihnen gehören Dämmerung und Nacht. In ihrer Welt bin ich nicht zu Hause und auch kein gern gesehener Gast. Wieder erweist sich Verfügbarkeit als Illusion. »Es ist gut, dass manche Dinge für uns unerklärlich bleiben werden. Und das Unerklärliche im Leben lässt sich nicht optimieren« (Joi Ito). Wenn wir dennoch versuchen, uns Zugang zu dieser Welt zu verschaffen, geht dies mit Gewalt (abschießen) oder mindestens Übergriffen (überfahren) einher. Der Preis ist Zerstörung.

Neben den Nachtgeschöpfen sehe ich im Garten auch Dunkelgeschöpfe, also Bewohner, die sich wohl tagsüber betätigen, aber das Licht scheuen und denen die Sonne gefährlich werden kann. Zum Beispiel die verkannten Asseln, Tausendfüßler und hungrigen Schnecken, Ameisen, Ohr- und Regenwürmer oder Maulwürfe. Aber auch sie sind kein lichtscheues Gesindel, sondern Schattenwesen; einigen davon werden mich durch die Gartenmonate begleiten.

Der Laubfrosch ist da!

Ich gebe zu, es ist gewagt, im Februar von Laubfröschen zu sprechen. Noch herrscht Winter. Doch wie so oft im Garten sind Regeln allenfalls grobe Orientierungen; das gilt für Blühzeiträume genauso wie für sonnenverliebte Laubfrösche – und in Zeiten des Klimawandels erst recht. Für sonnen- und sonst wie verliebte Laubfrösche war jener warme Februartag wohl ein Signal, endlich dunkle Verstecke, vielleicht in den wassernahen Tonröhren oder im wohltemperierten Komposthaufen, zu verlassen und wohlige Wärme zu tanken. Zwei von diesen Winzlingen mit der lauten Stimme saßen unmittelbar vor meinen Augen. Regungslos an der südlichen Holzwand des Hauses, vor Vogelblicken durch ein noch kahles Geißblatt und Wein geschützt, die sich hier zur Dachrinne hangeln. Die gefilterten Sonnenstrahlen wärmten Haus und Frösche. Ein grüner und ein graubrauner saßen nah beieinander. Damals hielt ich sie für ein Paar aufgrund ihrer unterschiedlichen Färbung. Aber das muss nicht stimmen, da Laubfrösche ihre Körperfarbe an den Untergrund anpassen können, was übrigens nicht unstrittig ist; einige Forscher sind der Meinung, dass die taktile Beschaffenheit des Untergrundes Farbänderungen auslöst. Ein glattes Blatt macht grün, die raue Fassade eben graubraun – vielleicht.

Die beiden an der Hauswand gaben keinen Laut von sich. Ich habe sie eine Weile betrachtet und wieder einmal über diese kleinen Wunderwerke der Natur nachgedacht, die seit Jahren in unterschiedlicher Zahl in meinem Garten zu Hause sind – worauf ich ein wenig stolz bin, da auch sie gefährdet und eine streng geschützte Art sind. Und ich erinnere mich genau an unsere erste Begegnung. Es war im fortgeschrittenen Frühjahr, und ich räumte ein wenig leere Tontöpfe herum. Ein verhaltenes Quaken ließ mich aufhorchen; Frösche in einem Garten ohne Teich hielt ich für unwahrscheinlich. Und dann entdeckte ich meinen ersten Laubfrosch. Er saß an der feuchten Außenwand eines Tontopfes, der wiederum in einem vom Frost gespaltenen Übertopf steckte.

Der Zwischenraum war dem Laubfrosch augenscheinlich angenehm.

Das war der Beginn einer großen Liebe. Dass sie in gewisser Weise einseitig ist, stört mich kein bisschen. Mir reicht das Maß an Zuneigung, das die Kleinsten der Familie Frosch durch ihren dauerhaften Wohnsitz in meinem Garten zum Ausdruck bringen. Und jedes Mal, wenn sie im Frühling ihre laute Stimme erheben, ist das für mich ein Glücksmoment. Das geht übrigens nicht nur mir so; der Laubfrosch ist ein Sympathieträger im Naturschutz, der als Leitart fungiert, um den Schutz für ihn typischer Lebensräume zu fördern.

Über die Jahre habe ich einiges über diesen einzigen hier lebenden Vertreter der Laubfrösche gelernt; er ist mit maximal fünf Zentimeter Körperlänge und etwa sechs Gramm Gewicht ein Winzling und aufgrund einer raffinierten Haftstruktur seiner Füße der Kletterstar unter den Amphibien. Der Ruf der Männchen erreicht Presslufthammer-Lautstärke, die Weibchen schweigen. Warum genau Laubfrösche hier verweilen, ist mir nicht gänzlich klar. Es gibt Winterverstecke, es gibt drei kleine besonnte Wasserstellen ohne Fische; Laich oder Larven habe ich dort nie gesehen, aber auch nicht gesucht. Insektennahrung für die klebrige Zunge gibt es vermutlich genug. Auch Büsche und Bäume stehen ihm zur Verfügung. Ohne Expertenwissen nehme ich seine Anwesenheit als Indiz, dass es bei mir für ihn passt.

Seit unserer ersten Begegnung habe ich schon einen Laubfrosch mit einem abgeschnittenen Fliederzweig ins Haus getragen und schnell wieder nach draußen gebracht, habe in einem Regensommer sicher zwanzig von ihnen, von groß bis klein (was bei Laubfröschen relativ ist), auf der nassen Dielenscheibe nah vor Augen gehabt und ihre großen Saugfüße mit den für sie typischen Haftballen betrachten können. Einer hatte sich auf einen Bildschirm verirrt, zwei Baby-Laubfrösche im heißen Sommer 2018 ins Büro, wo ich sie erst entdeckte, als einer schon ausgetrocknet war und seither in einer kleinen Holzschachtel ruht; den anderen habe ich ins Grün gesetzt, wo er hoffentlich überlebt hat. Sogar im späten Herbst traf ich einen, vielleicht auf der Suche nach einem Schlafplatz. Und von unserer Begegnung auf meinem Laptop wird noch zu erzählen sein.

Manchmal scheint mir, als treffe ich keinen tierischen Bewohner meines Gartens so häufig wie den Laubfrosch. Was ein von Zuneigung getrübter Eindruck ist. Denn dass sie immer da sind, höre ich, aber ihre Tarnung ist so perfekt, dass sie mich vielleicht oft im Blick haben, während ich blindlings durch den Garten laufe.

Vom Paradies zum Geröll – eine kurze Geschichte des Gartens

Die Geschichte des Gartens erzählen zu wollen, wäre ein vermessener Anspruch. Und doch sind die Gärtner der Vergangenheit vielfach auch in meinem Garten präsent: in Pflanzen mit weit zurückreichenden Vorfahren, in Mythen und Geschichten, in Namen und Vorstellungen. Deshalb mache ich mich auf zu einer Stippvisite im Gestern.

Paradies und Garten werden seit Menschengedenken in Bezug zueinander gesetzt. Dabei ist die Vorstellung eines Paradieses (wortgeschichtlich aus dem Altpersischen für ›rundherum‹ und ›Mauer‹ zusammengesetzt) wie in der Bibel mit dem Versprechen von Fülle und Frieden verknüpft. Der Garten dagegen ist als Wort wesentlich jüngeren Ursprungs und geht auf die indogermanischen Bedeutungen von Flechtwerk, Zaun und Eingehegtes zurück, meint also ein abgetrenntes Landstück in der Nähe eines Hauses, das ein paar Nahrungspflanzen vor der ungezähmten Natur schützte.

Aus den ersten vier Jahrtausenden vor Christus sind Zeugnisse hoher Gartenkultur bewahrt. Dabei gilt Mesopotamien zwischen Euphrat und Tigris um 4000 v. Chr. als Wiege der Gartenkultur und des Ideals eines Garten Eden. Seither verbinden die großen Religionen die Vorstellung einer idealen Welt mit dem Garten. Ab dem dritten Jahrtausend werden im ägyptischen Pharaonenreich

Tempel-, Lust- und Gemüsegärten angelegt, von denen Bilder in Totenkammern zeugen. Es werden bereits Pflanzen importiert und im ältesten Pflanzenbuch, einem Wandrelief im Amuntempel von Karnak, dargestellt. Als Vorläufer späterer Parkanlagen weltweit gelten Jagdparks in Assyrien um 1000 v. Chr. Um 600 v. Chr. ließ Nebukadnezar die legendären Hängenden Gärten der Semiramis anlegen; diese Terrassengärten werden noch Jahrhunderte später zu den sieben Weltwundern gezählt.

Zwar berichtet etwa Homer von Gärten und Nymphengrotten, doch sind aus dem antiken Griechenland außer Nutzgärten keine Gartenanlagen überliefert. Allerdings liefern Pflanzen Kunstmotive. Später entstehen die Philosophengärten von Aristoteles oder Theophrast, der in einer Naturgeschichte der Pflanzen die Botanik begründet.

In den folgenden Jahrhunderten erscheinen Arzneipflanzenkunden, vielbändige ›Ratgeber‹ zu gärtnerischen Aktivitäten inklusive Schnitt, Kompost oder Frostschutz. Die Römer entwickeln bisherige Gartenvorstellungen weiter, verbessern Bewässerungstechniken und verbreiten die Pflanzen des Mittelmeerraumes nach Norden. Ihre Gartenkultur sollte später auf die Gärten der Renaissance Einfluss haben. Byzanz und der Islam übernehmen viele Gartenideen und greifen auch die Überhöhung als Paradies wieder auf.

Um 800 erlässt Karl der Große erstmals eine Verordnung zum Gartenbau, in der Pflanzenlisten enthalten sind; dort finden sich Salbei, Rosmarin, Lilien und Rosen, Malven, Äpfel, Pfirsiche oder Quitten.

Die Klöster stehen künftig im Zentrum des guten Gärtnerns und verbinden antike, arabische und christliche Gartentraditionen. Der Klostergarten von St. Gallen und mit ihm der erste bildliche Gartenplan entstehen; sie bilden über Jahrhunderte das Ideal eines klösterlichen Gartens ab mit seiner Anlage und seinen genauen Pflanzenordnungen. Der Abt Walahfried Strabo beschrieb in seinem Gedicht *Hortulus* Pflanzen und vermittelte alltagstaugliche Tipps für die Gartenpflege; sein Gartengedicht spiegelt sich bis heute im Kräutergarten auf der Bodensee-Insel Reichenau. Über mehr als fünf Jahrhunderte blieben die Klöster in Europa Zentren der Gartenkultur und der Heilkunst, verbunden mit Namen wie Hildegard von Bingen oder Albertus Magnus. Im 13. Jahrhundert entstehen im nichtkirchlichen Raum Lustgärten der Adeligen, Bauerngärten zur Eigenversorgung sowie Gemüse- und Blumengärten entlang von Stadtmauern. Immer wieder gewinnen allegorische Romane Einfluss auf die Gartengestaltung. Die Renaissancegärten verbreiten sich in ganz Europa. Und durch die Ausdehnung des Osmanischen Reichs gelangen neue Pflanzen, Knollen und Samen nach Mitteleuropa.

Ab dem 16. Jahrhundert werden Gartenanlagen zu Prestigeprojekten der Könige; berühmte Gärten entstehen wie jener beim Wasserschloss Chenonceaux, die Villa d'Este in Rom, der Jardin de Luxembourg in Paris und als atemberaubende Krönung die Anlage von Versailles, die überall in Europa und bis nach Russland nachgeahmt wurde. Außerdem entsteht der erste botanische Garten in Padua; in der Folge entwickeln sich diese systematisch aus fremdländischen und heimischen Pflanzen komponierten Anlagen weltweit.

Im 18. Jahrhundert entwickelt sich im Zuge neuer bürgerlicher Freiheiten auch ein anderes Gartenbild. Natur spielt eine größere Rolle, vor allem unter Einfluss der Naturphilosophie von Jean-Jacques Rousseau, und Ideen zu wilden Gärten werden erprobt. Das Verhältnis von Landschaft und Garten wird neu bestimmt, und vor allem in England werden Landschaftsparks angelegt, in denen mit Baumgruppen und Seen experimentiert wird. Bis heute weltberühmte Gärten wie der in Kew prägen das Bild von großzügigen Gartenlandschaften. Das Idealbild des Gartens verschiebt sich Richtung mehr »Natürlichkeit«.

In Deutschland erscheint das erste deutschsprachige Regelwerk für Gartenkunst, aus dem die Idee des Volksparks hervorgeht, während in Wörlitz ein bedeutender Landschaftspark angelegt wird, basierend auf der Überzeugung, dass der Garten das ästhetische Zentrum eines aufgeklärten Staates sei. In München wird Anfang des 19. Jahrhunderts der Englische Garten in einen Volksgarten umgestaltet, der »zum traulichen und geselligen Umgang und zur Annäherung aller Stände dienen solle, die sich hier im Schoße der schönen Natur begegnen«. Fürst Hermann von Pückler-Muskau wandelt in Muskau Landschaft mit Städten und Dörfern zum riesigen Landschaftspark um. Mitte des 19. Jahrhunderts geht aus den volksgesundheitlichen Überlegungen von Daniel Schreber – als eine Art Gegenbewegung für kleine Leute – der Schrebergarten hervor, der als Kleingarten bis heute überlebt hat.

Die Gartenkultur im 19. Jahrhundert entfernt sich von strengen Mustern und entwickelt immer neue Varianten. Stadtparks als grüne Lungen wie der New Yorker Central Park, der Prater in Wien oder der Tivoli-Park in Kopenhagen spiegeln eine sich schnell wandelnde Gesellschaft und Stadtkultur. Seit der Weltausstellung in London im Jahr 1851 verbreiten sich Gartenschauen auf nationaler und regionaler Ebene. In England und Frankreich gestalten Maler und Schriftsteller bedeutende Gärten wie den Monet-Garten oder den Garten von Sissinghurst der Schriftstellerin Vita Sackville-West, die als Inspiration dienen und gleichzeitig die Gartenvorstellungen von Millionen Freizeitgärtnern bis heute prägen.

Im gartenbegeisterten England wurde 1895 der National Trust gegründet, der Gärten und Landschaften schützen sollte. Heute hat diese legendäre Garten-Gesellschaft über drei Millionen Mitglieder und besitzt 250 000 Hektar schützenswerte Landschaft, davon 1000 Kilometer Küste.

Mit wachsendem ökologischen Bewusstsein gewinnt die Idee des Naturgartens mit einheimischen Pflanzen Anhänger. Gärten, Terrassen und Balkone sind begehrt, Pflanzen, Zubehör, Gartentechnik und Gartenbau entwickeln sich zum großen Geschäft. Gartencenter, Baumärkte werden zum Hort industrialisierter Garten(un)kultur. Gartentage und andere Verkaufsausstellungen sind die Hits im Frühsommer. Gartenbücher und Gartenzeitschriften haben ungebrochen Konjunktur.

Und in den wachsenden Städten legen Menschen Gemeinschaftsgärten an, Urban Gardening verbindet neues Naturbewusstsein mit Selbstversorgung. In der Stadtplanung wird angesichts von Klimawandel über grüne Architektur debattiert, derweil sich auf dem Land naturarme Geröllgärten hinter Metallzäunen ausbreiten. Die Städter scheinen mehr, die Landbewohner weniger Natur zu wollen.

Unter dem Eindruck von Artensterben, Klimawandel und Lebensraumverlust, aber auch von Vereinzelung, Zeitdiktat und Wachstumswahn gewinnen Gärten neue Dimensionen und sind damit wie seit Jahrtausenden Spiegel ihrer Gesellschaft und Sehnsuchtsorte ihrer Gärtner.

»Die Natur, die viele Menschen schützen wollen, ist nicht die Wildnis, sondern das von Menschen geschaffene ›Paradies‹ mit seinen Hecken, Feldgehölzen, Streuwiesen, kleinen Feldern … und heute bemerkt man, dass all dieses nicht zur Natur-, sondern zur Kulturlandschaft gehört, zur Landschaft des 19. Jahrhunderts mit ihrem reichhaltigen Mosaik an Biotopen und ihrer großen Biodiversität« (Hansjörg Küster).

Wir haben die Welt im Garten

»Springkraut, Bärenklau, Kalikokrebse, Wölfe – solche eingebrachten Fremdarten haben anderswo ihre Habitate, es wäre also keine Ausrottung, wenn man sie hier beseitigen würde.« Die Ökothemen sind auch bei den Rechtspopulisten angekommen. Und spätestens seit das Schicksal geflüchteter Menschen uns nicht mehr kaltlässt, hat die Neophyten-Debatte, also die kritische Betrachtung pflanzlicher und tierischer Neubürger, für mich einen schalen Beigeschmack. Fremd und einheimisch sind schwierige Eigenschaften, im Garten, in natürlichen Lebensräumen und in der Gesellschaft. Selbst in den Naturschutz- und Naturgartenbewegungen unserer Tage beschleichen mich gelegentlich Zweifel angesichts der Inbrunst, mit der auch ich für heimische Pflanzen plädiere.

Ist die Schlüsselblume wirklich heimisch? Wenn ja, war sie das schon immer? In welchen Zeitdimensionen bewege ich mich bei der Bestimmung als heimisch? Welches wäre das Stichjahr? Aufgrund mangelnden Wissens halten wir vieles für heimisch, was es im ursprünglichen Sinn nicht ist. Salbei, zentrale Pflanze in den Klostergärten – aus der Mittelmeerregion; Geranie, urbayerische Balkonpflanze – Afrikanerin; Dahlie, Lieblingspflanze vieler Gartenbesitzer – Mexikanerin. Die Liste wäre beliebig fortzusetzen. Viele, die wir in unseren Gärten als selbstverständliche Bewohner sehen, sind über Jahrhunderte Zugereiste. Der Garten als »Gasthaus der Mannigfaltigkeit« (Jürgen Dahl).

Wie die Gartengeschichte zeigt, haben Pflanzen Verbindungen geschaffen; in ihnen begegneten sich Kulturen. Vielfach wurden diese Begegnungen gesucht und als bereichernd erlebt. Mönche, Kaufleute, Botaniker und Pflanzenjäger haben pflanzliche Beziehungslinien über die Erde gezogen. Vielfalt ist auch grenzenlos. Andererseits sprechen Ökologen heute von einer Bioinvasion nie gekannten Ausmaßes. Weltweit schätzt man mehr als 13 000 Pflanzenarten, die außerhalb ihres ursprünglichen Verbreitungsgebiets leben. In den vergangenen 500 Jahren sollen etwa 800 Pflanzen- und Tierarten gewollt oder ungewollt nach Europa gekommen sein. Tendenz steigend.

»Die Einwanderung neuer Pflanzen- und Tierarten ist ein natürlicher Prozess, der einen festen Bestandteil der Erhaltung von Arten und Biodiversität darstellt. Die Natur ist daran angepasst, dass es einen Austausch an Arten und Genen gibt und dass neue Gebiete besiedelt werden. Ohne diesen Prozess könnten Pflanzen und Tiere auch gar nicht auf sich verändernde Umweltbedingungen reagieren« (Hanno Seebens).

Neben den Problemen, die sich mit sogenannten invasiven Arten verknüpfen, wird durch den globalen Austausch der Rückgang regional einzigartiger Biodiversität befürchtet. Gemeinschaften, die sich über Millionen entwickelt haben, verschwinden. Es vollzieht sich eine weltweite Angleichung der Lebensgemeinschaften, vielleicht vergleichbar mit der Angleichung von Innenstädten.

Eine Bereicherung auf den ersten Blick erweist sich als Verlust von Vielfalt bei genauem Hinsehen.

Auffällig werden diese möglicherweise prekären Folgen der Globalisierung, wenn freiwillig oder unfreiwillig Zugereiste auf keine Antagonisten etwa als Fressfeinde treffen, sich sehr schnell ausbreiten und andere Arten verdrängen. Manche lassen auch Menschen nicht unberührt wie etwa der Riesen-Bärenklau, der bei Sonnenschein zu Kontaktverbrennungen führen kann, im Übrigen aber ein Verwandter unseres Fenchels ist, oder die Beifuß-Ambrosie, die Allergien auslösen kann, gleichwohl lange bei den Imkern als üppige Trachtpflanze beliebt war und gefördert wurde. Dass allerdings auch diese Entwicklungen keine neuen Erscheinungen sind und häufig mit Geschäftsinteressen verbunden waren, kann man durch die Menschheitsgeschichte verfolgen (Marcel Robischon) – und dass es viele ›Neophyten« nur an Orten, die vom Menschen drastisch verändert oder massiv geschädigt wurden, schaffen, zu überleben und heimisch zu werden, ist sicher auch bedenkenswert (Fred Pearce). Der Riesen-Bärenklau zum Beispiel zeigt in anderen europäischen Ländern kein solches Ausbreitungsverhalten wie bei uns – und taugt dort nicht zum Feindbild. Das Drüsige Springkraut ist bereits im 19. Jahrhundert aus Indien nach Europa gekommen, ohne unangenehm aufzufallen. Dass es sich heute vor allem in nährstoffreichen Uferlandschaften stark ausbreitet, lässt sich nicht von der Entwicklung zu überdüngten Wiesen und Feldern trennen, die ihre Nährstofffracht auch in Bäche und Flüsse, also den Lebensraum des Springkrauts, abgeben.

Nicht Herr, nicht Diener – alles ist Natur

Früher fütterten Menschen den Wind mit Krümeln, die er wegblasen durfte; so wollte man ihn besänftigend abhalten, das Dach abzudecken. Auch Licht und Dunkelheit sind mächtige Naturkonstanten; wir glauben sie in einer Weise ignorieren zu können, die mich ein wenig an die Beschwichtigungskrümel vergangener

Zeiten erinnert. Soll ich es Kinderglauben nennen oder Überheblichkeit? Ganz gleich, ob wir uns als zerstörender Feind oder sentimentalisierender Freund aufspielen, immer sind es beliebig abrufbare oder abzulehnende Zuweisungen aus Menschenperspektive, immer verhalten wir uns, als wäre Natur eine Ansammlung von Dingen und wir deren Eigentümer. In diesem zentralen Missverständnis sind die ökologischen Krisen begründet. »Wir Menschen sehen uns auf einem Hügel und die Natur als Dienerschar unter uns« (Peter Wohlleben). Doch es gibt weder Herr noch Diener. Wenn ich mit offenen Augen durch den Garten gehe, kann ich dieser Erkenntnis nicht ausweichen. Solange wir diese Zusammenhänge ignorieren, ist Zerstörung die Konsequenz.

Seit einigen Jahren versuchen Juristen, dem fatalen und selbstschädigenden Besitzanspruch gegenüber Natur ein anderes Rechtsverständnis entgegenzusetzen. Ecuador übernahm hier 2008 eine Vorreiterrolle. Erstmals wurde ›Mutter Erde‹ als Rechtssubjekt in die Verfassung aufgenommen. Seither können etwa Umweltorganisationen das Recht der Natur auf Unversehrtheit einklagen. Kolumbien folgte 2018, indem der Amazonas-Regenwald mit Persönlichkeitsrechten ausgestattet wurde, ebenso der Whanganui-Fluss in Neuseeland. Diese Rechtsstrategie »ist ein relativ neues und inspirierendes Konzept, das dazu beitragen soll, unseren Planeten und uns selbst zu retten« (Jens Kersten).

Wende ich den Blick von diesen großen Bewegungen zurück in meinen Garten-Februar, scheint mir einmal mehr, als wäre ein wenig Zaudern überlegenswert, wenn das Wechselspiel von Winter und Frühling noch kein beherztes Machen zulässt. Dass Zaudern keine Lösung für alle Fälle ist, zeigte mir an dem Morgen, bevor ich diesen Gedanken notierte, ein sehr hübsches Eichhörnchen. Es saß auf der Straße, richtete sich auf und blickte dem heranfahrenden Auto entgegen. Glück für uns beide, dass ich trotz Gedankenspielen aufmerksam war und es frühzeitig bemerkte. Ich hielt an. Es zaudert, dachte ich, wohl weil mich diese Möglichkeit, der Welt hin und wieder zu begegnen, gerade beschäftigte. Für einige Sekunden konnte ich die rotbraune Schönheit vor mir betrachten.

Schließlich wandte sich das Eichhörnchen ab und lief Richtung Straßenbaum. Das Zaudern, das seine Flucht verzögerte, hätte es das Leben kosten können – und mir Trauer über sein Sterben gebracht. Für einen Augenblick waren wir verbunden in dieser Möglichkeit, als Teil dessen, was wir Natur nennen.

MÄRZ

Sternguckerin überragt Diagnostikerin

Kuhschelle und Schnecke

»Natur ist klug, sensibel, erfinderisch und genügt sich selbst.«

David Boyd

Der März ist ein Versprechen – mit kurzem Verfallsdatum. Mittlerweile habe ich den Winter satt. Die Wünsche nach Farbe, Helligkeit, Wärme drängen – und müssen immer wieder Dämpfer hinnehmen, die für manches Lebewesen im Garten tödlich enden können. Denn auch dort wartet alles auf den wahren Frühling. Bis heute erinnere ich jenen März, der auf einen verlockend milden Februar folgte und die Kletterrose Apple Blossom an der Südseite verführte, kräftig zu treiben, also ihre Wasserschleusen zu öffnen. Dann kamen jene eisigen Nächte mit bis zu minus 20 Grad. Die Zerstörung war erschreckend. Nach langem vergeblichen Hoffen musste ich sie bis auf den Stock herunterschneiden. Alle Triebe waren erfroren. Natur, auch das.

Der März ist ungnädig in seiner Enthüllung des Alten, des Vergangenen. Überall braunes Laub, Abgestorbenes, vom Schnee Zerquetschtes. Bevor Melancholie mich überfällt, stelle ich den Blick scharf und schaue nach den kleinen Schönheiten, die ein Lächeln in wintermüde Gesichter zaubern. Noch immer braucht es wenig, um aufzufallen. Dafür legen manche sich ganz schön ins

Zeug, wie etwa die bezaubernde Kuhschelle, deren verblüffende Fähigkeiten später eine Rolle spielen werden. Auch sie ein zartlila Versprechen, dass der Sommer kommen wird. Pure Zuversicht, die sich von Hoffnungszeichen nährt. Dazu gehören die roten Triebspitzen, mit denen sich die Bauernpfingstrose hervorwagt, ebenso wie kleine runde Gebilde, die Farne an der Nordseite durch die knittrigen Überreste ihrer Vorfahren schieben und die ein wenig an den Krummstab des hiesigen Nikolaus erinnern. An Bäumen und Büschen glaube ich letztes Kräftesammeln vor dem großen Blühspektakel in April und Mai zu erahnen. Bläht sich manche Knospe schon? Liegt ein grünlicher Schimmer über der Westhecke? Das Abenteuer Frühling hat begonnen.

Morgens ist der Winter zurück. Schon wieder. Nasser Schnee liegt schwer auf den Büschen und drückt einige Zweige auseinander oder fast zu Boden. So viel zum grünen Schimmer. Ein Rotkehlchen sitzt auf der dünnsten Spitze des chinesischen Flieders, der wie eine mollige Kugel links vor der Terrasse steht. Es scheint ins Fenster zu schauen an diesem Tag, der nicht zu meinen sonnigsten in diesem Monat gehört. Das Rotkehlchen sitzt unbeweglich, und in seinem dunklen Blick sehe ich eine stille Übereinkunft: Schau, ich habe die Minus-20-Grad-Nächte überstanden; den Rest schaffen wir auch noch. Dass wenig später ein Buntspecht versucht, am Meisenknödel etwas Futter zu ergattern, und dabei ordentlich ins Rotieren gerät, trägt zur weiteren Erheiterung bei. Am späten Nachmittag sehe ich zum ersten Mal in diesem Frühling das Wildgänsepaar, das sich seit einigen Jahren am nahen Teich einfindet. Sie führen aus meiner Sicht eine herzzerreißende Beziehung. Sie frisst und schläft, er bewacht sie ohne Unterlass; nie sehe ich ihn am Gras zupfen. Aber vielleicht verstehe ich das alles nur falsch. Zur Abrundung dieses Tages lese ich zufällig eine Sentenz zum Märzschnee: »geschmolzenes Parfait mit glasiertem Veilchendekor« (Sándor Márai). So schön kann ein März-Schneetag ausklingen.

Wer traut sich raus?

Geduld ist keine Tugend für den März. Steht nicht Frühlingsanfang im Kalender? Der erste Sonnentag – nach Wochen voller Grau, Nebel, nasser Kälte, immer wieder trübem Schnee – lässt hoffen. Im Windschatten meiner kleinen Büroterrasse mit dem Glastischchen und den altmodisch hässlichen Plastikstühlen wage ich, ein wenig Sonne zu tanken. Neben mir sonnen sich zwei Fliegen und eine Wildbiene. An der kleinen Pfütze vom letzten Schnee sehe ich einer hellen Hummel beim Trinken zu. Irgendwo in den Bäumen an der Südseite höre ich leise den Specht, vielleicht der Meisenknödel-Akrobat. Sonst still. Idylle! Meine Gedanken wandern. Von der Frage, wann ich Vertrocknetes von den Beeten räumen sollte, die mich aber nur mäßig beunruhigt, während einige Nachbarn sicher schon ein festes Reglement haben, damit alles zu Ostern ›sauber‹ ist, bis zu Überlegungen zum Insektensterben und möglichen Schutzmaßnahmen im Garten. Ein erster Starenhahn lenkt mich ab; er versucht mit ausgestellten Flügeln, auf sich und sein Heim aufmerksam zu machen. Ob das bei den gefiederten Damen funktioniert, kann ich nicht beurteilen; meine Bewunderung jedenfalls hat er. Die Hummel ist nun weitergeflogen und hat die Blüten der Vergissmeinnicht ausgemacht. Im Augenwinkel sehe ich einen Zitronenfalter, der nur knapp den dicken Pfoten des Nachbarkaters entkommt. Welche mitleidlose Ironie: gerade in Froststarre den Winter überstanden und schon Katzenfutter – beinahe. Schrecken und Freude liegen so nah beieinander, dass ich mit dem Fühlen nicht nachkomme.

Die Sonne lässt sich nicht lumpen, wärmt mein Gesicht und gibt den Sommersprossen einen Kick. Die feinblütige Zierkirsche in Nachbars Garten wagt hier und da eine Blüte, bald wird sie sich in zartrosa Tüll kleiden. Der Idylle folgt Wind, der warmen Regen mitbringt: »warm wie die Tränen der Frauen. Ohne Geschmack, ohne Duft, nur warm« (Sándor Márai). Wenige Tage später entreißt der erste Frühjahrssturm den Hainbuchen an der Südseite ihre Blätter, die sie hartnäckig gegen den Winter verteidigt haben; nun können sie froh sein, das Sackleinen endlich loszuwerden. Derweil wehen die Kätzchen der Hasel im stürmischen Wind. Bei diesen länglichen Würstchen handelt es sich um die männlichen Blüten, während die kleinen weiblichen noch von Knospenschuppen eingehüllt sind, aus denen frech ein rötlicher Federbusch ragt, die Narben. Wenn mich an solchen Windtagen eine gelbliche Wolke von Haselpollen umhüllt, scheint mir der Hinweis, dass ein Strauch bis zu 600 Millionen Pollen verteilt, nicht übertrieben. Ob im Herbst allerdings von den Haselnüssen etwas für uns bleibt, ist nicht gewiss. Mäuse, Vögel, Eichhörnchen sind oft viel schneller – und ich finde nur Schalen. Übrigens lässt sich an den Schalen erkennen, wer der Dieb war. Aufgebrochene Nussschalen sind Eichhörnchens Werk, ungleichmäßige Nagespuren lassen auf Haus- oder Feldmäuse schließen, nur die gleichmäßig rund genagten Löcher sind etwas Besonderes. Sie verraten, dass die seltenen Haselmäuse im Garten unterwegs sind. Bei mir leider bisher nicht.

Der März verspricht und enttäuscht. Furchtlos, unerschrocken zu sein, ist in diesem Monat eine gute Eigenschaft. Wer traut sich raus? Wer singt zuerst und eröffnet damit das Sommerkonzert? Manchmal scheinen mir die Vögel lauter zu sein. Dann wieder das gewohnte Bild: Meisen sitzen täglich am Futter, die sonst eher vorlauten Spatzen bleiben allerdings mehr und mehr weg. Vielleicht haben Zusammenführung der Paare und Brutgeschäft schon begonnen.

Entblößen und verbergen, öffnen oder kaschieren – der März wechselt mit einer manchmal radikal anmutenden Widersprüchlichkeit zwischen gestern, sprich Winter, und morgen, sprich Sommer. Gefährdetes Vergnügtes als zentrale Botschaft. Noch ist alles unbeständig. Der März macht dann mal. Heute Schnee im Stiefel, morgen Lust auf Blumen.

Abenteuer des Frühlingsbeginns

Die Warnung vor Dachlawinen ist berechtig, ändert aber nichts; die Multiflora an der Nordseite mit ihren langen Trieben hat es satt erwischt. Jetzt klemmt sie fest im Schnee, wie einbetoniert. Wenn ich das anschaue, erahne ich die Macht von Lawinen. Unter den Haufen der Dachlawine, die noch herumliegen, als es bereits richtig Frühling zu werden beginnt, und die erst Regen und Sonne mit abwechselnden Kräften zum Schmelzen bringen, haben die wilden Alpenveilchen schadlos überlebt. Als wären nicht Betonlasten auf sie niedergegangen, blühen sie vor sich hin. Ich mache einen innerlichen Glückshupfer und stelle mir vor, wie sie sich eine Höhle geschmolzen und dort geduldig ausgeharrt haben – im evolutionären Wissen, dass ihre Stunde kommen wird. Genauso der Seidelbast, auch nicht grad ein Kraftprotz unter den Pflanzen. Er war unter einem Schneeberg verschwunden. Kaum ist der Schnee weg, reckt er nicht nur forsch seine Zweige Richtung Licht, sondern öffnet auch einige weitere lila Blüten.

Weitgehend unbeschädigt hat auch die kleine Gemeinschaft des Lungenkrauts unter dem Hartriegel das Schneedesaster überstanden. Noch sehe ich nur die gefleckten Blätter, die diesem Gewächs seinen offiziellen Namen gegeben haben. Sie sind länglich oval und mit unregelmäßigen hellen Flecken durchzogen; ab Ende März zeigen sich erste rosa Blüten, die später in eine Blautönung übergehen. Zeitweilig entsteht so eine hübsche Mischfarbe. Wie der Name schon sagt, wird das Lungenkraut seit dem Mittelalter gegen Lungenleiden, heute Hustenreiz eingesetzt; Hildegard von Bingen nannte es Lungwurz. Als Waldbewohner ist die Pflanze schattentauglich und bildet kleine Teppiche, wenn ihr der Standort taugt.

Jedes Jahr im März entdecke ich den Garten neu. Als müsste ich ihn mir nach Monaten des Fremdelns erschließen, ihn wieder kennenlernen, die Zeit des Fernseins überwinden. Die Jahreszeit der Entfremdung draußen mildert sich langsam. Der Garten lässt mich wieder an sich heran. Kälte und Dunkelheit haben alle Überlebenskräfte verbraucht. Da war kein Raum für Zuwendung, Großzügigkeit, Überfluss. März ist auch der Monat des Sich-langsam-wieder-Öffnens nach der Zeit des Rückzuges und Sichverschließens. Ein Zurückzucken ist immer noch möglich; als müsse Zutrauen neu aufgebaut werden. Natürlich kann ich das nur für mich sagen.

Im Garten haben immer mehr Frühlingsblüher den Tag aller Tage fest im Blick: Traubenhyazinthen, Wildtulpen, erste Narzissen, Blaukissen, Kugel-Primeln, Garten-Aurikel, Elfenblumen blühen, als wollten sie den Frühling herbeizaubern. Und Februar-Blüher sind ja ebenfalls noch da. All die Schnee-Ignoranten, die bunten Frühlingsungestümen, die Unbekümmerten. Wie die Vögel, die unbeeindruckt von Sturmböen scheinen, oder die Elstern auf Nistplatzsuche. Sie alle haben wohl beschlossen, dem Winterhalbjahr die Zunge herauszustrecken. Jetzt reicht's!

Manchmal möchte ich mitjubeln, fliegen. Manchmal zögere ich. Aber die Frühlingsanzeichen werden beständig zahlreicher: Knospen werden dicker, manche öffnen sich vorsichtig, die weiße Forsythie überzieht sich mit einem roten Schimmer, der von den Außenblättern ihrer Knospen ausgeht. Die Pelzchen der Sternmagnolie wachsen weich und silbrig. Die Trauerweide ist grüngelb überhaucht. An diversen Stellen leuchten Veilchen.

Frostnächte nach winterfrühlingswarmen Tagen bringen noch mal Eis und Winterstarre zurück. Jeden Morgen finden sich zwei Stare bei den Meisenbällen ein und bedienen sich mit akrobatischer Geschicklichkeit. Die Sonne tagsüber bei einstelligen Plusgraden genießen alle. Jeden Morgen Besuch eines Rotkehlchens auf der Terrasse. Vergnügt hüpft es von Stuhllehne zu Stuhllehne, auf den Tisch und sammelt Futterreste ein. Zwischendurch reckt es seine rote Brust. Ein glühend orangeroter Himmel bei Sonnenaufgang hält dagegen. Sonnige Mittage locken Schmetterlinge und Bienen. Ein besonderer Anziehungspunkt sind die kaum sichtbaren Blüten der Buchsbäume, die allerdings erst nach etwa zehn Jahren erscheinen und auch nur, wenn die Bäume wie bei mir nicht ständig geschnitten werden. Bienen und Schmetterlinge scheinen begeistert. Und wenn ich nah genug herangehe, rieche ich einen süßlichen Duft, schwärmerischer: »zart lilienhaft mit bitter-aromatischem Beigeruch« (Frider Plenzat).

Erste Blättchen an der *Rosa multiflora* mit dem typischen rötlichen Austrieb zeigen sich; wer mag da von Schneeschaden reden. Alle drei Zierquitten öffnen innerhalb von wenigen Tagen ihre farbenfrohen Blüten. Am liebsten ist mir die knallrote an der Westecke des Gartens. Sie reckt durch Weißdornzweige, Fliederbusch und Zaunstreben eine Vielzahl von Blüten. Die erwähnten Mahonienbüsche, die zu den Berberitzen gehören, bewahren zwischen ihren bronzerot getönten Winterblättern weiterhin gelbe Blütentrauben, die fein duften; die blauschwarzen Beeren haben sich längst die Vögel geholt. Schneide ich ein paar Stiele für die Vase, verblüfft mich jedes Mal ihr schwefelig gelbes Holz. Die Mahonie hat allerdings eine weitere, im Wortsinn explosive Eigenart: Berührt etwas/jemand die Staubblätter ihrer Blüten, schnellen diese explosionsartig in Richtung Narbe und heften den Blütenstaub am Berührer fest. Diese reizbaren Staubblätter sind nur bei wenigen Pflanzen zu beobachten.

Einige Blüher – vor allem Blaukissen, Goldlack und Vergissmeinnicht – kaufe ich in Töpfen bei meiner kleinen Gärtnerei für die Terrasse; sie vertreiben langsam das Einheitsgrau und werden später ins Beet gepflanzt für nächstes Jahr. Natürlich werden dort auch Primeln angeboten. Sie haben allerdings wenig mit den Supermarktprimeln zu tun. Und so scheint mir eine kleine Ehrenrettung der weitläufigen Familie der Primula angebracht. Diese blüh- und aussaatfreudige Familie hat eine lange Geschichte; dazu gehören die Schlüsselblumen der Wälder und Gärten ebenso wie die ebenfalls gelb blühenden Aurikel der Hochlagen oder die zartlila Mehlprimel. Die Züchtungen sind kaum zu überschauen. Sofern es sich nicht um sterile Hybriden handelt, die für ein kurzes Leben massenhaft produziert werden (Stichwort Primellüge), sind Insekten ihnen nicht abgeneigt. In einem Nachbargarten haben verschiedene Primeln über Jahre an einem Schattenplatz einen aquarellfarbigen Frühlingsteppich gewebt. In immer neuen Variationen. In diesem Frühjahr habe ich drei Primeln unter den kleinen Apfelbaum gepflanzt.

Frühlingsanfang oder: ein Besenreisig

Endlich steht es im Kalender: Frühling. »Es ist Frühling, und also geschieht etwas. Das Antlitz der Erde wandelt sich innerhalb von Tagen, Gehölze stecken ihre grünen Kerzen auf, die Felder beginnen anzuschwellen: grün und gelb« (Sándor Márai).

Manchmal gefällt sich der Tag als echter Frühlingskünder, jedoch hier im Alpenvorland haben sich vor den Bergen nicht selten noch mal Schneewolken gründlich ausgeschüttelt. Und doch liegt Vorfreude über meinem Garten, was bestimmt vor allem an mir und meinen Gefühlen liegt.

Die Tagundnachtgleichen werden astronomisch zweimal im Jahr festgelegt. Tag und Nacht sind dann gleich lang, im März und im September. Im Frühjahr beginnt nun die Zeit der immer längeren Tage. In manchen Kulturen wird an diesem Tag das Neujahrsfest gefeiert. Mit verschiedenen Traditionen begrüßen die Menschen den ersehnten Frühling; Palmbuschen oder Frühlingsstäbe werden gebunden. Um Frühlingsanfang wurden auch Büsche und Bäume geschnitten, die für diverse Nutzungen vorgesehen waren, zum Beispiel Zweige der Eiche für die Gerberei oder junge Eschen- und Buchentriebe als spätes Winterfutter für die Kühe.

Für mich verbindet sich mit dieser Tradition ein sehr alter Besenreisig, der seit vielen Jahren in meinem Büro liegt. Der Stil ist irgendwann abhandengekommen. Er ist aus Birkenzweigen gebunden von meinem Großvater vor sicher 70 Jahren. Mein Vater, obwohl schon als junger Mann vom Land in die Stadt gezogen, hat ihn nach dem Tod des Vaters gehütet und mir eines Tages geschenkt. Ich weiß nicht, ob jemals damit gekehrt worden ist – aber er ist die einzige greifbare Erinnerung an einen Mann, den ich nie kennenlernen konnte.

Fernblick 1 – Hoffnung in Stein

Ein weiß kristalliner und ein warmgelber Stein haben aus Kambodscha durch einen Freund zu mir gefunden. Glitzernd und handschmeichelnd nehmen sie mich an manchen Tagen mit in ein altes Reich, das zu einem geschundenen Land wurde und heute aufgebrochen ist in eine Zukunft, die das Wort Hoffnung wieder zulässt.

Das wandernde Glöckchen

»Sie ist sanft und lieblich mit ihrem hellen Lila, von silbernen Seidenfäden pelzig umrahmt.« Diese liebevolle Beschreibung verdankt die Kuhschelle, auch Küchenschelle, der englischen Schriftstellerin Vita Sackville-West, die als begnadete Gärtnerin galt und deren Garten in Sissinghurst Castle bis heute viele Besucher anzieht. Dass die Kuhschelle mit dem schlichten Hahnenfuß verwandt ist, lässt ihre poetische Erscheinung nicht vermuten. Sie bevorzugt trockene Standorte auf mageren Wiesen, gern in Mittelgebirgen und häufig in Gesellschaft des blauen Frühlingsenzians. Auf jede Art von Düngung reagiert sie abweisend und verschwindet. Fortschreitende industrielle Landwirtschaft hat sie zum Verlierer gemacht. Die hohe Stickstofflast aus der Luft, die heute eine Düngerwolke übers Land legt und Magerstandorte verfettet, tut ein Übriges. Außerdem behindern Moosbildung und Grasfilz die Ausbreitung der Samen, die offenen Boden brauchen. Wildbestände sind rar. *Pulsatilla vulgaris*, so ihr botanischer Name, gilt daher als gefährdet und ist streng geschützt. Zuchtformen für Trockenstandorte im Garten finden sich in manchen Staudengärtnereien.

Ich erinnere mich genau an einen Einbürgerungsversuch in den Kindertagen meines Gartens. Ahnungslos habe ich ein Exemplar der Küchenschelle zwar in volle Sonne gepflanzt, aber in einen Boden, der ihr mit Sicherheit sofort auf den Magen geschlagen, na ja, wohl eher in die Wurzel gefahren ist. Fett, feucht, Löwenzahn – das Gegenteil dessen, was ihre Herkunft prägt. Nach einem Frühjahr war sie weg. Und ich habe sie vergessen. Viele Jahre später ist sie mir erneut begegnet; im Zusammenhang mit Artenschutz, Wissen um Pflanzengemeinschaften und ihrer inneren Geografie. Bis heute sind Magerstandorte auf meiner ehemaligen Kuhwiese, die jetzt Garten heißt, nicht existent, weshalb Pflanzen, die an solche Standorte angepasst sind, schnell das Weite suchen. Einen Versuch wert wäre vielleicht das Gründach, dessen Boden extrem mager ist, aber durch jahrelangen Eintrag von Blättern und Luftdüngung humose Stellen entwickelt hat. Immerhin hat mich die Kuhschelle gelehrt, genauer auf die größeren Zusammenhänge bei Pflanzenansiedlungen zu achten.

Aber die Kuhschelle hat noch andere spannende Erkenntnisse zu bieten. Ihr Volksname rührt von einem Bezug zu den Kuhglocken her, denn zu Beginn erinnert die halbgeschlossene nickende Blüte an ein Glöckchen. Aus der Verkleinerung hat sich Küchen-Schelle (eigentlich Küh-chen) entwickelt. Auch der Gattungsname Pulsatilla verweist auf Glöckchen, die lateinische Herkunft bedeutet läuten, schlagen. Je weiter die Blüte, die außen durch Härchen vor Kälte geschützt ist, fortschreitet, umso deutlicher wendet sich die weit geöffnete Blütenschale dem Himmel zu und gleicht einer Sternenform, die sich auch nachts nicht schließt. Aber damit nicht genug. Sobald die Fruchtbildung beginnt, wächst Pulsatilla wieder. Von ursprünglich niedrigen 15 Zentimetern streckt sie sich bis auf eine Höhe von 40 Zentimetern weiter dem Himmel entgegen. Mag sein, dass ihre Wurzel, die sich mehr als einen Meter ins Erdreich senkt, ihr hierfür die unterirdische Sicherheit gibt. Die Früchte entwickeln einen üppig behaarten Federschweif, der vom Wind mitgenommen wird. Dieser Schopf war in früheren Jahrhunderten den Menschen unheimlich und wurde Teufelsbart oder Bocksbart genannt.

Aber die Experimentierlust im Dienst des Überlebens geht weiter. Denn die Früchte können sich eigenständig fortbewegen. Der von der Evolution erdachte Mechanismus nutzt den Wechsel von nassem und trockenem Wetter. Der im trockenen Zustand abgeknickte Federschweif der Frucht streckt sich, wenn sie zu

Boden gefallen ist, durch Einlagerung von Wasser, und die Frucht dreht sich mehrfach um sich selbst. Mit wechselndem Wetter wiederholt sich dieser Mechanismus, und die Früchte bewegen sich bis zu 20 Zentimeter von der Mutterpflanze weg. Dass die Kuhschelle eine uralte Heilpflanze, dabei sehr giftig ist und in der Homöopathie eine wichtige Rolle spielt, sei nur am Rand erwähnt.

Eine kleine Sternenguckerin geht auf Nummer sicher und zieht viele Register, um zu leben. Mich rührt dieses winzige Beispiel, flößt mir Respekt ein – und erzürnt mich; denn all diesen Ideenreichtum zerstören wir mutwillig und ignorant. Mal wieder. »Es braucht Sonne, Mond, Regen und Trockenheit, Blitz und Donner, Sturm und Flaute, Wärme und Kälte, Himmel und Erde, Planeten und Sterne, Fülle und Kargheit« (Rainer Engler), um eine Kuhschelle entstehen und überleben zu lassen. Eine (Zer)Störung in diesem Spiel des Lebens kann unabsehbare Folgen zeitigen. Nicht nur für die Kuhschelle.

Klug, sensibel, erfinderisch

Ist die Kuhschelle intelligent?, könnte ich mich fragen. Hält meine Buche mit ihrer Nachbarin Kirsche Händchen, sprich Zweige? Seit einigen Jahren sind Veröffentlichungen in Mode, die wissenschaftliche Erkenntnisse über Fähigkeiten von Pflanzen, oder auch von Tieren, als amüsante Auftritte inszenieren. Speziell die Pflanzen, die 99 Prozent der irdischen Biomasse ausmachen, werden als fühlend, lügend, verführend, sich wehrend, sich erinnernd dargestellt. Es geht um Krieg und Liebe, um Eroberung und Feindschaft. Maximal vergrößert, werden Stacheln an Distelblättern zu Haifischzähnen, Blüten zu erotischen Körpern, Samen zu fliegenden Aliens. Zweifellos basiert dieses Spektakel auf spannendem Wissen, das für die zentrale Rolle der Pflanzen sensibilisieren könnte. Und in der Folge unser gefährdendes Verhalten im Umgang mit dem, was wir Natur nennen, ändern. Mich erinnert diese Vermenschlichung an alte Geschichten, mit denen unsere Vorfahren versuchten, unverstandene und beängstigende Vorgänge zu beschwören, zu verklären und damit zu bannen. Kommen wir Natur damit wieder näher? Können wir die gefürchteten Shifting Baselines, jenes Nicht-mehr-Kennen, deshalb Nicht-mehr-Schätzen, überwinden, indem wir die Befruchtung von Pflanzen als Sex bezeichnen? Oder sind es nicht vielmehr neue Formen, Natur auf Abstand zu halten, ihr herablassend und zerstörend zu begegnen? Vielleicht brauchen wir eine laute Übersetzung für das Leise, das Verborgene, das Nichtverstandene. All die Erkenntnisse aus der Pflanzenphysiologie, Mikrobiologie oder Bionik sind eindrucksvoll und oft verblüffend. Zeigen sie doch auch, dass sich nicht die Pflanzen an unseren Erfindungsreichtum angepasst haben, sondern wir uns vielfach ihnen. Und daraus eine Fülle züchterischer Konsequenzen gezogen. Immerhin sind sie seit über 400 Millionen Jahren auf der Erde anzutreffen. Gleichwohl hat uns das nicht gehindert, immer wieder wie vorlaute Besserwisser die falschen Schlüsse zu ziehen, zu zerstören, wo wir vermeintliche Einsichten zur allein selig machenden Wahrheit erklärten. Verabsolutieren, wo Natur auf Widersprüche und Ungleichzeitigkeiten gebaut ist. Wenn wir das Bestäubungsverhalten der Kuhschelle analysieren, haben wir damit die Kuhschelle verstanden? Ist unser sehnsüchtiges Warten auf den Frühling wie eine algorithmisch erstellte Wetterprognose?

Theoretisch heißt das: »Komplexe System stecken voller schwer auszumachender Wechselwirkungen und nicht linearer Reaktionen … Wir wiegen uns in der Illusion, das Funktionieren unseres Planeten sei abhängig von Plänen universitärer Forschung und bürokratischer Finanzierungsmaßnahmen, doch es gibt äußerst überzeugende Hinweise darauf, dass das eine Illusion ist – die Illusion, die ich Flugunterricht für Vögel nenne« (Nassim Nicholas Taleb).

Es geschieht immer das Gleiche. Wir glauben d i e Antwort zu kennen, d i e Lösung gefunden zu haben. Statt dem Heupferd zunächst zuzuschauen, suchen wir nach dem Mechanismus der Gelenke seiner Hinterbeine, um daraus vielleicht einen Nutzen ziehen zu können. Und gehen damit der wesentlichen Erkenntnis aus dem Weg, nichts über die wahren Zusammenhänge zu wissen, und auch nicht sehen wollen, dass wir Teil des Ganzen sind. Und dass wir dem Ganzen vielleicht nicht nur durch die Betrachtung seiner Teile näher kommen.

Für mich beginnt die Faszination, wenn ich heraustrete und hinschaue, hinhöre, rieche und spüre und »sehen lerne, was wir nicht sahen, empfinden, was wir vordem nicht empfanden« (Peter Martin Urtel).

Diese Sicht aus der Perspektive des Gartens plädiert nicht für ein Entweder-oder oder relativiert auch nicht den Erkenntnisgewinn diesbezüglicher Forschung. Sie will nur dem Forschergeist etwas Bescheidenheit an die Seite stellen, die aus Nüchternheit und Respekt erwächst. Die übrigens auch manche Wissenschaftler betonen, wenn sie ihre Erkenntnisse als winziges Teil in einem undurchschauten Ganzen bezeichnen: »Da haben wir die Chance, noch einen ganzen Schatz an Wissen zu heben« (Norbert Jürgens).

Meine Überlegungen greifen ganz naiv eigene Erfahrungen auf, laden zu anderen Perspektiven ein, verknüpfen sie mit alten und aktuellen Warnungen. So schrieb der Naturschutzpionier Ernst Rudorff im 19. Jahrhundert: »Man feiert die Natur, aber man feiert sie, indem man sie prostituiert … Eine wahre Manie hat die Welt ergriffen, die Natur in ihrem eigensten Wesen zu zerstören unter dem Vorgeben, dass man sie dem Genuss zugänglich machen will.« Oder der berühmte Philosoph Erich Fromm vor einem halben Jahrhundert: »Aufgrund unserer Existenzbedingungen sind wir Teil der Natur, doch aufgrund unserer Vernunftbegabung transzendieren wir sie. Wir haben versucht, dieses Problem unserer Existenz dadurch zu lösen, indem wir uns die Natur untertan machten und für unsere eigenen Zwecke umgestalteten, bis aus der Unterjochung der Natur mehr und mehr deren Zerstörung wurde. Unser Eroberungsdrang und unsere Feindseligkeit haben uns blind gemacht für die Tatsache, dass die Naturschätze begrenzt sind und eines Tages zur Neige gehen können und dass sich die Natur gegen die Raubgier der Menschen zur Wehr setzen wird.«

Lese ich im Jahr 2019 die aufrüttelnden Berichte des UN-Klimarates, in denen beinahe flehentlich Wissenschaftler aus aller Welt die Entscheider zum sofortigen Handeln aufrufen, kann ich nur schlussfolgern, dass bisher alle Forschung uns nicht hat hindern können, selbstherrlich weiterzumachen wie bisher.

Vielleicht müssen andere Strategien hinzukommen; mit Fridays for Future kündigen die Jungen dieser Erde der Zerstörung den Gehorsam auf; vielleicht sollten sich die Gärtner anschließen. Ihnen ist die modische Disruption genauso vertraut wie die tägliche Einsicht, dass sie über das Eigentliche, das Wesentliche des Geschehens nicht bestimmen können.

Anthropozän oder: Kleiner Exkurs in Realismus

»Der entscheidende Fehler der letzten 200 Jahre ist, dass wir denken, die Natur sei nur eine Ansammlung von Dingen, die uns zur Verfügung stehen« (David Boyd). Die verheerenden Folgen dieses dualistischen Denkens, gepaart mit Ignoranz, Selbstüberschätzung und/oder Feindseligkeit, beschäftigt mich bei meinen inneren und äußeren Gartenspaziergängen immer wieder. In Philosophie und Wissenschaft hat diese Erkenntnis natürlich keinen Neuigkeitswert. Und unter dem Stichwort Anthropozän werden die tiefen Eingriffe des Menschen in seine natürliche Lebenswelt, also der Mensch als erdgeschichtlicher Faktor, längst diskutiert. Doch der unübersehbar angegriffene Zustand der Erde befeuert Überlegungen, wie wir im Bewusstsein unserer Verantwortung für eine menschengemachte Gefahr menschliche Lösungen finden können. »Gerade weil wir die Natur verändern, sind wir untrennbar mit ihr verbunden. Das zu akzeptieren, birgt die beste Chance, die Erde zu retten« (Christian Schwägerl). Um zu verstehen, was das bedeutet, ist Nüchternheit keine schlechte Begleiterin. Denn es geht weder um die Beschwörung von Wildnis, die es nur noch an wenigen Stellen auf der Erde gibt, und deren Erhaltung – etwa der Regenwälder in Kanada oder am Amazonas –, die unter verschiedenen Gesichtspunkten unabdingbar erscheint, noch um die Romantisierung von Natur im Sinne einer Übertragung unserer Seelenzustände auf Rosen oder Meisenkinder.

Zur Verdeutlichung mag ein kurzer Ausflug zu den schlafenden Genen dienen. Die Evolution, so viel haben die Evolutionsbiologen herausgefunden, macht begeistert Umwege, lässt Fehler zu, schützt die Abweichung und hütet das Unnütze. In unseren Genen und auch in den Genen aller anderen Lebewesen sind Erbfaktoren verborgen, die nicht genutzt wurden, die fehlerhaft schienen, nutzlos für das Überleben der jeweiligen Art. In diesem Ballast des Lebens steckt ein Geheimnis des Überlebens. »Evolution ist zukunftsoffen. Wenn man eine Lehre aus der Erdgeschichte mit ihren Massensterben, Klimaschocks, Meteoriten- und Supernovakatastrophen ziehen kann, dann diese: Man kann nie wissen, was noch alles auf uns als Art zukommt« (Jürgen Schaefer). Es scheint, als rechne die Evolution mit allem. Und darin liegt das zentrale Überlebensprinzip der Vielfalt nicht nur in der aktuellen Realität, sondern auch als Möglichkeit. »Das Ansammeln eines Vielfaltvorrats von genetischen Mutationen« (Christine von Weizsäcker) erweist sich als wichtig für eine ungewisse Zukunft. Weggepackt, damit der Fehler aktuell keinen Schaden anrichtet; aber wer weiß, wozu er gut ist. Irrwege können sich also als lebensrettend erweisen, wenn sich die Umstände ändern. So ist die Evolution »eine Geschichte unendlicher Kreativität und bizarrer Umwege«.

Dies zu bedenken und gleichzeitig zu erkennen, dass die Idee von der Evolution als Überleben des vermeintlich Stärkeren überholt ist, setzt Möglichkeiten frei für eine Ethik des Zusammengehörens (David Haskell) und der Verantwortung – im Überlebensinteresse aller auf der Erde. »Im Anthropozän zu leben bedeutet: Die Menschheit muss dringend zum Hüter und Bewahrer ihrer Umwelt heranreifen. Es gibt kein die und wir mehr, kein Innen und Außen. Der Mensch stört die Natur nicht, er ist Teil von ihr« (Christian Schwägerl). Darin liegt auch eine andere Ökonomie begründet, die Natur- und Umweltschutz nicht mehr als Last, als Kostenfaktor wahrnimmt. In solcher Gesamtheit gäbe es kein

Gegenüber mehr, den wir wahlweise schützen oder vernichten können. Denn dass alles mit allem zusammenhängt, wäre erst dann ohne Alternative. Wissenschaftler sehen uns also vor die Wahl zwischen einem guten oder schlechten Anthropozän gestellt: »Im schlechten werden wir die Möglichkeit unseres Stoffwechsels mit der Natur in Gefahr bringen. Im guten schaffen wir den Übergang zu einem Gleichgewicht« (David Christian/Gustav Seibt).

Die Erkenntnis, dass wir alle Teil der Natur sind, bedeutet nicht Einheitsbrei. Es geht eher um Perspektivwechsel, und der lässt sich im Garten üben. Vorausgesetzt, wir akzeptieren, dass wir unendlich viel über unsere tierischen und pflanzlichen Mitbewohner nicht wissen, nicht wissen werden und dass uns ihre Wahrnehmungs- oder Ernährungssysteme fremd bleiben werden. Wir sollen uns also nicht gemein machen mit Regenwurm, Brennnessel und Co. »Jede Kreatur, uns Menschen eingeschlossen, lebt innerhalb ihrer eigenen sensorischen Realität« (David Haskell), zu denen andere keinen Zutritt haben. Hier setzt eine Ethik des Zusammengehörens an. Und in einer solchen Ethik würde das Bewusstsein wurzeln, von dem ich bereits sprach: dass in der Schlacht gegen die Schnecken auch der Gärtner zum Opfer wird. Und wo man die Schnecke nicht zerschneidet oder ertränkt, weil man erkennen kann, dass es für sie eine existenzielle Katastrophe ist.

Liebesexperten – Schnecken

Den ersten Tigerschnegel, den ich sah, hielt ich für eine Gurke. Als sich die Gurke auf der Straße bewegte, wurde mir etwas unbehaglich. Aber wissen wollte ich nun doch, was für ein eigenartiges Wesen über die Straße Richtung Nachbar kroch. Die Taschenlampe brachte keine Klärung. Erst als ich zufällig von der seltsamen Begegnung erzählte, wurde ich über diese große nachtaktive Schneckenart aufgeklärt, wobei ich mit meinem Gurkenvergleich zur Belustigung beitrug. Meistens wird vom schicken Tigerdruck gesprochen. Ob dieser auffällige Gartenbewohner nur Kurzzeitgast war, ist mir unklar. Immerhin bringt er bis zu

20 Zentimeter Körperlänge zusammen, frisst Pilze, welke Pflanzen sowie Aas, und er attackiert des Gärtners liebsten Feind, die Spanische Nacktschnecke. Das Spektakulärste ist wohl das Paarungsspiel der Tigerschnegel, das Beobachter zu erstaunlicher Wortwahl verlockt. Da ist von Luftnummern die Rede und von stürmischem Umschlingen, von heftigen Bewegungen, schließlich hängen die beiden Körper an einem langen Schleimfaden und bilden eine sogenannte Lampenglocke. Die genauen Vorgänge lassen sich ausführlich nachlesen. Das Liebesspiel von Schnecken wird immer wieder besonders vermerkt und insbesondere auf die lange Dauer hingewiesen. Ich kann es gelegentlich bei Weinbergschnecken beobachten, ziehe mich aber diskret zurück.

Auch jenseits ihrer amourösen Kunststücke sind Schnecken ein ergiebiges Thema, dessen Aufregerwert ich nicht verstehe. Die kleinen Gehäuseschnecken zum Beispiel mit dem liebevollen Namen Schnirkelschnecke bieten keinen Anlass für Beschwerden. Sie knabbern vor sich hin und bringen selten eine Pflanze zu Fall, auch die großen Weinbergschnecken regen nicht auf, dafür sind die braunroten Nacktschnecken das Feindbild Nummer eins. Da können weder Blattläuse noch Spinnmilben oder sonstige Ärgernisse ordentlicher Gärtner mithalten. Geheimrezepte zur Beseitigung, Vertreibung, Dezimierung werden ausgetauscht, beschäftigen jedes Jahr Gartenzeitschriften und Ratgeber.

In feuchten Sommern gehört auch mein Garten zum Schneckenrevier; meine Tochter zählte mal auf 50 Metern 137. Manche Pflanzen haben keine Chance, wenn diese Truppe anrückt. Doch große Verluste hatte ich nie. Gestandene Gartenbewohner lassen sich nicht schrecken, Storchschnäbel, Kräuter, Rosen und viele andere lassen sich sowieso nicht beeindrucken. Wenn sich frisch gepflanzte Staudenkinder eines Überfalls nicht erwehren können, lagere ich sie zeitweilig in eine Krankenstation auf der Terrasse aus. Doch grundsätzlich beobachte ich, dass Schnecken entspannte Gärtner nicht so sehr belästigen – ein Eindruck, den andere bestätigen. Außerdem habe ich immer einen schmackhaften großen Komposthaufen weit weg von den Beeten und einen Korb mit Pflanzen- und Obstresten, die ich ihnen mundgerecht hinstelle. Ein kleines Ablenkungsmanöver. Und den Salat hat eben der Nachbar.

Die Betrachtung von Schnecken im März ist nicht unbedingt naheliegend, da sie neben Feuchtigkeit durchaus auch etwas Wärme fürs Wohlbefinden schätzen. Doch ich möchte sie nicht nur als Feindbild, sondern auch als Begleiterin vorstellen für den Perspektivwechsel, der im Kleinen wie im Großen unerlässlich ist. Beobachte ich eine der rotbraunen Nacktschnecken, die sich auf der Straße über die Reste einer überfahrenen Artgenossin hermacht, weiß ich, dass ihre Ernährungsgewohnheiten nicht die meinen sein werden. Der zweite Aspekt ist jedoch bedeutsamer: Die Schnecke beseitigt Überreste, meine und andere. Aus der Perspektive der Liebhaberin von Waldglockenblumen zum Beispiel erscheint mir die Schnecke, die meine neu gepflanzte Staude wegfrisst, als Schädling, doch aus der Perspektive der Gärtnerin, die Hundekot und tote Mäuse im Beet nicht schätzt, ist sie der Nützling, der meine Interessen unterstützt.

Zudem sind Schnecken Indikatoren für fehlende Balance im Garten. Sie diagnostizieren mittels ihres ausgezeichneten Geruchssinns – Leckereien wittern sie auf 200 Meter Entfernung –, wem es schlecht geht, wer am falschen Platz steht oder sonst wie unpässlich ist. Sie sortieren also die Schwachen aus, eine Art Gesundheitspolizei. Ihre Hauptaufgabe sehe ich aber in ihrer Rolle als Recycler. Damit gehören sie ins komplexe System natürlicher Wiederverwertung. Nichts wird weggeworfen, Müll gibt es nicht.

Wem die Schnecken den Garten vermiesen oder die Nachtruhe rauben, sollte das Zusammenspiel von bestimmten Pflanzen und Schnecken genau beobachten. (Oder im Bett die Geschichte des Schneckenforschers von Patricia Highsmith lesen.) Es gibt viele schöne Pflanzen, die Schnecken links liegen lassen – und sich lieber dem Salat des Nachbarn widmen. Schwierig finde ich die Aggressionen, mit denen die sommerliche Schneckenschlacht hier und da geführt wird. Es sind Lebewesen, die eine wichtige

Aufgabe im Naturkreislauf haben. Ihnen massiv Gewalt anzutun, zeigt wieder einmal, dass wir die Balance im Garten und auch sonst nicht begreifen und deshalb zerstören.

Die zärtliche Gleichgültigkeit der Natur

Wenn ich im März durch meinen Garten gehe, mir Frühling versprechen lasse und enttäuscht im Schnee versinke, wenn ich von Idylle spreche und von Schneckentod, kann ich niemals Abstand nehmen von mir selbst. Sozusagen aus meiner Haut schlüpfen. Ich schaue aus mir auf das Draußen; ich interpretiere, was ich sehe – und kann damit irren, fehlgehen, falsch handeln, scheitern, blind, taub und ahnungslos sein. »Alles, was wir in uns beobachten, ist mit gutem Grunde verdächtig; wir sind zugleich Richter und Partei, und uns liegt zu viel daran, unsre Welt mit prächtigen Illusionen und Hoffnungen zu bevölkern«, warnte schon vor 100 Jahren Maurice Maeterlinck. Und ich füge hinzu, mit unserer Moral, die Garten wie Natur gleichgültig ist.

Ich kann versehentlich zerstören oder Neues auslösen. Doch der Kern dessen, was geschieht, bleibt mir verborgen. Das zu akzeptieren, scheint mir im Zentrum guten Gärtnerns zu stehen und mir immer wieder zu ermöglichen, die Perspektive zu wechseln und zum Beispiel die Lebensaufgabe der Schnecke zu erkennen. »Das Eigentliche« ist nicht die Sache des Gärtners. »Er erlebt die Unverfügbarkeit, im Gelingen genauso wie im Scheitern … Das alles ist Leben, an dem wir teilnehmen können, wenn wir es denn wahrnehmen – in Geduld. Es bilden sich andere Ordnungen, Beziehungsgefüge, denen gegenüber unsere eigenen Entwürfe schal erscheinen. Garten heißt dann nicht mehr nur Frühjahrsblühen und Sommerpracht, sondern heißt vor allem: die tägliche Ankunft des Unvermuteten« (Jürgen Dahl). Damit erweist sich der Garten einmal mehr als Hüter des Eigensinns und als Erfahrungsfeld gegen jede Art von Herrschaftsgebaren. Und hier bin ich wieder bei meiner persönlichen Strategie angesichts von Klimawandel, Artensterben und Lebensraumverlust.

Auf meinen Wanderungen durch Garten und Welt, die ich mit den Füßen und in Gedanken für dieses Buch unternommen habe, sind einige Bilder und Ideen meiner Wahrnehmung besonders nahegekommen. Die schönste, gleichwohl sperrigste ist das Bild von der zärtlichen Gleichgültigkeit. Es gehört nicht mir, sondern ist ein legendäres Motiv der Weltliteratur. Am Ende des Romans *Der Fremde* von Albert Camus sagt der zum Tod Verurteilte Meursault: »Angesichts dieser Nacht voller Zeichen und Sterne wurde ich zum ersten Mal empfänglich für die zärtliche Gleichgültigkeit der Welt.«

Ich habe mir dieses Motiv ausgeliehen mit Blick auf das, was Natur mir und uns heute bedeuten könnte. Wenn ich weder der Sentimentalisierung noch der Verachtung Vorschub leisten will, da mir beide in Zerstörung zu münden scheinen. So wie weder Tierliebe noch Verachtung daran hindert, billiges Fleisch aus Massentierhaltung zu kaufen.

Im Bild von der zärtlichen Gleichgültigkeit der Natur ist für mich ein tiefes Einverständnis mit Unerwartetem, mit Eigensinn aufgehoben. »Dass die Erscheinungen der Natur schön, aber auch vergänglich seien, und dass man sie also ohne Hoffnung lieben müsse« (Albert Camus).

Ein Stück Unbegreiflichkeit und Unbezähmbarkeit bleibt. Das schützt vor Sentimentalität und süßlicher Romantik. Und darin liegt für mich das größte Versprechen gegen alle Kontrolle, alle Zerstörung, alle Verachtung. In ihrem zärtlichen Kern ist Natur in uns und um uns frei. Hier wurzelt Heiterkeit, die zum Frühling passt.

Blumen blühen nicht für uns, Rosen duften nicht für uns, Früchte entstehen nicht für uns. Und doch binden sie uns über ihre Schönheit, ihr Aroma und ihren Duft ein, verändern uns. Diese Natur braucht ihr zugeneigte Beobachter wie John Franklin, Michel de Montaigne oder Barbara von Wulffen. Sie braucht das absichtslose Federgeistchen, den lauten Laubfrosch und den Paradiesvogelschiss, wie in den kommenden Monaten zu sehen sein wird.

Natur ist Versuch. Alle, die behaupten, die Zukunft zu kennen, und damit ihr Tun jetzt rechtfertigen, straft sie Lügen. Natur bleibt ein nicht zu unterbrechender Prozess. Die zärtliche Gleichgültigkeit der Natur geht einher mit Klarheit, Härte, Lebensintensität und Geheimnis.

Und in diesem Prozess bleibt Schönheit für mich das Verbindende zwischen allem. Absichtslos wie das Federgeistchen im Mai, mutig wie die Gartenkreuzspinne im September und zärtlich wie die wohlig brummende Hummel, die sich auf meinem Handrücken niederlässt. Ich glaube, dass Schönheit und Fülle der Natur schützende Begleiter sein können gegen die Monotonisierung und Verhässlichung unserer Welt, »als flüchtige, freie Augenblicke des Glücks« (Albert Camus).

APRIL

Subversiver trifft Überfliegerin

Löwenzahn und Lerche

»Humor entsteht,
wenn Ordnung durchbrochen wird.«
Loriot

Der April ist ein Spieler. Er setzt alles auf eine Karte, reizt unsere Wünsche wie ein ausgekochter Pokerspieler. Full House oder Bad Beat, All-in oder Showdown. Er neckt und schummelt, er weckt Begierden und serviert eiskalt ab. Aber am Ende löst er die Versprechen des März ein: Es wird Sommer.

Ich greife hier nicht den Spruch auf »Der April macht, was er will«. Der ist bestenfalls in den schnellen Reim verliebt, eigentlich aber dumm. Denn, so man auf dieser menschlichen Ebene verharren möchte, macht jeder Monat, was er will.

Doch seien wir nicht so streng – es geht ja ums Spielen. Und nach Friedrich Schiller ist »der Mensch nur da wirklich Mensch, wo er spielt«. Woher rührt also das Spielerische dieses Monats, der schon mit den heute etwas verloren wirkenden Scherzen zum 1. April beginnt? Jemanden in den April schicken, ihn mit Verwirrendem, mit etwas, das zwischen Wahrheit und Unsinn changiert, in Versuchung führen, ihn an der Nase herumführen, anderes in Erwägung ziehen. Ja, das sind meine ersten April-Gefährten: Versuch, Scherz, Übermut.

Bis heute gibt es keine eindeutige Erklärung für die Entstehung des Aprilscherzes.

Auch Witze gelten als eine Form subversiver Argumentation. »Jeder Witz ist eine kleine Revolution« (George Orwell). Beim Schreiben dieses Buches sitze ich übrigens manchmal in einem altmodischen Schreibtischstuhl mit roter Samtpolsterung und rot bezogenem Rückenteil.

Aus Anlass einer Kulturveranstaltung im Theater der nahen Kreisstadt las Loriot, der begnadet übermütig und mit ernster Miene den Größenwahn in Wohnzimmer und Bad entblößte. Mit dem für ihn gedachten Sessel konnte er sich nicht recht anfreunden und bat höflich um eine Alternative. Ich holte meinen Stuhl, und Loriot dankte es mir mit einer Signatur auf dem Stuhlrücken. Bis heute sitze und denke ich also mit Loriot im Rücken. Nicht die schlechteste Unterstützung.

Nein, der April ist nicht launisch. Das widerspricht meinen Erfahrungen im Garten. Er ist spielerisch. Ein Experimentierer mit dem, was der Frühling an Möglichkeiten und Verlusten bietet. Viele Menschen meiden das Spielen – selbst für Kinder hat das Organisierte heute Vorrang. Spielen streckt der toughen Leistungsgesellschaft die Zunge heraus. Absichtslosigkeit widerspricht Disziplin und Kontrolle.

Der April probiert, was geht, lotet Grenzen aus zwischen den großen Blöcken Winter und Sommer. Dabei scheut er keineswegs die Extreme. Mal spielt er uns Sommer vor – und wenn wir uns gerade dieser Illusion hingegeben haben, lässt er uns im Schnee stehen. Doch selbst bei österlichem Kälteeinbruch sehen wir ihm diese Eskapaden nach, denn wir wissen: Die Sache wird gut ausgehen. Es wird Sommer werden. Die Zeit der Fülle beginnt. Deshalb sehe ich im April auch den Optimisten unter den Monaten. Er lehrt spielerisch Zuversicht. Manchmal spüre ich ihn wie eine wilde Achterbahnfahrt, mit seinen Höhen und Tiefen, dann wie einen beschwingten Tänzer durch die Angebote des Frühlings. Immer aber ohne Ängstlichkeit, weil er ein Meister des Ausbalancierens ist. Hierin ähnelt er, wie wir sehen werden, dem September.

Beide sind Gratwanderer, Liebhaber der Brüche und Widersprüche, sie balancieren übermütig auf des Messers Schneide.

Bei diesem Gedanken fällt mein Blick auf drei Rosenblättchen und eine aufgesprungene Kastanienschale. Beide liegen seit vergangenem Herbst auf meinem Schreibtisch; zusammen mit einigen Schneckenhäusern und einem Champagnerkorken. Als Unterlage dient ein kleines Tablett, das meine Tochter mir aus Paris mitgebracht hat. Den Rosenblättern und Kastanienschalen habe ich die Aufgabe zugedacht, mich an Spiellust und Ideenreichtum im Garten zu erinnern. Die Rosenblätter sitzen an einem auberginenfarbenen Stielchen, sie sind an der Oberseite von kräftigem Altrosa und an der Unterseite hellbraun mit einigen rosafarbenen Punkten. Ich habe sie spät im Jahr gepflückt und betrachte sie immer wieder mit einer gewissen Fassungslosigkeit. So viel Variationen, so viel Phantasie, so viel Energie beim Ausdenken, Erschaffen, Probieren. Als hätte ein vergnügter Maler die Feinheiten seiner Kunst und seines Farbspektrums erkundet. – Inzwischen liegen die Blättchen auf der Sternenurne.

Ähnliches gilt für die Kastanienschale, deren innere Wände mit feinsten Strukturen ausgekleidet sind, fast wie eine Fingerkuppe. Dieses Innere fühlt sich im Gegensatz zur jetzt hartstacheligen Außenhaut beinahe samtig an. Für beide Erinnerungsstücke gilt, dass es ja viel einfacher funktioniert hätte; grüne Blättchen, im Herbst braun, und glatte Innenseiten hätten es auch getan. Oder eben nicht. Vielleicht kenne ich den wahren Grund nur nicht. Oder alles hängt mit Zufall, Ausprobieren und eben Spiellust zusammen. Und das Spielerische geht mit Staunen, Großzügigkeit und Souveränität einher.

Das Spiel des Sommerhalbjahres beginnt also. Der April ist oft weniger wetterwendisch als der Mai. Das Jahr ist jung, der Winter hat verloren – auch wenn er hier und da noch ein bisschen Widerstand leistet. An kalten Tagen erschreckt er mich. An milden Tagen glaube ich das Wachsen zu sehen. Die Meisen trödeln herum, scheinen mir unschlüssig, ob es das jetzt war mit dem ewigen Futtersuchen, Frösteln, Vergebens-auf-Mücken-Lauern. Sie knabbern ein wenig am Winterfutter, lassen aber das meiste liegen. Drei sitzen auf den Stuhllehnen der Terrasse und blinzeln in die Sonne. Vielleicht genießen sie die Wärme wie ich, vielleicht sind sie schon verliebt (gibt es das bei Vögeln überhaupt?), aber noch nicht im Vermehrungsstress.

Unvermittelt wieder Sturm und Kälte. Die ersten beiden Milane werden vom Wind mehr getrieben, als dass sie fliegen. Trotz österlicher Kälte werden die Storchschnäbel jeden Tag größer. Ein grüner Schimmer liegt über den Beeten. Abgestorbenes vom letzten Sommer wirkt plötzlich kleiner, bald wird es unter dem neuen Staudenteppich verschwinden – wenn ich es nicht doch noch wegschneide.

Kalte Frühlingstage bringen Mangelsituationen für die Vögel, kaum dass der Winterstress vorbei ist. Sie kommen wieder regelmäßig zu den Fettbällen, die ich weiterhin ergänze. Die inzwischen vielfach empfohlene Ganzjahresfütterung, die den bereits dezimierten Vogelpopulationen helfen soll, den Mangel an Insekten vor allem in der Brutzeit zu kompensieren, beschränkt sich bei mir auf diese Fettlieferanten. Anderes Futter ignorieren ›meine‹ Vögel. Ein Vogelkundiger erklärte mir, dass die Altvögel insbesondere Energie für die während der Aufzucht stark beanspruchte Brustmuskulatur benötigen. Ein Meisenpaar fliegt 300 Kilometer, um eine Brut aufzuziehen. Doch selbst mit dieser Hilfestellung werden anhaltend kalte Regentage für die Brut schnell bedrohlich.

Mausohren und Apfelrosen

Und dann – nach langen Frostnächten – der erste richtig warme Tag. Die Sonnenbrille, der kleine Tisch draußen – und das Sonnenbad ist perfekt. Dabei gehen mir so bedeutsame Fragen durch den Kopf wie: Sonnenschirm herausholen oder nicht? Übungen im Unbeschwertsein.

Eine Wildbiene landet auf meiner Buchseite, sitzt still, sodass ich sie betrachten kann. Immer in Sorge, dass sie nicht genug zu essen findet im Garten und drum herum. Aber an ihren Hinterbeinen sitzen kleine gelbe Pollenpolster. Sie ist also fündig geworden. Eine Schwebfliege verharrt über der Vergissmeinnicht-Blüte. Überhaupt die Insekten: Beim Wäscheaufhängen klingt das Summen in den Kirschblüten wie eine beruhigende Melodie. Eine Steinhummel trägt Stückchen von trockenen Grashalmen des Vorjahres zusammen, die ihre Körpergröße um ein Vielfaches überragen. An der Außenseite der Fenstertür im ersten Stock haben sich wieder Feldwespen eingefunden; sie scheinen zu prüfen, ob das Quartier vom vergangenen Jahr, das wie eine Miniaturausgabe des papierartigen Nestes der Deutschen Wespe aussieht, für eine weitere Brutsaison taugt. Diese schmalen Wespen mit ihren im Flug auffällig herunterhängenden Hinterbeinen bilden nur kleine Gemeinschaften. Es ist faszinierend, sie bei ihrer Brutpflege zu beobachten. Was sich etwa im Bienenstock im Geheimen vollzieht, habe ich jetzt schon im zweiten Jahr unmittelbar vor mir. Alles ist quasi durchsichtig. Und gegen Abend oder an Regentagen krabbeln sie in den Raum zwischen Nest und Glasscheibe, an der nur ein zartes Stielchen das Gebilde festhält, und schlafen dort eng aneinander.

Über Nacht haben sich die Apfelblüten geöffnet, nachdem sie für ein paar Tage im sogenannten Mausohr-Stadium verharrten, eine, wie ich finde, durchaus liebevolle Bezeichnung der Obstbauern. Doch jetzt schweben die Äste wie ein weißrosa summender Schirm über mir. Die Abertausenden zart schimmernden Blüten erinnern an ihre rosige Verwandtschaft. Denn Äpfel sind eigentlich Rosen. Wie so vieles nicht nur im April-Garten verblüfft diese verschwenderisch erscheinende Fülle; doch im Naturkreislauf mit seiner in Jahrmillionen geschulten Intelligenz hat sie einen überlebenswichtigen Sinn – und nichts mit zerstörerischer Verschwendung gemein.

Das Summen um mich herum wirft die Frage auf, wie dieser Eindruck nun zum Insektensterben passt, das Menschen überall beunruhigt und das es endlich in die öffentliche Debatte geschafft hat. Lassen wir uns nicht täuschen von summenden und schillernden Frühlingseindrücken. Auch wenn wir allzu gern zur Tagesordnung übergehen wollen, zur Beruhigung besteht, wie der Sommer zeigen wird, kein Anlass.

Eine Elster fliegt vorbei, einen Zweig im Schnabel. Sie sammelt in vielen Flügen die alten, von den Bäumen gewehten Zweige für das neue Nest. Niemals nutzen Elstern ein vorjähriges ein weiteres Mal. So liegen über Jahre die Reste ihrer kugeligen Gebilde in Kirschbaum, Buche oder in den Eichen der Nachbarschaft. In jedem Frühling beobachte ich sie bei den Vorbereitungen für die Kinderstube und bewundere, wie geschickt die großen Vögel in breiten, hoch liegenden Astgabeln herumklettern, um die gesammelten Zweige so einzubauen, dass ein halbkugeliges Nest entsteht, das am Ende eine flache Haube als Nässeschutz bekommt. Ich mag die schönen Rabenvögel, die gern als Unglücksbringer und diebische Störenfriede diffamiert werden, und sehe ihnen zu, wenn sie durch die noch kahlen Bäume meines Gartens hüpfen und mit dem kräftigen Schnabel Zweige und dünne Äste prüfend rütteln. Alles, was locker und brüchig ist, wird mitgenommen und weiterverwertet. Wieder so eine kluge Strategie im Naturkreislauf. Müll gibt es nicht; für alles findet sich irgendeine Verwendung.

Da die wärmenden Sonnentage andauern, statte ich meiner Lieblingsbank am Südostrand des Gartens einen Besuch ab. Sie ist alt, und nur ihr Metallgestell ist erhalten, die hölzernen Sitzbretter längst verfault. Ich habe sie durch überschüssige Regalbretter ersetzt.

Rechts und links wachsen Wildrosen und ein großer Fliederbusch, im Hintergrund breitet sich ein Liguster aus und dahinter ein Steinhaufen, deren meist unsichtbare Bewohner, die Zauneidechsen – und vielleicht auch andere heimliche Gäste –, ich durch locker aufgeschichtetes Rosenholz mit besonders kräftigen Dornen vor Katzen und anderen gefräßigen Besuchern zu schützen versuche. Sitze ich in diesem versteckten Refugium, schaue ich in Richtung Haus, das aber 40 Meter weit weg liegt. Mein Blick durchwandert die knorrige Mispel mit ihrem bogenartigen Durchlass, den feinen ungarischen Fliederbusch, streift am Stamm des kleinen Apfelbaums vorbei und verliert sich in den braunen Rainfarnen vom letzten Jahr, die zusammen mit kleinen Rosen, einer Klappernuss und wildem Majoran in einer leichten Senke wachsen, wo mein imaginärer Teich liegt. Imaginär deshalb, weil ich es bisher eben nur zu drei Wassertrögen gebracht habe, denen ich einen Totholz-Mantel gebastelt habe. Dort sind kleine Höhlen entstanden, in denen vielleicht Laubfrösche Unterschlupf finden oder andere Wesen, die sich meinen Blicken entziehen.

Sobald die Büsche ihr Laub haben, bin ich auf meiner alten Bank nicht mehr zu sehen, weder vom Haus noch von der Außenwelt. Manchmal hole ich mir den kleinen Gartentisch, der meist vor dem Büro steht, und sinne vor mich hin, als wäre ich allein auf der Welt.

Ein Föhnsturm treibt die Temperaturen in beinah sommerliche Höhen und lässt sie abrupt wieder sinken. Phantastische Wolkengebilde bauen sich am Himmel auf. Die Berge liegen zum Greifen nahe. Vom Nachbarfeld verweht der Sturm den Boden – ein örtlicher Hinweis auf die dramatischen Bodenverluste aufgrund von monotoner Landschaft ohne Gehölze und Hecken, durch Monokulturen auf den Äckern und ungeschützte Erde.

Eine Elster scheint auf dem Wind zu segeln, doch vor der Landung an meiner kleinen Wasserstelle wird sie von einer Böe erfasst und landet unsanft, auf einem Bein, im Kiesbeet. Einen Moment lang scheint sie verdutzt, schüttelt ihr metallisch schimmerndes Federkleid und nimmt einen neuen Anlauf.

Endlich ein lang ersehnter milder Abend nach dem neuerlichen Rückfall ins Winterhalbjahr. Meine Frühlingsabend-Sehnsucht wird erfüllt. Eine Amsel singt, wie bestellt, ausdauernd auf einem nahen Dachfirst.

Schön, Sie zu sehen, Herr Gundermann

Wer ist nun wieder Herr Gundermann, werden sich manche fragen. Der seltsame Name verführt mich zu dieser Anrede. Gemeint ist der kleine blaue Lippenblütler, auch Gundelrebe genannt, der gerne Wiesen durchwuchert und sich in meinem Garten meist eher schattige Lieblingsecken sucht. Im April (manchmal auch schon im März) taucht er scheinbar unvermittelt auf, was aber täuscht, da er schon vor den auffälligen Blüten eine Weile unauffällig vor sich hin wächst. Dass er oft unter Schnee grün bleibt, wurde seiner intensiven inneren Wärme zugeschrieben, die er wiederum ätherischen Ölen verdankt. Er riecht würzig, galt früh als heilsam und ist von Mythen und Geschichten umrankt, wie viele der hiesigen Wildpflanzen.

Manche Gartenbuchautoren warnen vor Herrn Gundermann und nennen ihn gar arglistig, weil er »so zart und lieblich tut und so gnadenlos zäh ist« (Jürgen Dahl). Diese Arglist kann ich allerdings nicht bestätigen. Vielleicht ist mein Boden nicht mehr fett genug. Was tatsächlich täuscht, ist sein Name. Er verweist nicht auf einen Herrn, sondern auf das althochdeutsche Wort für Eiter oder Geschwür …

Jeden Tag gibt es jetzt etwas Neues zu sehen. Ein Schmetterlingspaar sonnt sich auf der kleinen Kiesfläche, die ich absichtslos neben den Wasserbecken aufgeschüttet habe. Veilchen bilden an einigen Schattenplätzen einen lila Teppich des Zufälligen – jedenfalls für meine Wahrnehmung; sie selbst haben sicher einen eindeutigen Grund für ihre Ortswahl.

Gleich neben dem langsam verblühenden Schlüsselblumenteppich drängen kleine Blätter des Frauenmantels durch Altlaubreste ans Licht. Bald werden sie die dann verblühte gelbe Vorhut überwachsen und an ihren ebenfalls gelblichen Blüten arbeiten. Ihre im ausgewachsenen Zustand handtellergroßen flachen Blätter funktionieren wie umgedrehte Schirme, die Regentropfen und Tau auffangen und wie glitzernde Perlen festhalten. Inzwischen weiß ich, dass diese Tropfen nicht nur aus Oberflächenwasser bestehen, sondern teilweise auch von der Pflanze ausgeschieden werden. Bienen lieben diese feine Tränke. Der Frauenmantel, übrigens auch ein Rosengewächs, hat seinen Namen vom Gewand der Gottesmutter und wurde schon seit Mitte des 15. Jahrhunderts als Heil- und Zauberpflanze eingesetzt. Bei mir gibt es neben den größeren Sorten in der Wiese auch sehr kleine, die Tritte nicht übel nehmen.

Besonders freuen mich die überall hervorschauenden Akeleien. Ihr Farbrepertoire changiert von Weiß über Blautöne bis ins dunkle Purpur. Sie samen sich mit größtem Vergnügen aus und wandern für mich unberechenbar durch den Garten. Und auch der kreisrunde, jedes Jahr sich ausdehnende Horst von Glockenblumen unter der Wäschespinne ist bereits wieder 20 Zentimeter hoch. Woher sie eingewandert sind und warum sie ausgerechnet diese Stelle zu ihrem Lieblingsplatz erkoren haben, weiß ich nicht. Jedes Frühjahr wundere ich mich erneut darüber. Die zarten Stiele schieben sich in Richtung Wäsche und öffnen später ihre blauen durchscheinend feinen Glocken, in denen im Sommer tatsächlich manchmal Wildbienen zusammen schlafen oder sich bei Regenwetter verstecken.

Überall entwickeln sich die von uns Kindern Blutströpfchen genannte Bach-Nelkenwurz. Sie gehört zu jenen, die eine gewisse Neigung zur Übergriffigkeit haben, aber von Insekten früh im Jahr gern besucht werden. Manchmal sitzt eine pummelige Hummel so schwer in den Blütenköpfchen, dass diese sich zu Boden neigen. Hier und da lassen sich auch schon Kuckuckslichtnelken sehen, die mit ihren feinen pinkfarbenen Blütenblättern ein wenig an Sandnelken erinnern.

Und schließlich sei ein Loblied auf den Giersch nicht vergessen. Hier werden selbst geneigteste Leser stutzen und über meine Wildpflanzenbegeisterung (die übrigens inzwischen einige Staudengärtnereien teilen) den Kopf schütteln. Brennnessel geht ja vielleicht noch, die sich als wichtige Pflanze für Schmetterlinge und ihre Raupen herumgesprochen hat. Aber Giersch? Den mochte selbst Jürgen Dahl nicht und warnte, wer ihm einmal Quartier geboten habe, würde ihn nicht wieder los, denn selbst aus dem kleinsten Wurzelstück sprießt eine neue Pflanze. Essen könne ein bisschen helfen; er gilt als sehr gesundes Gemüse. Aber sonst ist Dahls Urteil hart: »Er ist von unglaublicher Zähigkeit. Wer zu fleißigem Jäten rät, ist entweder ein Schalk oder kennt den Giersch nicht.« Hildegard von Bingen sah in dieser Zähigkeit eine unverwüstliche Lebenskraft, die Grünkraft. Der Giersch oder auch Geißfuß (nach der Form der Blätter) gilt als uraltes Heilmittel gegen Gicht und vergleichbare Erkrankungen; er wird in einer Reihe mit jenen Kräutern genannt, deren Pollen man schon an Bestattungsorten der Neandertaler fand: Schafgarbe, Flockenblume, Jakobskraut, Malven, Beifuß und eben Giersch (Wolf-Dieter Storl). Sie alle gehören zum ursprünglichen Bestand unserer heutigen Wiesen, wenn sie denn nicht mit Dünger abgefüllt und bis zu siebenmal pro Jahr gemäht würden.

In der Tat lässt sich der Giersch wohl nicht vertreiben. Lieblingsfeind vieler Gärtner, ist er doch eine der wichtigsten Insektenpflanzen; bei Messungen hatte der weiße Doldenblüher die meisten Insektenbesuche – und hässlich ist er auch nicht.

Lebenslust zwischen Zaunpfahl, Schleim und gutem Aussehen

Inzwischen habe ich mein Apfelbaumbüro unter dem rosaweißen Blütenschirm eröffnet. Noch bietet der Baum wenig Schatten, aber eine sanfte Brise mildert die Sonneneinstrahlung – und ich genieße es, so viel wie möglich draußen zu sein und dort zu arbeiten. Wenn auch die Ablenkungsgefahr groß ist. Nachbars grauer dicker Kater streift ums Eck beim Jasmin. Noch hat er mich nicht bemerkt und markiert hier und da sein Revier. Meine uralte Katzendame meldet kaum noch Ansprüche an. Im Hintergrund lässt mich ein lärmiges Geräusch aufschauen. Ein riesiger Trecker, hier sagen sie Bulldog, taucht auf dem Feldweg auf; die maschinelle Landwirtschaft ist in vollem Gange.

Als wieder Ruhe eingekehrt ist, bemerke ich ein Rotkehlchen, das den Boden zwischen den Johannisbeeren inspiziert. Auch in diesem Winter mit gewaltigen Schneemengen habe ich die kleinen Vögel regelmäßig gesehen und ihre Lebensenergie bewundert. Zu Weihnachten habe ich eine Karte verschickt, auf der ein Rotkehlchen im tiefen Schnee stand – mit stolzer roter, eigentlich eher orangeroter Brust und auf sehr dünnen Beinen. Wie ein eigensinniges Versprechen, dass man alle Widrigkeiten überstehen und dabei auch noch gut aussehen kann. Meine Rotkehlchen, was natürlich etwas übergriffig formuliert ist, wohnen vielleicht in dem großen Haufen von Schnittgut und Grünresten, den ich unter der Ulme am Südostrand meines Gartens aufgeschichtet habe. Jedes Jahr kommt etwas dazu. Ein unordentliches Paradies, dessen Bewohner ich leider nicht besuchen kann, ohne sie zu vertreiben. Also bleibt mir nur hoffnungsfrohe Phantasie.

Wer könnte dort wohnen? Rotkehlchen, die Bodenbrüter, oder Zaunkönige, über die noch zu reden sein wird, Glühwürmchen-Maden, Wildbienen, Käfer, Spinnen, Ringelnattern und viele Insekten? Ich kann es nicht beweisen.

Meisen turnen kopfüber und rücklings an Zweigen des Apfelbaums, an dessen sich aufrichtenden und dicker erscheinenden Blattknospen scheinbar Leckereien zu diesen Turnübungen verlocken.

Entspannt hängt dagegen ein Bussard auf dem Zaunpfahl herum. Im ersten Sonnenlicht gilt es wohl, die Kälte der Nacht aus den Gliedern zu vertreiben. Seine Schwingen sind leicht abgestellt und hängen wie ein Cape am Körper, was ungemein lässig wirkt. Die Sonnenstrahlen können den gesamten Körper wärmen, die Flug- und Brustmuskulatur kann sich entspannen.

Ob den Weinbergschnecken, die ich zufällig am Wegesrand beobachte, warm ist, vermag ich nicht zu sagen. Jedenfalls liegen sie sehr beieinander; ob das Wort kuscheln bei Schnecken angebracht ist, weiß ich immer noch nicht; dass ihr schleimiges Zusammensein aber diesen Zweck erfüllt, habe ich im März ja bereits gelernt. Stören lassen sie sich jedenfalls nicht.

Der Spieler April kommt an manchen Tagen dem Mai nahe mit berstender Fülle. Die Blätter scheinen im Minutentakt ihr dunkles Knospengefängnis zu sprengen und sich dem Licht entgegenzurecken. Ich glaube zu sehen, wie sie sich entrollen und genussvoll rekeln. Und darin sind wir uns ähnlich. Noch bin ich ein wenig misstrauisch, ob die nackten Beine tatsächlich schon guttun. Doch, Wärme und Licht überzeugen mich schnell. Augenblicke reinen Fühlens.

Langschläfer und Paradiese in alten Stängeln

Zu den robusten Empfindsamen gehören zweifellos die Strauchpfingstrosen, die ich im Mai ausführlich vorstellen werde. Seit Spätherbst stehen ihre Zweige wie leblos herum, nur auffällig geziert von den großen dunkelbraunen Samenständen, die mich an eine doppelte Napoleonsmütze erinnern. In ihnen geborgen sind mehr als erbsengroße Samen in einer derben Schale. Von einem Tag auf den anderen sprengen dann kupfrig leuchtende Knospen die scheinbar toten Stängel. Alles auf Los. Schönheit und Duft stehen in den Startknospen.

Schönheit! Schönheit? Eine versponnene Gartenschönrednerin bin ich nicht. Wie schon im Januar eingestanden, missfallen mir auch im April einige Gartenecken und manch ein unansehnliches Geschöpf. Ziest und Königskerzen zum Beispiel stehen vereinzelt auch in Blumenkästen auf der Terrasse, damit direkt vor meinen Augen, und sind mit ihren grau-pelzigen, schrumpeligen Blattrosetten vom Vorjahr wahrlich keine Schönheiten. Zu allem Verdruss gehören sie auch noch zu den Langschläfern, die sich im April meist nicht zum Aufwachen entschließen können. Man weiß ja nie, ob die Sonne eben doch nur ein leichtfertiges Versprechen ist, das den drohenden Schnee verschweigt.

Später im Jahr, in den Herbstmonaten, wird darüber zu reden sein, wie sich die Kategorie Schönheit relativiert, wenn Dunkelheit und Kälte die Herrschaft im Garten übernehmen. Natürlich lassen inzwischen mehr Gartenbesitzer Samenstände und alte Pflanzenteile bis zum Frühjahr stehen, für Vögel, Insekten und Erdbewohner. Aber sie dürfen sich durchaus eingestehen, dass sie diese Verfallsprodukte der Natur nicht schön finden. Unsere durch Gartenindustrie und Baumärkte verfälschte Wahrnehmung verführt uns zwar, nur bunt und fett zu mögen, und pflanzt damit die Herrschaft steriler Hybriden in unser Gefühl. Sie hindert uns aber auch daran, gelassen den Kreislauf der Natur zu erkunden und zu akzeptieren. Nein, es geht nicht darum, die verrottenden Überreste des letzten Sommers zwanghaft schönzureden oder sich mit gefaketen Gartenbildern abzulenken. Spuren des Verfalls sind das Maß eines lebendigen Gartens. Aber ich *darf* sie ungeniert hässlich finden, um dann darüber nachzudenken, was das eigentlich ist – hässlich. Dabei kommen erstaunliche Überlegungen heraus: Die hässlich-schrumpeligen Blätter der zweijährigen Königskerze schützen die empfindliche Rosette, aus der sich im Sommer der lange Blütenstiel mit vielen gelben Blüten hochrecken und manchmal verblüffende Kunststücke vollbringen wird. Wenn der Winter ihr nicht so zugesetzt hat, dass ihre Lebenskraft zerstört ist – schon oft habe ich nach vergeblichem Warten die toten Blätter schließlich doch abgeräumt. Nicht zu vergessen die Paradiese in den trockenen Stängeln des Vorjahres. Dort überwintern neue Generationen von Insekten, die den modischen Insektenhotels nur spöttisch die bepelzte Schulter zeigen. Sie würden sofort alle Petitionen gegen das große Aufräumen am Ende des Vegetationsjahres unterstützen. Und deshalb propagiere ich schon jetzt, da wir den Sommer sehnsüchtig erwarten und nicht an Herbst und Winter denken wollen, manch hässlichen Stiel mit Wohlgefallen zu betrachten. Vielleicht sitzt dort irgendwo das Ei oder die Puppe eines Falters, der sich demnächst auf unserem sommerlichen Kaffeetisch niederlassen wird und zu unserem Wohlbehagen beiträgt.

Das Gegenteil von Schönheit begegnet mir auch, wenn ich im April durch den Garten spaziere – unschlüssig, ob ich überhaupt schon so tun soll, als gäbe es etwas zu tun. Es beruhigt mich, wenn mich das, was ich sehe, zum Lassen überredet. Eigentlich bin ich selbst diejenige, die sich überredet. Ich glaube, in solchen Augenblicken entlarve ich mich immer wieder als Dilettantin in Sachen Garten. Zumindest suggerieren mir Gartenzeitschriften und -bücher, dass es nun hohe Zeit ist, Handschuhe und Geräte zu täglichen Begleitern zu machen. Vielleicht bin ich eine faule Gartenliebhaberin, die das Lassen nur deshalb nützlich findet? Aber damit gehen möglicherweise innere und äußere Natur Hand in Hand. Was für mich gut ist, kann für die anderen Geschöpfe um mich herum ebenfalls hilfreich sein. Für solche Augenblicke, in denen ich die Möglichkeiten gärtnerischen Tuns noch ein wenig im Ungefähren halte, sperre ich Disziplin, Leistung, Tempo und was der übergriffigen Forderungen unserer Gesellschaft mehr sind, aus. Ich leiste mir, dem April das Spielfeld zu überlassen. Soll er noch ein Weilchen entscheiden, wer wann wo wie zu wachsen beginnt. Erst wenn ich seinen Plan erkenne, wenn ich sehe, was im Winter unabhängig von mir im Naturlabor erdacht wurde und mir nun vorgeschlagen wird, mische ich mich mit meinen Vorstellungen ein. Erst dann hat das Gartenfasten ein Ende.

Einfach ist diese Haltung, wenn ich die braunen Laubreste betrachte, die von meinen Blätterwärmekissen für die Baumwurzeln übrig geblieben sind. Das meiste ist zersetzt und von unsichtbaren Bodenbewohnern in ihr dunkles Reich gezogen worden. Still und unbemerkt, während ich im Warmen saß, ins Feuer schaute und dem Garten sehr fern war. Jetzt harke ich die Reste an sonnigen Tagen zusammen, damit die Baumscheiben Luft und Licht bekommen. Einfach auch, wenn ich sehe, dass sich meine Wiese durch nur zweimal Mähen artenreicher entwickelt. Nachlässig harke ich etwas Moos aus …

Und jeden Tag neue Blickerlebnisse. Zum Beispiel die Sternmagnolie. Morgens wandern meine Augen beim Öffnen des Vorhangs zu diesem mittelgroßen, etwas luftigen Busch. Nichts. Die samtigen ziemlich großen Knospen sind vielleicht ein wenig größer geworden. Und eines Morgens hat sich endlich die erste ihrer

Pelzknospen zu rosaweißen Blüten geöffnet. Sie wirken immer ein wenig strubbelig und reagieren auf jede kalte Nacht wie beleidigt mit braunen Rändern. Doch wie filigran sind sie, verglichen mit ihrer großblütigen, gegenüber den noch kahlen Nachbarn geradezu vorlaut erscheinenden Verwandtschaft in Parks oder manchem Reihenhausgarten.

Unsterbliche Pusteblumen

»Ich bin unausrottbar, unsterblich … Manchmal möchte ich eine Pflanze sein, beispielsweise Löwenzahn«, sagt Beatriz de Dia, eine aus dem Mittelalter ins 20. Jahrhundert geratene Minnesängerin, deren Abenteuer im Roman von Irmtraud Morgner mich lange beschäftigt haben, die aber leider heute fast vergessen ist.

Löwenzahn also. Erst einer, dann zwei, dann unzählbar viele. Die Familie trägt den Namen Taraxacum. Wobei sie seltsame Vererbungs- und Vermehrungsmuster zeigt, die bis heute nicht endgültig verstanden sind. Überhaupt scheint mir, dass der Löwenzahn bei genauem Hinsehen Unvereinbares vereint. Er ist unausrottbar durch seine bis zu zwei Meter lange Pfahlwurzel; das winzigste Stückchen reicht, und der vermeintlich Beseitigte ist wieder da – welche herausgestreckte Zunge für penible, nagelscherenbewehrte Rasenanhänger. Der alte Nachbar hinter der Kirschlorbeerhecke, der auf den Knien mühsam Löwenzähne verfolgt, weiß nicht, wie aussichtslos sein Tun ist.

Und die Abertausenden Fallschirmsamen tun ein Übriges, die wir als Kinder an den Pusteblumen so liebten und unermüdlich in den Wind bliesen. Ich erinnere mich an ein Bilderbuch aus DDR-Zeiten, wo eine einzige, liebevoll im Blumenkasten gehütete Löwenzahnblüte innerhalb eines Sommers eine ganze Plattenbausiedlung mit sonnigem Gelb überzog. Welch wunderbar widerständisches Bild für seine subversiven Qualitäten, die wie selbstverständlich zu den Blumenkränzchen passen, die Kinder als Haarschmuck zusammenstecken und sich immer wieder über die Milch wundern, die sich auf der Haut bald dunkel färbt.

Aber zurück zum scheinbar Widersprüchlichen, das man vielleicht auch Eigensinn nennen könnte. Vertreiben lässt sich der Löwenzahn nicht, aber aus eigenem Antrieb ausziehen kann er sehr wohl. Auf meinem ehemals gedüngten Wiesengrundstück war er viele Jahre lang üppig blühender Dauergast, doch mit abnehmendem Stickstoff im Boden mangels Dünger wurde er seltener. Er ist noch da – und gern gesehen –, aber der Blick auf die oft gemähten und gedüngten Nachbarwiesen charakterisiert ihn eben auch als fetten Stickstoffzeiger solch überdüngter Flächen. Der Löwenzahn siedelt also im Spannungsfeld des subversiven Überlebenskünstlers und aufgeblähten Massenwesens. Er ist Kinderblume und Silage; er ist als Frühblüher wichtige Bienenweide und färbt den Honig goldgelb; aber er steht auch für eine Landnutzung, die Insekten gefährdet und Artenvielfalt zerstört. Dass er in der Naturmedizin und der Homöopathie eine wichtige Rolle spielt, sei erwähnt.

Und übrigens gehört diese Sonne der April-Wiesen im Garten zu jenen, die ungefragt einwandern – selbst der sterile Rollrasen in der Nachbarschaft war schnell erobert. Gegenwehr ist hier zwecklos. Überlebenskraft und subversive Strategie des Löwenzahns (hier ist untergraben die richtige Übersetzung) gehört für mich zur Spiellust des April. Und damit verkörpert der Löwenzahn für mich Eigensinn, den ich in der Natur, und das heißt untrennbar in allem, wirken sehe. Aus der Nähe betrachtet, also der eigene Sinn, die für uns oft undurchschaubaren Zusammenhänge, die wir – und das nur um den Preis unserer Vernichtung – stören. Denn die Verfügung über diesen Eigensinn ist begrenzt, übersteigt vielfach unsere überschätzte Macht.

Löwenzahn ist für mich Licht, Schönheit, Eigensinn, Vielfalt von Antworten und Angeboten der Natur, Absage an endgültig Richtiges, Spiel, Freude, Kindheit – und Frühling. »Die erste Pflanze, die man sieht, wenn man das Haus verlässt, fasziniert mich, weil sie überall überleben kann, weil sie eine riesige Kraft besitzt, die nichts mit ihrer Gestalt zu tun hat – der Löwenzahn« (Emanuele Coccia).

Ach ja, warum heißt er eigentlich Löwenzahn? Wegen der gezackten Blätter, die Menschen wohl entfernt an ein Löwengebiss erinnert haben. Wie so oft in der Namensgebung für Pflanzen scheint hier Phantasie am Werk. Ein spielerischer Zug in der Botanik, dem wir Klappertöpfe, Jelängerjelieber oder Wegwarte verdanken.

Fernblick 2 – Split, ein Ort mit Eigensinn

Blickt man vom Eigensinn des Löwenzahns auf der Suche nach Wahlverwandtschaft für einen Augenblick in die Welt, erkennt man zum Beispiel Split. Diese alte Stadt an der Adria birgt in ihrem Innern ein Gewächs: den Diokletianpalast, den Menschen sich im Laufe von mehr als 1600 Jahren zu eigen gemacht haben, ihn bewohnen, um- und ausbauen. »Im Laufe der Jahrhunderte fügte sich Wabe zu Wabe. Dieses Palastgewächs zog die Sehnsüchtigen an, die Hungernden, wurde zur unterwanderten Sklavenhalterburg« (Irmtraud Morgner).

Eigensinnig wurde scheinbar unsterbliche Macht überwuchert. So ist Split in meiner Erinnerung ein Bild der Fülle, des Eigensinns. Mit unendlich vielen Möglichkeiten, Eingängen, Wegen, Sackgassen. Kein Weg ist grundsätzlich besser als der andere oder der einzig wahre. Alles ein Experiment. Und darin dem April ähnlich.

Gönn dir einfach mal nichts! – April-Vorsätze

Zugegeben, die Aufforderung in der Überschrift habe ich geklaut. In der Werbekampagne eines Herstellers für Biokräutertees, die zum Fasten ermutigen sollte. Und natürlich war es eine Januar-Kampagne. Nach dem großen Fressen kommt das schlechte Gefühl. Aber um uns nichts zu gönnen, müssen wir vorher Fastentees kaufen. Das verbuche ich jetzt mal unter Werbe-Unsinn. Mit

Blick auf den Garten hole ich im April die Januar-Frage nach: Was wünsche ich mir für den Gartensommer?

Wie gesehen, ist für die Katalogliebhaber und Januar-Bluesverdränger der erste Monat des Jahres die Zeit der Gartenvorsätze. Für mich ist es eben der April. Denn erst wenn ich das sehe, was mein Garten über den Winter unter Laub, abgestorbenen Pflanzenteilen und Moospolstern verheimlicht hat, weiß ich, welche Geheimnisse, eigensinnigen Vorhaben, welche Überraschungen er mir präsentiert. Die April-Vorsätze bewahren mich vor frühzeitigen Entscheidungen und Käufen, die um diese Jahreszeit zumeist aus schnell – das heißt mit beachtlichem Einsatz von Chemie – in Gewächshäusern vorgezogenen Pflanzen bestehen. Deren Lebensdauer ist oft begrenzt, weil es für sie im Garten zu kalt und im Haus zu warm ist. Das Versprechen früher Blütenpracht ist, wenn überhaupt, nur kurz zu halten. Natürlich statte ich meinem Gärtner auf dem Land hier und da einen Besuch ab, der inzwischen zum Eigenanbau vieler Zierpflanzen und Kräuter zurückgekehrt ist. Dort kaufe ich seine selbst gezogenen Tulpenschönheiten, ein paar Narzissenzwiebeln, die schon ein wenig mehr austreiben als die bei mir, und regional gewachsene Vergissmeinnicht, an deren Ausbreitung im Garten ich arbeite – bisher mit mäßigem Erfolg.

Mit jedem April-Tag werden die Gartenstrukturen sichtbarer, die sich in den Verfallsprozessen des Winterhalbjahres verwischt haben. Manches vergesse ich sogar. Die neuen Gartenpfingstrosen an der Ostseite etwa, die langsam ihre rötlichen Austriebe an die Oberfläche schieben, oder die kleine Fetthenne (über die Namensphantasien bei Pflanzen wird hier und da noch zu reden sein), die ich für verloren hielt. Mein Augenmerk gilt den Stauden, den Wiesenblumen und manchen Rosen. Büsche und Bäume sind längst heimisch, fordern nur hin und wieder mehr oder weniger sanfte Schnitte. Bei Stauden und ein paar Ein- und Zweijährigen greife ich übers Sommerhalbjahr immer wieder etwas ein und ergänze vor allem mit Blick auf Trachtlücken für Insekten, die ich zu füllen suche – und damit auch meiner Augenlust Genüge tue.

Dazu gehört die Beobachtung, wer eigentlich in meinem Garten lebt, wie er wovon lebt, wo er schläft und sein Liebesnest baut, wie er wo seine Kinder aufzieht und überwintert. Wer einmal in den 900-Seiten-Wälzer des Wildbienenforschers Paul Westrich geschaut hat, wird infiziert von der Vielfalt dieser fliegender Schönheiten, erkennt nach und nach die für ihr Überleben entscheidenden Zusammenhänge, also das, was einen Lebensraum ausmacht. Der Lebensraum Garten wird zum Erfahrungsfeld.

Im Juni werde ich berichten, wie sich in meinem Umfeld Menschen, die bis dahin bei Insekten vor allem Mücken in – schlechter – Erinnerung hatten, zu Insektenkennern entwickeln und begeistert von Azurjungfern mit ihrem Maskengesicht, von Sechs-Punkt-Widderchen oder Wollschwebern erzählen. (Dem diesjährigen Mückenansturm begegnen wir im Hinblick auf das Vogelsterben mit fast stoischer Gelassenheit; immerhin sichere Nahrung für Schwalben, Fledermäuse und Co.). An mir selbst und an anderen beobachte ich verblüfft, wie sich binnen kurzer Zeit die Wahrnehmung verändert und ein Gefühl von Verantwortung entsteht. Ohne Zeigefinger oder ein diffuses ›man muss‹. Ich bin versucht, es Zuneigung für diese Geschöpfe zu nennen – und Bewunderung für Ideenreichtum und Schönheit. Ein Gedanke, der sich mit einem alten Satz verknüpft: »Nur was man kennt, kann man lieben, und nur was man liebt, möchte man schützen« (Ovid).

Zu meinen April-Vorsätzen gehört, das Mädesüß nicht mehr so argwöhnisch zu betrachten. Dieser Doldenblüher des Hochsommers ist so hübsch wie durchsetzungsstark. An der Westseite hat er augenscheinlich Bedingungen sehr nach seinem Geschmack gefunden und breitet sich aus. Da wirken selbst die auch nicht gerade schüchternen Storchschnäbel genervt, sprich auf dem Rückzug. Die Strategie der Mädesüß-Spezies heißt, Boden gut machen und dann durch Wurzelgeflecht so verfestigen, dass wenig Raum für andere bleibt. Eigentlich hatte ich mir an dieser Stelle ein weißes Beet mit blauem Ehrenpreis vorgestellt. Von den Weißen ist nur Mädesüß übrig geblieben, vom Blauen – niemand.

Andere Überwältiger werden im Laufe des Sommers in den Blick wachsen. Die Elfe mit Strangulationsneigung zum Beispiel oder ein wilder Gesell namens Blauregen.

Im Zentrum meiner Vorsätze steht im April also das Schauen, was der Garten über den Winter ausgeheckt hat, wo ich dem einen oder anderen Einhalt gebieten muss, wo ich mir warum neue Mitbewohner wünsche. Das bedeutet nicht sofort: Kaufen! Phantasie ist gefragt und Geduld. Denn spätestens wenn der April es sich plötzlich anders überlegt und wieder ein bisschen Februar spielen will, haben es junge Stauden als Neupflanzung schwer. Und dann sind da ja auch noch die Schnecken …

Im Übrigen wünsche ich mir ein paar neue Rosen, von denen wenigstens eine bis zum Frost blühen sollte, damit endlich das Bild von der Reif überzogenen Rosenblüte Realität wird. Unverkennbar ist dieser Rosenwunsch genauso fragwürdig wie die ›nutzlose‹ Forsythie, die ich, manchmal schon im März, aber trotzdem als Augenschmaus genieße.

Außer Rosen möchte ich einen weiteren Winterjasmin ans Rankgitter der Westseite pflanzen, dazu einen Gemeinen Efeu, dessen Loblied im Herbst noch zu singen sein wird. Ich wünsche mir einen Eibisch, der mir verloren gegangen ist, mehr Phloxe und vor allem Spätsommerblüher; daran mangelt es meinem Garten seit Jahren. Im August, meinem Geburtstagsmonat, beginnt eine ungeliebte Phase. Blühpausen, die im Jahresrhythmus nach dem kräftezehrenden Spektakel von Frühjahr und Frühsommer durchaus sinnvoll erscheinen, mir aber trotzdem nicht gefallen. Der Gedanke einer solchen Atempause erinnert daran, dass im feinen Uhrwerk von Garten und Natur nach Mittsommer die dunkle Zeit heraufzieht, auch wenn wir eher unsensiblen Wesen das nicht spüren. Während andere, zum Beispiel die Honigbienen, mit den Wintervorbereitungen beginnen. Natürlich ist deshalb die Blühfrage nicht nur eine Frage der Schönheit. Insekten haben damit eher ein Überlebensproblem. In diesem Frühjahr betrachte ich meinen Garten wieder mit einem anderen Blick. Ein Bienenvolk wird einziehen und sich hoffentlich mit den vielen Wildbienen arrangieren. Jetzt muss ich mich noch genauer fragen, ob sie alle möglichst lange genug zu essen finden.

Im April übe ich das andere Sehen. Und das Wort ›Unkraut‹ habe ich nicht aus Vernunft aus meinem Wortschatz verbannt oder weil das grad angesagt ist. Ich schaue alles an, was der Garten zu bieten hat, versuche Regeln zu erkennen, die Starken in ihre Schranken zu weisen und doch meinen Wünschen ausreichend Raum zu lassen.

In diese Gedankenspielereien mischt sich ein übel riechender Spielverderber. Er vergällt mir das Vergnügen, weiße Wäsche im Wind flattern zu sehen. Gülle! Grüne Wiesen werden braun, Nasen werden gequält. Fenster schließen ist Pflicht. Und es bleibt nur die Hoffnung auf Regen. Nitrat im Grundwasser lässt grüßen.

Doch auch hier erinnere ich an den ins Spiel versunkenen April. Nichts lässt sich in Schemata pressen, nichts wie eins und eins zusammenzählen. Niemals können wir die Folgen unseres Tuns oder Nichtstuns endgültig abschätzen. Es ist diese Unberechenbarkeit des spielenden April wie all seiner Mitspieler im Jahreslauf, die mich begeistert und meinen Blick schärft für die Welt jenseits meiner Gartenränder. Sie übt mich in Geduld, Nach- und Zuversicht, sie schenkt mir unverhofftes Glück und verblüffende Erkenntnisse. Sie macht mir Mut und zwingt mich zur Demut.

Der April ist ein Spieler – und manchmal schenkt er mir einen schwarzen Schwan.

Die übermütige Lerche – bedrohte Sängerin

Viele Jahre lang hat die erste Lerche meine Gefühle überrollt. Mein Spazierweg mit Hund an irgendeinem Apriltag, sanfte Wärme, Sonne. Niemand sonst ist unterwegs. Mein Hund schnuppert sich durch die Wiese zu meiner Linken. Ich achte nur hin und wieder auf ihn, weil er nicht zu den Besterzogenen seiner Art gehört und gerne eigene Wege geht – wenn ich in Gedanken bin. Und dann der Gesang. Unvermittelt, aus blauem Himmel, unverkennbar trillernd. Ich hebe jäh den Blick, suche sie, bis mir schwindelig wird. Nichts. Endlich. Ein Punkt. Sie ist so hoch, dass sie allenfalls zu erahnen ist. Nur ihr Gesang verrät sie. All die Jahre war dieses erste Lied der Lerche stets an derselben Stelle pures Glück für mich. Auch wenn ich weiß, dass ihr Höhenflug ein Ablenkungsmanöver vom Nest ist. Es klingt sentimental, aber für viele Menschen war dieses Lied wie ein Einläuten des Frühlings. Selbst mein Hund spürte, dass etwas los war, blieb stehen und lauschte. Noch jetzt, während ich dies schreibe, wird mir der Hals eng. Ich spüre die Freude und gleichzeitig Trauer, denn seit sicher fünf Jahren ist die Lerche dort verschwunden. Ich denke im April an sie und hoffe, wenn ich den Weg an ihrem Feld entlanglaufe. Aber es bleibt still. Auch die Kiebitze, die etwa zur selben Zeit dort aufflogen, wenn ich mich näherte, sind weg.

Betrachten wir die Lage nüchtern. Die Feldlerche ist nicht nur bei mir auf dem Rückzug. Nach 20 Jahren ist sie 2019 wieder zum Vogel des Jahres bestimmt worden, um auf ihre akute Bedrohung aufmerksam zu machen und damit gleichzeitig auf die Gefährdung anderer Bodenbrüter wie Goldammer oder Kiebitz.

Noch vor wenigen Jahren gehörte auch die fröhlich-übermütig anmutende Sängerin unserer Kulturlandschaft zu den Allerweltsvögeln. Doch industrialisierte Landwirtschaft und die Lebensweise der Lerche gehen wie bei so vielen Tieren nicht zusammen. Die Lerche braucht abwechslungsreiche offene Kulturlandschaften mit niedrigem Bewuchs. Monokulturen mit Konzentration auf Mais oder Wintergetreide und deren intensive Bewirtschaftung mit viel Dünger und Gift reduzieren ihre Bruterfolge drastisch. Insbesondere weil die Pflanzen schnell hochwachsen, kann die Lerche kaum noch in ihren Brutplatz einfliegen. Grünland, das sie früher häufig nutzte, ist mit Walzen, massiver Düngung und häufigem Siloschnitt für sie wertlos geworden. Hinzu kommt der Rückgang der Insekten.

Aufwendige Schutzversuche kann ich vor meiner Haustür seit einigen Jahren beobachten. Vogelschützer versuchen in Zusammenarbeit mit bayerischen Naturschutzbehörden, Landwirte zu gewinnen, etwa durch sogenannte Lerchenfenster, den Lebensraum zu verbessern. Hier und da mit Erfolg. Der sehr aufwendige Kiebitzschutz erfordert für mich aufschlussreiche und auch desillusionierende Geduld. In diesem Jahr wurden trotz Unterstützung eines Landwirts beide Brutversuche zunichtegemacht. Nicht immer war klar, wodurch. Solche Verluste sind in den Überlebenskonzepten der Natur vorgesehen und auch im Garten täglich zu beobachten. Nur basieren sie auf intakten Lebensräumen mit komplexen Netzwerken; beides haben wir in wenigen Jahrzehnten massiv geschädigt.

Natürlich gehört zur Lerche die Nachtigall, und sei es nur wegen der legendären Frage in Shakespeares *Romeo und Julia*. Julia fragt den Geliebten: »Willst du schon gehen? Der Tag ist ja noch fern. Es war die Nachtigall, und nicht die Lerche, / Die eben jetzt dein banges Ohr durchdrang; sie singt des Nachts auf dem Granatbaum dort. / Glaub, Lieber, mir: es war die Nachtigall.« Und Romeo antwortet: »Die Lerche war's, die Tagverkünderin.« Ich selbst hatte bisher nur einmal die Chance, einen Frühsommer lang die Nachtigall in einer Hecke zu hören. Seither nie wieder. Stimme und Repertoire des unscheinbaren Sperlingsvogels gelten als einzigartig unter den europäischen Singvögeln. Die Männchen singen im Frühjahr ab etwa 23 Uhr, während der Brutzeit manchmal tagsüber. Auch die Bestände der Nachtigall sind gefährdet, insbesondere weil sie ihr Nest bodennah in Unterholz und in Laubschichten baut. Laubbläser und Aufräumen verbessern also nicht gerade die Aussichten, den Sänger in den Garten zu locken.

Kleine Eierkunde

Das Brutgeschäft hat im April begonnen. Bis in den Mai fallen mir immer mal wieder Eierschalenhälften vor die Füße. Wie unfassbar klein die meisten sind. Und wie empfindlich müssen die Wesen sein, die nach dem Schlüpfen im Nest gehütet werden. Und wie schnell werden daraus jene immer hungrigen Küken, die auf jeden Schatten mit weit aufgerissenen, meist innen leuchtend gelb ausgekleideten Schnäbeln reagieren. Schon oft habe ich dieses Wunder vom Ei bis zur Schwalbe in Pferdeställen beobachtet. Es ist ein ungemein vergnügliches Bild, gegen Ende der Aufzucht bis zu sechs Schwalbenkinder am Rand ihrer zu klein gewordenen Kinderstube sitzen zu sehen. Für kurze Zeit scheinen sie den Luxus der Rundumversorgung bei bestem Ausblick zu genießen, bevor sie den gefährlichen ersten Ausflug wagen und in ein riskantes Vogelleben aufbrechen. Immer weniger sehe ich im folgenden Frühjahr zurückkehren. Wie fast alle Vögel bei uns sind auch die Schwalbenbestände mittlerweile in der Gefahrenzone angelangt.

Im Frühjahr fiel mir eine kleine Eierkunde in die Hände und hat meine Bewunderung für das Wunderwerk Vogelei noch wachsen lassen: Die Faszination Ei hat sich in einer wissenschaftlichen Forschungssparte niedergeschlagen, der Oologie (welch typografische Liebeserklärung an Ei und O), die aber bisher viele Rätsel nicht lösen konnte. Dass Schalenfarbe und -größe einfallsreich und dem Brutumfeld angepasst sind, kann der Laie aus gelegentlichen Schalenfunden schließen. Die Gelege variieren zwischen bis zu 15 Eiern etwa bei der kurzlebigen Blaumeise oder einem Ei etwa bei großen Seevögeln. Kurz vor dem Eierlegen gehen auch Vogelmütter in eine Art Mutterschutz. So sitzen etwa Habichtweibchen fast nur noch und lassen sich sogar füttern. »Jedes Verletzungsrisiko und damit eine Schädigung der Eier wird mit großer Disziplin vermieden« (Thomas Krumenacker). Auch die Ernährung wird teilweise umgestellt, um den großen Bedarf an Kalzium für die Schalen zu sichern. Erstaunlich wiederum die Blaumeise, die für ihre vielen Eier mehr Kalzium braucht, als ihr gesamtes Skelett enthält. Sie beginnt deshalb, Schneckengehäuse zu fressen. Dass sich die Umwelt auch negativ auf die Vogeleier auswirkt, wissen wir spätestens seit dem *Stummen Frühling* von Rachel Carson; sie bezieht sich besonders auf die DDT-Verseuchung der Vögel, die deren Eierschalen so dünn werden ließen, dass sie beim Brüten zerbrachen. Aber auch Plastik und Pestizide schaden. Bei den umfangreichen Forschungen fanden Wissenschaftler Antibiotika zum Schutz von Eiern, entdeckten ungewöhnliche Heizmethoden beim Brüten und beobachteten ehrfürchtig den gefahrvollen Geburtsakt des Schlüpfens. Am deutlichsten in Erinnerung geblieben ist mir der Gesang der Mütter für den Embryo, der bereits vorgeburtlich die Verbindung festigt.

Honigbienen ziehen ein

Seit einigen Jahren bin ich vertraut mit Insekten, mit ihrem verbreiteten Aussterben und möglichen Hilfsmaßnahmen. Ein neuer Blick in meinen Garten und darüber hinaus ist die Folge. Ich betrachte Pflanzen nicht mehr nur unter dem Gesichtspunkt, ob sie mir gefallen, ich frage, ob sie insbesondere fliegenden Mitbewohnern wohl zusagen, ob sie also über den Verlauf ihrer komplexen Lebenszyklen kontinuierlich Nahrung, ob sie Schlafplätze und Kinderstuben finden werden.

Hin und wieder habe ich mit dem Gedanken gespielt, zu den wilden Bienen, die bei mir leben, ein Volk Honigbienen zu gesellen, ihn aber aus vielerlei Gründen verworfen – bis ich ein Volk inklusive Domizil und Imkerkurs geschenkt bekam. Ich las ein bisschen in Handbüchern und Ratgebern, besuchte einen Informationstag und hielt mich für gerüstet. Die Bienen zogen ein – zehn Tage sollte man sie beim Einleben nicht stören. Sie waren also da, machten keine Arbeit, verhielten sich erst stumm, dann summten sie in Gesellschaft ihrer wilden Artgenossen durch den Garten und vermutlich auch darüber hinaus (Flugradius immerhin bis zu drei Kilometer). Der April-Tisch begann sich gerade reich zu decken. Eigentlich alles ganz einfach. Welch ein Irrtum. Beim ersten Öffnen ihres neuen Zuhauses waren sie freundlich gestimmt, aber Ruhe zu bewahren, wenn gefühlt Tausende Bienen um mich herumfliegen, das musste ich eindeutig noch üben. Und dann alles zu beachten, niemanden einzuquetschen, die Königin zu finden, Drohnen- von Arbeiterinnenbrut zu unterscheiden, Wildbau, Mittelwände, Varroa, Schwarmvorsorge … Ein Bienenforscher meinte, mit Bienenvölkern umzugehen, sei eines der letzten Abenteuer. Das ist vielleicht ein wenig übertrieben. Aber die Faszination dieses vielköpfigen Organismus (bis zu 40 000 in einem Volk) kann ich inzwischen nachfühlen. Ihnen zuzuschauen und zuzuhören, den Duft ihres Stocks wahrzunehmen, nachzuspüren, ob es ihnen wohl gut geht – und doch nur ein wenig in ihre Lebensregeln eingreifen zu können. Bis heute ist der Bien, wie ein Volk genannt wird, nicht bis in alle Facetten erforscht. Und ich fühle mich immer noch unwissend, aber neugierig und froh über die neuen Mitbewohner. Ob sie am Ende des Sommers ein wenig von ihrem Honig abgeben, bleibt abzuwarten.

Von außen betrachtet, gehöre ich nun zu jenen gern belächelten, hin und wieder auch diffamierten Hobby-Imkern mit wenigen Völkern (inzwischen mit 1,5 Völkern). Stadt-Imker sind weit verbreitet, selbst auf dem Bundestag stehen Bienenvölker, und ihr Honig ist begehrt. Ob die Hobbyimker sich weniger Kenntnisse aneignen als die Profis, wie immer wieder behauptet, bezweifle ich. Dass sie unverantwortlicher agieren, würde ich bestreiten. Vielen von ihnen sind die Erfahrungen mit den Bienen mindestens so wichtig wie ein wenig Honig. Dass auch mit der Haltung von Honigbienen eine schärfere Wahrnehmung einhergeht, wie es um unsere Natur bestellt ist, halte ich für einleuchtend und für einen Gewinn.

Nach zu langer Trockenheit in dieser entscheidenden Wachstumszeit regnet es ausgiebig. Eine Blatt- und Blütenexplosion setzt ein. Wie befreit, scheint es nicht schnell genug zu gehen. Oft habe ich mich gefragt, wer eigentlich das Startsignal gibt. Ich vermute, vor allem das Licht. Erst kürzlich haben amerikanische Forscher nachgewiesen, dass tatsächlich das Licht einen Schalter in den Zellkernen anknipst und so das Ergrünen von Pflanzen einleitet (Christina Gelitz).

Schnell werden die Büsche dichter, mein Garten verliert seine Durchblicke. Ich kann nicht genug schauen, wie sich Garten und Landschaft verändern. Innerhalb weniger Tage wandelt sich der Gesamteindruck von Graubraun zu Grün, vermischt mit Weiß-

Rosa-Tönen. Mein Garten verliert seine winterliche Verletzlichkeit, deren Ursprung ich am Jahresende ein wenig ausleuchte. In der Hecke verbinden sich wieder heimische Wildgehölze zu meiner Zauberhecke mit Dornröschen-Anklängen, wehrhafte Rosendornen inklusive. Verblüffend schnell sind fast alle Blätter draußen – ein paar Nachzügler wie die Eichen gibt es immer. Wie aus dem Nichts haben die hiesigen Buchenwälder ihre Blätter geöffnet, meine Buche tut es ihnen nach. Über den schmalen Landstraßen bilden die Bäume zum Monatsende und mit Blick auf den Mai ein lichtgrünes Dach, das mich in einen Augenrausch versetzt. Jetzt Cabrio fahren, ruft die Unvernunft.

Löwenzähne verwandeln die – überdüngten – Wiesen in gelbe Meere. Geteilte Freude, ist doch der Löwenzahn ein toller Kerl.

Der April wirft sich in den Ring. Das Blütenfest ist eingeläutet. Neuer Duft zieht durch den Garten, allen voran der des Osterschneeballs, der von seiner winterlichen Verwandtschaft nun übernimmt.

An manchen Tagen geht ein Schwung auch durch uns Menschen, ein Lächeln stiehlt sich ins Gesicht. Die Winterkleider sind – hoffentlich – verbannt. Wenn ich die Augen schließe, fühlen sich Wind und Wärme wie Sommer an.

Windorgel und leiser Terror

Morgen-Impressionen im April: sehr frisch, mit einem Himmel, dessen Blau wie vom nächtlichen Vollmond durchleuchtet wirkt. Ich stehe mit einer Tasse Tee still auf der Terrasse. Nach einer Weile werde ich Teil der morgendlichen Aktivitäten draußen. Bewegungen, die ich zunächst nicht wahrnehme, dann nicht zuordnen kann, wecken schließlich meine Aufmerksamkeit. Ein Eichhörnchen durchmisst mit weiten Sprüngen das gesamte Grenzareal des Gartens, von Osten über Süden nach Westen: aus dem roten Holunder in die Tanne, die Ulme, die Mispel, den Kirschbaum und die Buche; schließlich verschwindet es kurz hinter dem Totholz am Boden; weiter geht es zurück in die Kirsche, um dann endgültig wegzuhuschen. Gleich lenkt mich im Augenwinkel etwas ab. Ein Spatzenmännchen turnt an den welken Spitzen des hohen Miscanthus-Gras. Dort hängen noch feine Büschel der Samenstände. Er zupft energisch drei für seine Körpergröße ziemlich lange Stiele ab und fliegt davon. Der Nestbau scheint noch nicht beendet. Hoffentlich kann er seine Favoritin damit beeindrucken. Gut, dass ich abgewartet habe mit dem Grasschnitt.

Während Nachbars Kater durch die feuchte Wiese schleicht, landet ein Kohlmeisenpaar auf dem Fettball vor mir, eine Blaumeise sammelt restliche Körner aus dem Futtertrog. Ich verharre möglichst bewegungslos. Für einen Augenblick scheint die Welt um mich herum menschenleer.

Zu diesen schönen Tagen mit kristallklarem Osterwetter trägt ein Ostwind bei, der ums Haus singt. Es ist wie eine Windorgel gebaut. Während ich lausche, fällt mir ein Satz ein, dessen Herkunft ich vergessen habe: »Wenn du fürchtest, dass der Sturm dein Haus zerstört, öffne die Fenster, damit der Wind hindurchwehen kann.«

Ende des Monats beginnt der leise Terror der Rasenroboter, die scheinbar sanftmütig daherrollen, jeden Grashalm schon bei dem Versuch zu wachsen, eliminieren und dabei so überflüssige Erscheinungen wie Igel, Frösche, Eidechsen und Kinderfüße gleich mit zerlegen. Mit diesen kleinen Helferlein, die unauffällig, aber nachdrücklich die Gärten erobern, werden inzwischen viele Millionen Euro verdient. Ist das nun Segen (für Gartenbesitzer) oder Fluch (für alle anderen)? Vielleicht auch nur eine »Form, in der man Menschen gewinnt oder überredet, wenn man nichts von ihnen hält« (Alexander Kluge).

Start-ups des Lebens

Der April ist der Monat schneller Wechsel, kraftvoller Entschlüsse und mutiger Manöver, wie es sich für einen guten Spieler gehört. Manchmal könnte man ihn fast kühn nennen.

Und er ist in vielerlei Hinsicht der Monat des ersten Mals – ein erster Aurora-Falter, die ersten werbenden Rufe des Laubfroschs, die erste Hornisse, die erste Schwalbe, die ersten Kirschblüten, die ersten Gartenrotschwänze, der erste Wollschweber, der erste Kuckuck, das erste Starenmännchen und die erste schwarzblaue Holzbiene. Manchmal der erste Storch. Früher die erste Lerche und der erste Kiebitz.

Alles Hoffnungsboten für den Beginn eines durchaus ernsthaften Spiels, Niederlagen, Verluste und Schmerz inbegriffen. Der Tanz zweier Gartenrotschwänze vor meinen Augen gehört genauso dazu wie die explosive Kraft des neuen Grüns, der Eigensinn des Löwenzahn genauso wie die eigensinnigen Versuche, Lerche, Kiebitz und viele andere Geflüchtete wieder heimisch zu machen, oder die unerschrockene Begründung immer neuer Generationen in meinem Garten, sozusagen die Start-ups des Lebens.

Und ich denke an Claus Bastian, den Dachauer KZ-Häftling mit der Nummer 1, der eine Weile im Nachbarort wohnte. Sein Lebensgefühl fasste er in einer Kindheitserinnerung zusammen: »Meine erste Fahrt auf dem Hochrad ist für mich ein ganz wesentliches Kindheitserlebnis. Da hab' ich mich haltlos ins Wagnis gestürzt, und auf einmal konnt' ich nur staunen, was mir möglich war. Auf dem Sattel über dem großen Vorderrad sitzen und die zwei Treter kräftig treten. Genau da bring' ich mich in die Situation nicht stehen zu bleiben. Ich kann die Welt von oben betrachten. Aus neuer Perspektive gewinne ich größeren Überblick. Da oben gibt es keine Feinde. Und jetzt nach vorne schauen und nicht zurück. Das Rückwärtsschauen ist nicht immer angebracht, wenn du die Balance halten willst.«

Geblieben sind ihm lebenslang Freiheit Wagnis Staunen. Ein Dreiklang, der nicht nur dem Spieler April gut zu Gesicht steht.

MAI

Heiliger begleitet Spielverderberin

Holunder und Federgeistchen

»Sie wollen nicht deinen flug,
sie wollen die federn«
Reiner Kunze

Der Mai ist der Aufschneider unter den Monaten des Jahres. Er protzt mit schwellenden Knospen und aufbrechender Blütenpracht, verzaubert mit verschwenderischer Duftfülle, lässt uns an heißen Tagen vom Sommer träumen und wirft sich ohne Schonung in das aufregende Geschäft des Lockens, Verführens und Fortpflanzens. Mit Charme, verwegenem Spiel und wilder Entschlossenheit erobert er unsere Herzen und Sinne im Handstreich – jedes Jahr von Neuem. Immer wieder hat der Herzensbrecher des Jahres leichtes Spiel.

Nach langen Wintermonaten und nach den oft trügerischen Hoffnungen des Vorfrühlings sind nicht nur wir süchtig nach Wärme, lauen Winden und Licht. Die Maikäfer scheinen manchmal geradezu besoffen von ihrem Monat, Meisen sausen übermütig haarscharf an der Dachkante vorbei, Spatzen fallen in sich an Plauderlust überbietenden Trupps in die Felsenbirne ein, die sich gerade in luftig weiße Blüten gehüllt hat. Im Sommer werden daraus erbsengroße, dunkelviolette Beeren, die sich zu einem herbfruchtigen, vitaminreichen Mus verkochen lassen. In den 20 Jahren, die dieser lichte, aufrecht wachsende Busch bei mir heimisch ist, konnte ich nur einmal so viele Beeren erwischen, dass sich immerhin zwei Gläser damit füllen ließen. Ansonsten habe ich mich immer der Gier der Vögel nach der spätsommerlichen Köstlichkeit geschlagen geben müssen.

In den ersten lauen Nächten des durchaus wetterwendischen Wonnemonats (die Bauernregeln fordern geradezu den Mairegen, der Segen bringt) nehme ich das Frosch- und Krötenkonzert vom nahen Regenwasser-Reservoir mit in den Schlaf. Wieder haben es doch genügend geschafft, ihr Laichgewässer zu erreichen. Manche der schwer an ihren Männchen schleppenden Krötendamen habe ich bei nächtlichen Spaziergängen im Eimer näher ans feuchte Liebeslager getragen. Zum nie aufhörenden Staunen meines Hundes, der sich immer aufs Neue von den ›hüpfenden Steinen‹ erschrecken ließ. Leider haben aber auch in diesem Jahr einige der Wanderer ihr Leben auf der wenig befahrenen kleinen Straße vor unserem Haus gelassen. Morgens warten dann schon die hungrigen Krähen.

Im Laufe des Jahres begegnet man den warzigen Gesellen im Kompost, im Einfüllkopf des Gastanks, unter angewehtem Laub oder im vergessenen Blumentopf. Immer scheinen sie völlig bewegungslos die Störung ihres meist unbeobachteten Daseins über sich ergehen zu lassen.

Alles neu macht der Mai

Der Mai – das ist der Honigmond, ein Mondzyklus im Monat der Liebe, benannt nach der jungfräulichen Frühlingsgöttin, die in Nordeuropa Maya hieß. Im Mai, wenn die Erdmutter ihr frisches Gewand anlegte und die neue Vegetationsperiode sicherte, trugen die Menschen ihr zu Ehren frisches Laub oder junge Pflanzen mit sich. Sie liebten sich in den frisch gepflügten Feldern, um das Wachstum zu fördern. Bis ins 16. Jahrhundert war der Mai im ländlichen Europa ein Honeymoon der sexuellen Freiheiten. Vorhandende Ehebande waren für kurze Zeit außer Kraft gesetzt. Die Magie dieser Fruchtbarkeitsriten hat Spuren in unseren Gewohnheiten hinterlassen. Noch immer ist der Mai der Monat intensiver Gefühle; Lust und Leidenschaft werden in Beziehung gesetzt zur berstenden Fruchtbarkeit in Feld und Garten. Die erste wirkliche Wärme streichelt die winterharte Haut, die ersten warmen Nächte öffnen Poren und Sinne.

Es ist in jedem Jahr wieder, als wären wir ins Land des ewigen Frühlings versetzt, das Ovid vor mehr als 2000 Jahren in seinen *Metamorphosen* besang: »Ewiger Frühling herrschte, und sanfte Westwinde streichelten mit lauen Lüften Blumen, die ungesät entsprossen waren. Ja, Ströme von Milch, ja Ströme von Nektar flossen, und gelb tropfte Honig von der grünen Steineiche.«

Am Abend vor dem ersten Mai fanden jahrhundertelang die Frühlingsfestlichkeiten der ›wilden Weiber‹, der Hexen, statt. In der Walpurgisnacht (andernorts Freinacht) entfesseln die Hexen die Wachstumskräfte der Natur. Für die Kelten erwachte in dieser Nacht des Übergangs die Göttin Mab, Königin der Elfen, aus ihrem Schlaf. In beiden Traditionen werden Feuer entzündet, über die man springt. Hier hat der Tanz in den Mai seinen Ursprung. Die Tradition des Maibaumes weist weit zurück in die indische Mythologie. In Gestalt des Maibaumes wird der göttliche Phallus in den Schoß der Erdgöttin gepflanzt, um so das neue Leben zu zeugen.

Dass im Mai bis heute gern geheiratet wird, hat also in den Fruchtbarkeitsmythen vieler Kulturen seinen Hintergrund. Blumen spielen seit jeher als Hochzeitsschmuck eine wichtige Rolle. Die Rose, heute in vielen Brautsträußen ein Muss, war in der alten Hochzeitssymbolik eher unbedeutend. Bei bäuerlichen Hochzeiten der Romantik war das Veilchen wichtiger Teil des Brautschmucks; es symbolisierte erwachende Liebe und Jungfräulichkeit, aber auch Demut und Zähigkeit. Kaum eine Pflanze ist so zielstrebig in ihrem Ausbreitungsdrang. Schnell bildet sie im Gehölzschatten duftende violette Teppiche. In der antiken Mythologie, in der Viola der Göttin Aphrodite geweiht war, schritt Persephone über einen Veilchenteppich, als Hades sie in die Unterwelt entführte. So wurde das Veilchen zum Sinnbild der unsterblichen Seele (daher als Grabpflanze verbreitet) und der Wiederkehr im Frühling. Hildegard von Bingen empfahl Veilchen als Öl oder Tee gegen Lungenschäden und Melancholie. Vielleicht waren noch bei meiner Großmutter Veilchensträußchen zum Anstecken so beliebt, weil sie die Wintermelancholie vertrieben? Geliebt habe ich als Kind die Veilchenpastillen, die mich bei Halsweh und Husten etwas versöhnlich stimmten. Ein zartes kulinarisches Highlight sind in Zucker kandierte Veilchenblüten.

Die Myrte gilt als Hochzeitspflanze par excellence; die immergrünen Blätter, die zierlichen weißen Blüten und der liebliche Duft machen sie zum Idealbild für Schönheit, Jugend und Liebe, damit zur Blume der Braut.

Der Begriff des Wonnemonats entwickelte sich übrigens aus dem altdeutschen Wort *wunnimanoth*, was Weidemond bedeutet. Zu dieser Zeit, in der das Gras üppig sprießt und die Wiesenblumen wachsen, wurde das Vieh auf die Weide getrieben.

Im Mantel der Erregung

Der Mai ist also gekommen, die Bäume schlagen aus. Frühmorgens singen die Vögel um die Wette, wo noch bis vor Kurzem winterlich kraftsparende Stille herrschte. Nicht nur die »winterharten Vögel«, wie meine Tochter es einmal formulierte, sind jetzt singend, trillernd und rufend auf Brautschau. Auch die Fernreisenden haben Quartier bezogen. Das Starenmännchen vollführt einen geradezu akrobatisch anmutenden Balztanz auf dem eroberten Starenkasten, um eine der Damen für sich und sein Domizil zu gewinnen. Der Amselhahn ruft bis weit in den Abend hinein vom höchsten Dachfirst. Spatzen und Meisen landen unermüdlich auf der Terrasse und zupfen an dem flauschigen Haarknäuel, das ich nach dem Bürsten meines Labradors in den noch leeren Blumenkasten gesteckt hatte. Man kann ihnen schmunzelnd zusehen, wie sie mit einem zu groß geratenen Haarbausch kämpfen, loslassen müssen, weil sie vor Haaren nichts mehr sehen, es erneut versuchen und schließlich mit einem langen Bart davonfliegen. In diesem Frühling sind sicher viele junge Spatzen und Meisen mit einem dezenten Hundegeruch parfümiert.

Bäume und Büsche überziehen sich wie über Nacht mit einem Grün, wie es nur im Mai zu sehen ist. Dieses helle, lichte Grün verbindet sich mit Blüten und Düften zu einem berauschenden Sinneseindruck. Alles leuchtet, duftet und lockt. Der Mai ist ein unwiderstehliches Argument gegen jede Art von After-Work-Party. Was soll schon punkten gegen den zartrosa Zauber von Millionen Apfelblüten, in denen Myriaden von Bienen summend Nektar sammeln und dabei dicke Pollenpolster an den Beinen bilden – wie sonnengelbe Pumphosen, mit denen sie die Befruchtung und damit die Ernte des Herbstes sichern. Oder gegen die schneeflockenzarten Kirschblüten oder die in allen Lilatönen ungehemmt schwelgenden Fliedertrauben, von rosa bis fast schwarz changierenden Akelei, nach weihnachtlichem Konfekt duftenden Levkojen und Goldlack, seidige Pfingstrosensträucher oder zarte Glockenblumen? Timer und Termine haben gegen diese Sinnlichkeit nur eine Chance, wenn man keinen Schritt in einen Garten setzt.

Denn im Mai ist der Garten Verführung pur. Ohne Skrupel dockt die Natur direkt an unseren tiefsten Sehnsüchten an, mobilisiert Kindheitsbilder und Liebeslust. Wahrscheinlich wurde der Satz vom »Gärtnern als neuem Sex« im Mai erdacht. In der Tat ist dieser Monat im Jahreslauf ein einziges Versprechen – und passt damit perfekt zu unseren duftentwöhnten Nasen, unseren vom Grau ermüdeten Augen, überhaupt unseren gierigen Sinnen. Endlich mit wehenden Röcken um nackte Beine durch frische Wiesen rennen, barfuß, den Duft des ersten Heus einsaugen (und dabei den Güllegestank der zurückliegenden Wochen verdrängen), sich im fast magischen Grün der Buchenwälder verlieren. Im Mai gerät alles aus den Fugen – äußerlich und innerlich. Den »Mozart des Kalenders« hat Erich Kästner ihn genannt. Die Natur lässt alle Hemmungen fahren. »Die Schnelligkeit, mit der das Sonnenröschen sich vermehrt, treibt einem die Schamröte ins Gesicht. Violen scheinen überhaupt keine Selbstbeherrschung zu besitzen, und was das Steinkraut anbelangt – nun, wenn wir uns so benehmen würden wie das Steinkraut, würde Australien innerhalb eines Jahres überbevölkert sein« (Beverley Nichols).

Es ist, als hätten die wurzelgebundenen Geschöpfe einen Mantel der Erregung übergeworfen. An ihren Standort gebannt, bieten die Pflanzen Farbe und Duft auf, um zu werben und zu sich zu (ver-)führen. Auf uns Menschen übt der Duft einen mächtigen Reiz aus, spricht tief verborgene, uralte Regungen an, bindet uns in besonderer Weise an unsere pflanzlichen Mitwesen: »Der Mensch mag hungern wie das Tier – er liebt wie die Pflanze. Der Nektar, zu dem der Farbenkelch winkt, als wäre er nur Nahrung, ist ein Liebestrank, der Duft ein Liebeszauber, der Pollen eine Behexung. Die Blumensprache der Liebe entsteht. Weit über die Hälfte der Namen aller heimischen Blumen sind die süßen Erfindungen Verliebter, eine Geheimsprache für Glückliche und Unglückliche« (Rudolf Borchardt). Tausendschön, Gedenkemein, Vergissmeinnicht, Tränendes Herz, Maßliebchen, Bittersüß, Rührmichnichtan – die Liebe hat nicht nur im Mai-Garten ihre Spuren hinterlassen. Als heute oft vergessene Botschafter der Liebe fungieren Blüten von Frühjahr bis Herbst. Da verheißt der Flieder beginnende Liebe, die Rose verspricht innigste Liebe, oder die Tulpe schwärmt von Liebe in Flammen.

Oft ist uns nicht bewusst, wie stark die verschiedenen Düfte auf uns und unser Lebensgefühl wirken. (Diese Wirkungen, die sehr heilsam sein können, macht sich die Aromatherapie übrigens zunutze.) Im Mai trifft das harzige Aroma frischer Fichtentriebe auf den unverwechselbaren Duft des Maiglöckchens, von dem Heinrich Heine behauptete, er »bricht das Eis des Winters und der Herzen«. Erst wenn das erste Maiglöckchen blüht, so heißt es, beginnt die Nachtigall zu singen. Dieses seit Hildegard von Bingen als Heilkraut bekannte Gewächs breitet sich mit Ausläufern im Halbschatten aus. Es ist in allen Teilen giftig (selbst das Wasser des Maiensträußchens gehört keinesfalls in Kinderhände), wurde von Heilkundigen gegen Epilepsie und Schlaganfall eingesetzt und findet sich in Spuren bis heute in Medikamenten bei labilem Kreislauf und leicht eingeschränkter Herzleistung. Als Pflanze des nördlichen Europas gab es für das Maiglöckchen keine lateinische Bezeichnung. Deshalb nannten Mönche der mittelalterlichen Klöster die reizende Blume *Lilium convalium*, Lilie des Tales. Sie trugen damit den bevorzugten Standorten an Abhängen von Hügeln Rechnung, erinnerten aber auch an das Hohelied Salomons: »Ich bin eine Blume zu Sharon und eine Lilie im Tale.«

Aus den Maidüften hervorzuheben ist der pfeffrig-süße des Goldlacks, den man fast zu schmecken meint. Mit seinem Farbenspiel von warmen Orange-, Gold- und Rottönen bevorzugt dieser Bauerngartenbewohner vor allem die Sonnenplätze, wo die zweijährige Pflanze sich auch selbst aussät.

Im elisabethanischen England bezeichnete man Goldlack, Nelken und Nachtviolen als *gillyflowers*; ein Name, der sich vom französischen *girofle* (Gewürznelke) herleitet. Die Gewürznelke, ein tropischer Baum, gab aufgrund des ähnlichen Duftes dem europäischen Goldlack seinen Namen. Eine Zeit lang war es Mode, dass Herren sich kleine Sträußchen Goldlack ans Revers hefteten – zum Zeichen ewiger Treue für die Dame ihres Herzens.

Einen starken Akzent im Potpourri der Düfte – und auch der Farben im Maigarten – setzt der Flieder, dessen Duft sich übrigens nicht extrahieren lässt wie etwa bei Rose oder Lavendel. Dieser Duft ist so intensiv, dass eine Blütenrispe ein ganzes Zimmer parfümieren kann. Ob der Gemeine Flieder, der Ungarische Flieder oder der besonders intensiv duftende Zwergflieder, alle blühen in verschwenderischer Fülle von Weiß bis in feinste rosalila Nuancen oder ins kräftige Dunkelviolett und sind romantische Begleiter so mancher Liebesbotschaft. Bis heute ist mir im Gedächtnis geblieben, dass mein Vater beim Versuch, für seine Frau über den Zaun hinweg Flieder vom verwilderten herrenlosen Nachbargrundstück zu pflücken, sich eine Rippe brach.

Königin aus dem Nichts

Ein besonderes Dufterlebnis sind die ersten warmen Nächte im Mai. Zur blauen Stunde erwachen Nachtfalterblumen, die tagsüber unscheinbar dösen. Mit Beginn der Dunkelheit kommt Bewegung in die Blüten. »Schützende Hüllen werden gesprengt, welke Nektarröhren straff hoch in die Luft gehobene, zerknitterte Kelchblätter gebläht und mit Bügelfalte geplättet. Ganz zum Schluss kommt das Parfum. Verschwenderisch wird es mit zunehmender Dunkelheit immer betörender zerstäubt. Die köstlichen Nuancen sind Dessert und Digestiv. Creme Caramel, Mandelkonfekt, Champagner-Sorbet, all dieses verfliegt verführerisch lockend zwischen Nase und Gaumen« (Wörner/Weimar). Mit ihren süß duftenden Blüten locken diese Schönheiten der Nacht Motten, Nachtfalter, Schwärmer und andere Insekten zur Bestäubung. Das die Sinne verzaubernde Aroma reicht oft mehrere Hundert Meter weit. Hinzu kommt eine fluoreszierende Blütenfärbung als weiterer Wegweiser.

So verströmt die lilafarbene oder weiße Nachtviole, das Veilchen der Nacht, ihren veilchenartigen Duft ebenso wie die pastellfarbenen zarten Blüten der nachtduftenden Levkoje, die nach Nelke, Muskat, Kakao und Zimt riecht (ihre kraftvolle Tagschwester, die einjährige Levkoje, entfaltet erst im Juni ihre ganze Süße). Gesellt sich dazu noch der Sternbalsam, mit seinem Geruch von Zitronensorbet und Mandelkonfekt die Delikatesse unter den Nachtdüften, und das starkes Honigaroma verströmende Geißblatt, lautmalerisch auch Jelängerjelieber genannt, baut sich ein Dufterleben auf, das den ganzen Körper erfasst und ihn in Glücksempfinden eintauchen lässt. Auch nachts ist der Maigarten ein wundersames Heilmittel gegen alles Graue, alles Immergleiche, Kontrollierte. Er ist ein Ort, an dem in kostbaren Augenblicke die »Heiligkeit des Ist«, das ganz im Jetztsein der fernöstlichen Philosophie und Lebenskunst, spürbar wird.

Die Duftköniginnen der Nacht lasse ich gern in meine Nähe kommen als Terrassenbepflanzung. Sie setzen unprätentiös auf ihre luzide Überzeugungskraft gegen den Ansturm der industrialisierten Gartenwelt, der den nachdenklichen Gärtner im Mai am härtesten trifft. In Gartencentern und leider auch vielen Gärtnereien schreien Tausende gleich aussehender Geranien, Fuchsien oder Petunien nach ihrem Blumenkasten. Dünger und Pflanzenschutzmittel haben sie gepusht, sodass sie vielfach an schamlos aufgepolsterte Lippen und gedopte Kunstschönheiten erinnern. Nicht langsam und gemäß dem Pflanzenwesen, heißt die Devise, sondern schnell, sofort und alles. Davon wird auch der Käufer mitgerissen; düngt er nicht den ganzen Sommer unermüdlich weiter, sind schon im Juli alle Blütenträume ausgeträumt, das arme, gequälte Innere eines gemästeten Pflanzenwesens wird sichtbar. Solche Überdüngung, solche Wegwerfpflanzen, in der sich die innere Überdüngung einer Gesellschaft spiegelt, die an ihren teuer erkauften Billigwaren, an ihrem Überfluss zu ertrinken droht, löst zunehmend Überdruss und Abwehr aus. Da mag es nicht wundern, dass die Sehnsucht nach dem Besonderen, dem Einzigartigen, dem Reduzierten, wie sie sich etwa im Simplify-Hype der vergangenen Jahre oder in Nachdenken über Mäßigung und Verzicht niederschlägt, auch im Garten zu Rückbesinnung (durchaus als Trend) anregt. Gärtnereien und Züchter erobern im Massenmarkt hier seit Jahren ihre Nischen.

Doch nicht nur der Besuch von Gärtnereien, auch der Maigarten selbst mit seinen Sinnesreizen lässt mich immer mal wieder einen Besuch bei den Hungerkünstlern des Gartens einschieben. In diesem Frühjahr habe ich geradezu ehrfürchtig verfolgt, wie sich eine Königin aus dem Nichts herauswand: Am Rand der Holzterrasse zwischen Holzplanke und tönernem Blumenkasten erschien eine Königskerze. Die eine Höhe von bis zu zwei Metern erreichende Pflanze, wegen ihrer Heilkraft schon von Ärzten der Antike geschätzt, wuchs zunächst fast einen Meter ohne weiteren Halt waagerecht in den freien Raum vor der Terrasse, dann bildete sie einen rechten Winkel und wuchs gen Himmel weiter. Erst mit Blick zur Sonne entwickelte sie ihre vielknospige gelbe

Blüte. Das alles ohne erkennbare Erde. Nährstoffverwertung auf höchstem Niveau.

Auf dem Gründach des Schuppens kann ich weitere Studien in Sachen Bescheidenheit und Kargheit betreiben. Ein Dachwurz, der seit alters her die Häuser vor Blitzeinschlag schützen soll, hat sich in einem zerbrochenen Tontopf niedergelassen. Seit Jahren genügt ihm dieses magere Plätzchen, um doch immer neue Rosetten auszubilden und inzwischen die Größe eines Nudeltellers erreicht zu haben. Beim Blick auf das winterlich erstarrte Dach zweifele ich jedes Jahr angesichts des verschrumpelten Etwas, ob er je wieder zum Leben erwachen wird – und immer wieder belehrt er mich eines Besseren. In seiner Nachbarschaft haben sich auf magerstem Substrat Sandnelken in Weiß und Purpur entwickelt. Auch die zarteste aller Glockenblumen, die unglaublich blaue *Campanula zoysii* – sie könnte das Vorbild für die Blaue Blume der Romantik gewesen sein, fehlte ihr nicht jener »ausgebreitete Kragen, in welchem ein zartes Gesicht schwebte« (Novalis) –, schiebt ihr hauchdünnes Stielchen aus dem unwirtlichen Untergrund. Kleine Asternarten, Primeln, Sedum- und Saxifragia-Vertreter machen das Dach immer wieder zu einer Augenweide. Im Nichts wird das wenige zum Ereignis. Auch hier bestätigt sich, was ich im ›normalen‹ Garten leidvoll gelernt habe: Der magere Standort bringt die vielfältigsten Schönheiten hervor, die sich dem fetten Boden verweigern. Lange hat es gedauert, bis ich akzeptieren konnte, dass Löwenmäulchen selbst auf mit Sand und Kies ausgemagerten Beeten nicht verweilen wollten, dass bestimmte Mohnarten sich gegen meine gärtnerische Zuneigung sperrten und selbst der Lavendel nur an ganz wenigen Standorten sich zum Bleiben hat überreden lassen. Nach zehn Jahren ohne Dünger ist der Boden des einstigen Ackers noch so fett, dass manche Pflanzen sich voller Ekel abwenden. Jedem Gärtner erteilt der Garten solche Lektionen. Wie so oft lehrt er Hinschauen, Annehmen und eine Kultur des Lassens.

Frostige Freiheiten

Der Mai ist, wie wir gesehen haben, eine Herausforderung an gärtnerische Demut, Gelassenheit und Selbstironie. (Nebenbei bemerkt, allerdings eine ganz besondere Herausforderung für die bereits erwähnten ›Nagelscheren-Gärtner‹, die unnachsichtig jeden Löwenzahn aus ihrer nach englischem Rasen strebenden Wiese herausoperieren, jedes Gänseblümchen misstrauisch beäugen.) Der Mai verleitet zu hochfliegenden Plänen. Die ersten Kübelpflanzen könnten doch schon ins Freie. Die kleine Feige, der Ananassalbei oder der Lorbeer, die über den Winter ihr Domizil ins Haus verlegen mussten. Es scheint, als spürten auch sie die lockende Wärme, das strahlende Licht, die Aufregung ihrer wilden Artgenossen vor dem Fenster. Befreit von altem Geäst und voreiligen ›geilen‹ Trieben, mache ich einen Versuch. Natürlich dürfen sie nicht in die pralle Sonne; die Wärme wäre schön, aber der Lichtschock folgenschwer. Einmal mutig geworden, ist dann auch der Gedanke an die im Sand überwinterten Begonienknollen, die schon erste Triebe geschoben haben, nicht weit. Und vielleicht doch auch mal in der kleinen Gärtnerei schauen, wie es mit Terrassenpflanzen aussieht? Der Mai bläht sich auf, und die Gärtnerin verdrängt ihre Zweifel. Wie oft war die kalte Sophie nur eine kleine Abkühlung? Eisheilige in Zeiten des Klimawandels?

Aber dann kommt sie, die Nacht der Nächte. Ungnädig sinkt und sinkt das Thermometer. Schnelles Handeln ist Gebot der späten Stunde. Mancher voreilige Sommerfrischler muss wieder ins Haus, provisorisch und dreckbehaftet. Für andere wird hektisch nach Plastikfolien und leichten Decken gesucht. So abgedeckt, sind die aus wärmeren Zonen Zugereisten vor dem ärgsten Frost geschützt. Morgens gilt der bange Blick zuerst den mit leichtem Reif überzogenen Pflanzen draußen. Auch den Apfelblüten könnte der späte Frost geschadet haben. Das werden wir erst im Herbst wissen. Der Ananassalbei wird seine Blätter wohl einbüßen – und länger brauchen, um sich von dem eisigen Hauch zu erholen. Kleinlaut trage ich ihn nun doch wieder hinein und beschließe, einen Gang zurückzuschalten. Noch haben die Eisheiligen und mit ihnen die ›gefrorene‹ Erfahrung von Generationen dem Klimawandel Paroli geboten. Und der Mai hat seine dunklen, kalten Seiten bewahrt.

Zur warnenden Erinnerung für kommende Jahre: Die Eisheiligen – das sind Pankratius, Servatius und Bonifatius (11. bis 14. Mai) sowie die ›Kalte Sophie‹ (15. Mai) gehören zu den sogenannten Singularitäten in der Meteorologie, also erfahrungsgemäß wiederkehrenden Wetterphänomenen, zu denen auch die Schafskälte Anfang Juni zählt. Um diese Tage herum, oft aber auch noch um den 20. Mai, treten immer wieder Kälteeinbrüche auf. Nachtfröste fügen der aufblühenden Vegetation nicht selten Schäden zu. Frostempfindliche Pflanzen sollten erst nach den Eisheiligen ins Freie. Inwieweit solche überkommenen Regeln künftig zunichtegemacht, oder aber die Schäden durch Fröste verschärft werden, weil unsere Obstbäume sich zu früherem Blühen verleiten lassen, ist bisher nicht abzusehen. Das Klima ist launisch und lässt sich, dem sicheren Erwärmungstrend zum Trotz, nur ungern in die Karten schauen.

Nein, im Garten herrscht kein Schmusekurs. Auch der Wonnemonat liefert hierfür mannigfaltiges Anschauungsmaterial. Die Gefährdung ist stets im Garten aufgehoben. Harmonie ist hier Illusion; es geht um immer wieder neu auszulotende Balance. Die sprichwörtlichen Fröste der Freiheit, die das Glück gefährden und das Gelingen so beglückend machen, lassen sich im Garten einüben. Auch hier ist er Lehrmeister in Sachen illusionslos heiterer Gelassenheit. Die ersten Stauden und kleine Pflänzchen werden schmatzend von Schnecken verzehrt. Eine Quitte hat den Winter nicht überlebt. Die fedrigen Reste einer Amsel hängen im austreibenden Pfaffenhütchen und künden vom Hunger der kalten Monate. Die Igelhaut, die ich unter einem Zweigehaufen entdecke, lässt mich über Unterschlupfe, Parasiten und gestörten Winterschlaf nachdenken.

Überhaupt die Igel. Sie sind Sympathieträger und Opfer, für traurige und lustige Geschichten gut: wie jene, als ein Igel vor meinen Füßen hochschnellte, sich in der Luft kugelte und sehr unsanft meine Katze ansprang. Schade, dass ich nie wissen werde, was die Katze bei ihrer heillosen Flucht dachte. Unklar ist mir auch der Hintergrund für eine lautstarke (Igel können wie alte Dampfmaschinen schnaufen) Rauferei vor meiner Terrasse geblieben. Zwei rannten immer wieder aufeinander zu, ein Dritter beobachtete das Geschehen. Wer war was? Zwei Igelmänner und eine Frau? Ein Pärchen mit Nebenbuhler oder eine verlassene Schönheit? Klarer war da die Sache mit der Beerdigung. Als ich den Nachbarn eines Morgens nachdenklich vor seinem Haus stehen sah, den Spaten in der Hand, berichtete er auf Nachfrage, er komme von einer Beerdigung. Ein wunderschöner großer Igel sei in der Nacht auf unserer kleinen stillen Straße »zusammengefahren« worden. Traurig und hilflos sinnierte ich über nächtliche Raser und die Überheblichkeit, mit der wir durch diese Welt gehen, als sei sie unsere. Zur Selbstgefälligkeit besteht bei solchen sentimental daherkommenden Gedanken kein Anlass. Für niemanden. Vielleicht war es der jetzt tote Igel, der im vergangenen Sommer so oft laut schmatzend unterm Schlafzimmerfenster saß. Keine Ahnung, was ihm dort so mundete. Jedenfalls kann man sich auch an eine solche Nachtmusik gewöhnen. Oder es war jener arglose Streuner, der eines Nachts, als ich gedankenverloren auf der Bank saß, zart meine Füße beschnupperte, kurz verweilte und dann in aller Ruhe weiterzog auf der Suche nach vergessenen Käsestückchen oder unaufmerksamen Schnecken.

Ein Garten wie der meine, hier auf dem oberbayerischen Land, ist immer auch Friedhof. Am südlichen Randstreifen liegen bereits acht Katzen: Erst letzten Sommer kam unser wunderschöner Kater, der beste Katzentorwart der Welt, dazu und in diesem Frühjahr mein bester Katzenratgeber in Sachen Friedfertigkeit und gelassenem Lebensglück Max, der mir noch in seinen letzten Lebenstagen eine Lektion im Sterbenlernen erteilte, die ich hoffentlich mitnehmen kann. Des Weiteren ruhen dort mein mit 15 Jahren schwer aus der Welt gegangener Hund, ein Rotkehlchen, zwei Goldammern, eine Wacholderdrossel, ein Buntspecht und … ach, manche, das muss ich zugeben, habe ich auch vergessen. Viele sterben unbemerkt, unauffälliger als jener Dachs, der eines Morgens auf dem Spazierweg lag, der an meinem Garten vorbeiführt. Zum ersten Mal habe ich einen Dachs gesehen, ungläubig staunend, dass so ein großes Tier sich vielleicht auch in meinem Garten nachts leise umschaut.

Im Holunder wohnt Frau Holle

Wenn der süße Duft der gelblich weißen Holunderblüten durch den Garten zieht, ist auch im Alpenvorland der sogenannte Vollfrühling eingezogen. Der Holunder ist, wie Funde von Samen belegen, ein uralter Begleiter des Menschen. Mein Hollerbusch flankiert schützend die Nordwestecke des Gartens, wo sich der Schnee gern zum Berg türmt. Zusammen mit der Haselnuss am Nordostrand und mit den beiden Buchsbäumen am Eingang zum Haus bildet er, will man den Mythen glauben, eine Phalanx des Schutzes. In manchen Gegenden wird heute noch von der Tradition erzählt, vor dem Holunder ehrfürchtig den Hut abzunehmen oder gar niederzuknien. Alle Teile des ausladenden Busches sind verwendbar: der Wurzelsud gegen Schlangenbisse, die Blüten und Beeren gegen Erkältungskrankheiten und als wohlschmeckende Nahrungsmittel, die harntreibenden Blätter und die abführende Rinde. Als heiliger Busch des Mittelalters oder als lebendige Hausapotheke der Bauern spielt er in Mythen und Heilkunde wohl die bedeutendste Rolle unter den heimischen Sträuchern.

Farbenprächtig und weit in die europäische Mythologie und Märchenwelt reichend sind die Geschichten, die man sich seit alters her vom Holler, Flieder, Eiderbaum, Holder, Elfenbaum oder auch Schwitzbaum, um nur einige der Volksnamen zu nennen, erzählt. Die Germanen sahen im Holunder einen heiligen Baum und brachten darunter zu Ehren der schützenden Hausgöttin Holda oder Holla Opfer dar. In Skandinavien war er Verkörperung der Göttin Hel, und im späten Mittelalter wurde der

Busch noch als Hel- oder Elfenbaum bezeichnet. Lange wurden Grabkreuze aus dem Holler, der auf dem Grund des Verstorbenen gewachsen war, geschnitzt. Mancherorts gab man den Toten ein Hollerkreuz mit in den Sarg. In Tirol steckt man bis heute Holunderreisig in die Graberde; schlägt er aus, wurde der Tote im anderen Leben gut aufgenommen. Das Christentum versuchte, die Holler-Traditionen durch die Denunzierung als Hexenwerk zu brechen. Doch im Volksglauben behielt der Holunder seinen Platz. Bis heute gilt der Holler als schützender Hausbaum, und noch zu Beginn des 20. Jahrhunderts war es vielerorts ein Frevel, einen Holunder zu hauen, da sonst schweres Unheil über den Verursacher hereinbreche.

Als Apotheke der Bauern künden unzählige Sprüche vom Glauben an die Zauberkräfte des Busches: »Holler heb auf, Fieber setz dich drauf.« »Der Holunder liebt seine Menschen, weil er sie sucht.« Die weißen Blüten des Busches und seine tiefschwarzen Beeren stehen für das Leben und den Tod. Die darin verkörperte Balance alles Lebendigen ist in der Frau Holle der Brüder Grimm märchenhaft eingefangen. Als weise Frau ist sie die Hüterin der Naturkräfte und der Unterwelt. Sanft führt sie den Menschen durch den Tunnel des Unbewussten ans Licht.

Dass die Bank unterm Holunderbusch vielerorts als lauschiges Plätzchen für Verliebte galt, liegt sicher nicht nur daran, dass sich dort Fliegen und Mücken insbesondere zur Blütezeit nicht gern aufhalten.

Natürlich liefert mein Holunder wie all seine Artgenossen Blüten und Beeren in Fülle. Für Saft oder feine Marmelade. Selbst den Amseln im Herbst bleibt noch reichlich schwarze Beute. Doch ich mag den Busch auch im Winter. Sein sparriger Wuchs, seine raue helle Rinde machen ihn ein bisschen abweisend. Im Winter ist sein Holz am empfindlichsten. Leicht lassen sich Zweige abbrechen, als seien sie im Frost porös geworden. Wie Schwarz und Weiß, Leben und Tod verbindet er für mich Stärke und Empfindsamkeit – und verkörpert damit wie kaum ein anderes Pflanzenwesen in meinem Garten die Balance gegensätzlicher Kräfte.

Seidige Schönheiten und Dreck am Stiefel

Der Mai lässt nichts aus. Er liebt die Gegensätze. Wärme und Kälte, Trockenheit und Hochwasser, Sinnentaumel und nicht mehr verschwindende Dreckränder unter den Fingernägeln. Alles ist möglich – vom lauschigen Dufterlebnis bis zum Hexenschuss, vom Blütenmeer bis zu Nässeopfern. Die Blütenpracht dieses Monats lässt manchmal Zweifel aufkommen, ob für den Rest des Sommers überhaupt noch was übrig bleibt. Aber die Sorge ist unbegründet. Deshalb kann man getrost dem Wunsch nachgeben, endlich wieder Blumensträuße zu pflücken und der Befriedigung darüber nachzuspüren. Auch hier befinden wir uns auf altem Terrain. Schon bei Grabfunden der Neandertaler hat man Reste getrockneter Pflanzensträuße entdeckt.

Die Auswahl an Blütenpflanzen im Mai ist hinreißend. Flieder, Glockenblumen, Vergissmeinnicht, Maiglöckchen, Akelei, Schneeball, Wiesenschaumkraut, Spireen, Storchschnabel, Katzenminze, Jakobsleiter und, und, und. Dazu kommen natürlich die Blüten der Obstbäume; die weißrosafarbenen der Äpfel, die weißen der Kirschen und die wunderschönen Blütensterne von Quitte und Mispel, während die Rosen beginnen, sich für ihren Monat, den Juni, in Positur zu werfen. Einige waghalsige lauern schon mit kräftigen Knospen. Die Erste in meinem Garten ist immer ein Strauch der Rosa Pimpinellifolia, einer Wildrosenform, die sich im Mai mit zartgelben, schalenförmigen Blüten schmückt, entlang der Zweige elegant aufgereiht. Schon kurz nach der Blüte bilden sich schwarzbraune Hagebutten. Die Erste bei den gefüllten Rosen ist bei mir Constance Spry, eine einmal blühende Strauchrose, die an einer Südwand wächst. Sie überzieht sich ab Ende Mai mit anmutigen fast tennisballgroßen Blüten in hellem reinen Rosa, die zart nach Myrten duften. Ihre Triebe sind stark bewehrt mit rötlichen Dornen und wachsen gerade nach oben.

Doch nicht nur Augen können sich nicht sattsehen; auch die Zunge kommt auf ihre Kosten. (Von der Nase war ja schon die

Rede.) Denn endlich sind auch die grünen Kräutergesellen wieder zur Stelle, die in den traditionellen ›grünen Suppen‹ des Vollfrühlings verwendet werden. Hier kommen Löwenzahn, Sauerampfer, Kerbel, Portulak, Schafgarbe, Gundermann und/oder Gartenkresse zum Zuge. Die Rezepte sind vielfältig; eines aber ist ihnen gemeinsam: Sie befriedigen das so lange ungestillte Verlangen nach Grün, nach Frische, nach Ungekochtem – und erweisen damit auch unserem Körper nach dem langen Winter einen Dienst, der Gesundheit und Lebenslust fördert.

Eincs ist der Mai allerdings auch. Er ist der wohl arbeitsintensivste Monat des Jahres. Dabei heißt es das elfenhafte Frühlingswunder der Zaunwinde im Auge zu behalten. Da sie nun einmal in meinem Garten Quartier bezogen hat und ich damals, als ich sie, Kindheitserinnerungen von windenbewachsenen Zäunen vor Augen, erfreut begrüßte, nichts ahnte von ihrer dunklen Seite, hilft nur aufpassen und beherzt einschreiten, sprich ausreißen. Denn sonst »wird sich jedes der charmanten Elfchen mit den gesenkten Köpfchen binnen kurzem in eine unerbittliche Schlange verwandeln, wird sich mit anderen zu gewundenen Schnüren vereinigen und, wo es nichts mehr zu umgarnen gibt, weiterwandern, immer auf der Suche nach Kartoffelstauden, Bohnenstangen, oder irgend etwas anderem, was Halt gibt auf dem Weg nach oben« (Jürgen Dahl).

Nach den Eisheiligen können dann auch ohne nächtlichen Stress und Gewissensbisse der Voreiligen Oleander, Sternbalsam oder Vanilleblume, Rosmarin, Lorbeer und Basilikum ihr Sommerquartier beziehen. Ich pflanze die Tomaten in große Töpfe, schenke ihnen ordentlich Pferdemist und suche ihnen den schönsten Sonnenplatz mit möglichst wenig Regenbelästigung. Allerdings käme ich nie auf die Idee, sie mit den jetzt so verbreiteten Plastikhauben zu behelligen, die mich an die ›Wetterhexe‹ alter Damen erinnert, jene der Kopfform angepasste Plastiktüte, die früher fast jede Dauerwellenfrau in der Handtasche hatte.

Umzug, nein danke!

Auf eine Art warte ich in jedem Mai besonders gespannt: die geheimnisvollen Herrscherinnen im Blumenbeet des Mai – die Paeonien. Die Pfingstrosenblüte wird von Gartenbuchautoren als Ereignis zelebriert, als aufregendes Schauspiel, das in unseren Gärten seinesgleichen sucht. Da ist von den täglich schwellenden dicken Blütenknospen die Rede, die das Ungewöhnliche, das uns erwartet, schon ahnen lassen. Und endlich kommt der Morgen, an dem die erste Knospe gesprengt ist, und eine atemberaubende Schönheit glänzt in der Sonne. »Ob schalenförmig und porzellanfarben oder in prunkvoller, tiefroter Barockrobe mit zahllosen aufgeplusterten Unterröcken wie aus Samt« (Ursula Hannecke). Ohne Frage sind die Blüten der verschiedenen Pfingstrosensorten die größten und eindrucksvollsten unserer mitteleuropäischen Gärten.

Meine erste Pfingstrose bekam ich von einer alten Dame geschenkt, in deren sandigem Boden sie nur gekümmert hatte. Ich wusste nicht viel über diese Pflanze. Vage Erinnerungen an den Garten meiner Großmutter im Kopf, pflanzte ich die bräunlichen Wurzelwürstchen an einer sonnigen Stelle ein. Zwei Jahre geschah wenig. Die Pfingstrose tat, was ihr nachgesagt wird, sie war beleidigt. Umziehen ist das Letzte, was Pfingstrosen wollen. In den alten Bauerngärten standen sie oft über Generationen am selben Platz. Doch im dritten Jahr entdeckte ich die ersten Knospen. Sie war angekommen. Und der lehmige Boden behagte ihr augenscheinlich. Seither beschenkt sie mich jedes Jahr mit tieflilaroten Blütenbällen, die sich schwer zwischen ihren Blättern ergießen und deren Schönheit nur Dauerregen etwas anhaben kann.

Paeonien sind uralte Pflanzen. Die bei uns verbreiteten gefüllten oder einfachen Bauernpfingstrosen gehören zu den ältesten kultivierten Pflanzen überhaupt. Ihnen wurden Heilkräfte und magischer Zauber nachgesagt. Sie fand in Klostergärten Eingang, und Hildegard von Bingen lobte ihre Heilwirkung bei Gicht und Geisteskrankheit. Da sie zu den giftigen Hahnenfußgewächsen gehört, sollte man von einer Anwendung als Hausmittel absehen. Für uns heutige Gärtner ist das größte Geschenk der Paeonie ihre Schönheit. Für mich verbindet sich mit dieser Pflanze ein gärtnerisches Abenteuer. Eher zufällig erfuhr ich von den Strauchpfingstrosen, den seidigen Schwestern aus Fernost, die einst in den Gärten der chinesischen Kaiser zu Hause waren. Doch vor einer Pflanzung in rauen Gegenden wurde gewarnt. Ihre asiatischen Ahnen kommen aus der Mongolei, aus China und Tibet. Letzteres ließ mich das Wagnis eingehen. Wer im Himalaja überlebt, müsste doch auch im Alpenvorland zurechtkommen. Auf Umwegen (die Strauchpfingstrosen waren in hiesigen Gärtnereien wenig verbreitet) erstand ich eine tiefdunkelrote ungefüllte, eine weiße und eine porzellanrosa gefüllte. Sie erhielten in einer Gruppenpflanzung einen sonnigen Platz an der Südseite unweit der schützenden Hauswand. Und schon im ersten Jahr entfaltete die weiße Paonie ihre riesigen durchsichtig weißsilbrig schimmernden Blütenblätter. Ein Genuss, sie anzuschauen! In den Folgejahren taten und tun es ihre Schwestern ihr nach. Kraftvoll die dunkle und beinahe ätherisch schön die zartrosafarbene. Inzwischen bilden sie kräftige kleine Büsche, die auch nach der kurzen, jedoch umso sehnsüchtiger erwarteten Blüte hübsch anzusehen sind. Im Herbst bilden sie eine orange-rötliche Blattfärbung und sternförmige Schalen für die erbsengroßen Samen, beides sehr dekorativ für adventlichen Schmuck. Inzwischen haben sich diese Schönheiten herumgesprochen, und man findet sie in gut sortierten Gärtnereien.

Das Geheimnis des Federgeistchens

Nachdem so viel von Schönheit, Düften, Heilkräften, Kulinarischem und nützlichem Gärtnertun die Rede war, will ich am Ende von einem fast unbekannten Gast in meinem Garten erzählen – dem Federgeistchen. Gesehen hatte ich den filigranen Flieger gelegentlich, wenn ich beim Wiesemähen etwas Weißes über den Kleeblüten dahinschweben sah. Gedanken habe ich mir darüber nie gemacht – bis zu jenem Tag, als ich in einem ökologischen Gartenbuch von Jürgen Dahl seine Verteidigung des Federgeistchens las. Vehement wandte er sich gegen den Schutz von Natur nur deshalb, weil sie uns Menschen von Nutzen ist. Er forderte, dass Schönheit und Einmaligkeit von Lebewesen und Landschaft allein Sicherung und Respektierung von Lebensräumen selbstverständlich machten. Die Reduzierung des zweckfreien Reichtums der Natur auf Zweckmäßigkeit nach menschlichen Kriterien sei unzulässig. Ein friedliches Verhältnis zur Natur, in die der Mensch untrennbar eingebunden ist, bedürfe der Achtung vor Einmaligkeit, vor der Funktionslosigkeit von Schönheit. Ja, und dann erzählte er vom Federgeistchen, einer kleinen Motte, die ich seither niemals mehr vergessen habe. Sie hat mich gelehrt, worum es geht, wenn wir von Ökologie, Umwelt und heute vom Klimawandel sprechen.

Das Federgeistchen ist ein Schmetterling aus der Familie der Federmotten. Von ersten Frühlingsarbeiten im Garten aufgestöbert – es hält Winterschlaf unter trockenem Gebüsch –, flattert es ein wenig umher und ist gleich wieder weg. Unsichtbar, weil es seine im Flug schimmernden Flügel zu einem millimeterdünnen bräunlichen Strich zusammenfaltet. Der poetische Name Federgeistchen rührt daher, dass seine Hinterflügel fast wie Vogelfedern gebaut sind. »Man kann diese Hinterflügel nur ahnen, wenn man das Federgeistchen flattern sieht, denn sobald es sich niederlässt, verschwinden die Hinterflügel schier geisterhaft – nun nicht etwa wie bei anderen Schmetterlingen unter den Vorderflügeln, sondern regelrecht darin. Die Erscheinung ist ganz und gar einmalig bei den Schmetterlingen, der sonderbare Mechanismus gehört dem Federgeistchen allein. Seine Raupen leben auf der Ackerwinde; das ausgeschlüpfte Federgeistchen lebt von so gut wie nichts, überwintert im Verborgenen, legt im Frühsommer Eier und stirbt dann« (Jürgen Dahl). Vielleicht ohne jemals von einem menschlichen Auge bemerkt worden zu sein, geschweige denn für den Menschen einen Nutzen erkennen zu lassen.

Mag sein, dass das Federgeistchen irgendeine Rolle im ökologischen System spielt; stürbe es aus (wie so viele Arten jeden Tag), würden wir es mit wenigen Ausnahmen nicht einmal vermissen, der Naturhaushalt litte vermutlich nicht darunter. Aber die einmalige Erfindung der fedrigen Hinterflügel in Verbindung mit den klappbaren Vorderflügeln wäre ein für alle Mal verloren. Und seine Schönheit wäre dahin. Qualitäten wie Schönheit und Einmaligkeit sind schwer zu fassen, dafür lassen sich kaum Verteidigungsstrategien entwickeln. Zwar sprachen schon die Mönche der alten Klostergärten von einer Ökonomie des Herzens, die gerade auch im Garten erlernbar sei: Gartenarbeit als Übung in Demut. Und Demut ist in der Tat heute mehr denn je gefragt. Das lehren nicht nur die wie Luftblasen zerplatzenden Überheblichkeiten einer Ökonomie des Geldes, unter der wir alle leiden. Das gilt auch für die Szenarien eines komplexen, letztlich vom Menschen nicht zu begreifenden Geschehens, das wir Klimawandel nennen. Gemeinsam ist all diesen Phänomen die Überhitzung.

Dahl sieht das Federgeistchen als Teil eines unbegreiflichen Gartens. »Das Einmalige, das Federgeistchen, ist nicht die quantité négligeable, die im Computerprogramm zur Nichtigkeit verkommt, sondern es wird geradezu zum Sinnbild dessen, was den Frevel symbolisiert, den die Vernichtung des Einmaligen bedeutet.«

Frieden in Natur und im Garten ist ein ständiges Suchen nach Balance, ein gefahrvolles Wechselspiel zwischen Tun, Lassen, Hinhören und Eingreifen. Dieser Friede ähnelt für Dahl eher einem verschlungenen Weg durch unbekanntes Gelände, in dem man nicht mehr Bäume fällt, als nötig ist, um den Gang fortzusetzen. Wo man die Schnecke nicht zerschneidet oder ertränkt, weil man erkennen kann, dass es für sie eine existenzielle Katastrophe ist.

Die Geschichte vom Federgeistchen ist eine von Achtsamkeit, Respekt, Dankbarkeit, die uns heute an jeder populärpsychologischen Ecke erzählt wird. Doch auch diesem Nutzendenken entzieht sich die kleine Motte; sie entschwebt, ich weiß nicht, wohin. Ob sie überlebt, ist ungewiss. Doch sie wird mich als subversive Schönheit begleiten, als zarte Spielverderberin, die meine zweckdienlichen Regeln leicht und absichtslos unterläuft.

JUNI

Alteingesessene betört Neubürger

Rose und Taubenschwänzchen

»Bei jeder Neugeburt, fast ungeschmälert.
Stets derselbe glücksfähige Typ.«
Alexander Kluge

Juni ist Glück. Ein gefährlich verführerisches Wort. Ein durch vielfachen Gebrauch abgenutztes Wort. Je weniger Glück, umso mehr Ratschläge zum Glücklichsein. Ratschläge sind auch in diesem Monat meine Sache nicht. Juni-Glück ist für mich Kirschen, Rosen, Sommervögel und ein Kolibri. Weil wir das Glück so unerreichbar groß und gleichzeitig so unerträglich klein machen, lege ich eine Glücksspur durch diesen Monat. Glück eins bis Glück sieben nenne ich die Stationen, die Glücksmomente festhalten. Momente in meinem Garten, mit seinen Bewohnern und darüber hinaus, die eine Glückserinnerung hinterließen. Denn »kurzes Glück kann jeder. Und kurzes Glück: Es ist wohl kein anderes denkbar, hienieden« (Kurt Tucholsky).

Natürlich gehören zu diesem Monat – der den Sommer einfängt und ihm oft noch die Frische des Frühlings lässt – bunte Wiesen, Unmengen von Rosen, tanzende Gartenrotschwänze, Meisen, Spatzen, Schwalben und all die anderen Gefiederten im Vermehrungsstress; Bienen und Hummeln, besoffen von Nektar und dekoriert mit Blütenstäuben, Eichhörnchen, die mit Elstern streiten und dabei erstaunlich kühn, schnell und verschmitzt wirken. Im Juni scheint mir das alles wie neu, obwohl der Garten doch schon eine Weile übt. Das Ergebnis seines Erfindungsreichtums, das er in Schönheit, Fülle und Duft ausdrückt, überrascht mich jedes Jahr. In kindlicher Neugier lasse ich mich verzaubern.

Mein Juni-Garten hat etwas Schwebendes, selbst wenn ich nach Regentagen ganz schön Dreck an den Schuhen mitbringe. Wenn es reines Glück gäbe, würde ich es im Juni vermuten. Vielleicht ist dieser Monat für mich deshalb das Kraftwerk des Lebens im Gartenjahr.

Glück eins: Kirschen

»Es gibt Kirschen!«

Na und?, möchte man einwenden. Immerhin ist Sommer. Aber im bayerischen Alpenvorland bleibt es ein Wagnis, Kirschbäume zu pflanzen. Umso größer die Freude, wenn es Kirschen gibt. Kaum liegen die ersten tief dunkelroten Kirschpärchen im Korb, hängt sich meine erwachsene Tochter zwei Paare über die Ohren. Und ein wildes Glücksgefühl durchströmt mich, in dem sich Erinnerungen unserer gemeinsamen Jahre bündeln. Ein Augenblick, den die Glücksforscher mit Flow umschreiben: unkontrollierbar, überwältigend, machtvoll.

Solche Augenblicke sind nicht käuflich, sie schützen uns vor der Kälte von Egoismus und Optimierungswahn, sie machen uns mutig und froh.

Solche Augenblicke schenken uns Liebe, Kunst, Erkenntnis – und Garten.

»Dass es keinen Sinn ergibt, der Natur unsere Träume und Wünsche aufzuzwingen, ohne sie dabei zu berücksichtigen. Wenn man die Grenzen des menschlichen Willens anerkennt, eine kooperative statt einer herrschenden Rolle im Universum akzeptiert, sollte man die Erleichterung eines Vertriebenen empfinden, der endlich nach Hause kommt« (Mihály Csíkszentmihályi, Erfinder des Flow).

Hier spannt sich ein Bogen von den Kirschen zu den Rändern des Gartens, die den Blick weiten in die Welt. Das Glück, das wir kleinreden, füllt einen Augenblick Leben.

Fernblick 3 – ein Stück Glücksland

Ein fein glatt geschliffener Stein von den Ufern des Paro Chhu liegt auf einer kleinen Gebetsrassel vor mir. »Ein Stück Bhutan«, hieß es in dem Brief, der den Stein begleitete. Seit der Weltausstellung 2000, als ich in der Stille des Bhutan-Pavillons stand und sofort alles Laute vergaß, hege ich den Traum, einmal dorthin zu reisen. Ein Land, das im Bewusstsein der Moderne sein Wesen zu bewahren sucht. Dort misst man die Lebensqualität der Menschen im Bruttonationalglück; dazu gehört sozial gerechte Wirtschaftsentwicklung genauso wie der Erhalt spiritueller Werte und ein Leben im Einklang mit der Natur. Heute steht die Hälfte von Bhutan unter Schutz. Und Rosen gibt es dort auch, eine von ihnen ist der Queen of Bhutan gewidmet.

Rosen Rosen Rosen

»Nomen est omen«, titelte die SZ, als sie vor Jahren mein Buch über Rosen vorstellte. Bei Rosen-Vorträgen wurde ich gefragt, ob mein Name ein Künstlername sei. Nein, ist er nicht. Und die Liebe zu Rosen wurde mir auch nicht in die Wiege gelegt, wie es so schön wie eigenartig heißt. Jahrzehntelang konnte ich Rosen nicht einmal leiden. Zu viele Rosenrabatten mit all den steif wirkenden Einheitsrosen. Es gibt ein Kinderbild mit Eimer und Schippe inmitten solcher Parkrosenbeete – kein Sand weit und breit. Es war die Zeit, als in städtischer Umgebung die Lücke, die eine nicht mehr benötigte Selbstversorgung hinterließ (jetzt herrschte Wirtschaftswunder), mit Rosenrabatten geschlossen wurde. In meiner Erinnerung scheinen sie alle gleich, dufteten nicht und wirkten kalt. Genau wie all die sogenannten Schnittblumen, die aufrecht und nichtssagend in Blumenvasen herumstanden.

Die große Rosenliebhaberin Alma de l'Aigle beschrieb eine solche Rose: »Ich weiß noch, wie die blendend schöne, großblütige Frau Karl Druschki in unserem Garten auftauchte. Selbstbewusst stand sie auf ihren kräftigen Stängeln. Wenn man ihr aber näher kam und in Zärtlichkeit ihr das Gesicht zuneigte, dann blieb sie kalt wie ein pompöse Frau, vollbusig, im gut sitzenden Korsett, mit Brillanten geschmückt, in üppiger Schleppe. Ach, sie hatte keine Seele! Kein Hauch von Duft entströmte ihr.«

Als ich den ersten Garten hatte, blieben mir Rosen zunächst fremd. Ich hatte keine Ahnung, dass die Zeit der Rabatten zu Ende ging, sah man von Kurparks und ähnlich altmodischen Orten ab. Durch Zufall entdeckte ich in einer großen Gärtnerei Kletter- und Strauchrosen. Sortennamen sah ich keine und kannte ich auch nicht. Ich kaufte nach Farbe: rot, gelb, orange. Die rote Kletterrose wurde an der Terrasse ein Traum, bis heute suche ich nach einer Nachfolgerin, denn ich habe sie zwar aus dem Münsterland nach Oberbayern umgezogen, wo sie jedoch nie heimisch wurde und irgendwann verschwand; ich spekuliere über Namen, bisher erfolglos. Derzeit steht wieder eine dunkelrote Kletterin an der Ostwand; mal schauen, ob sie hoch hinauswill. Mit ihrer Vorgängerin war ein Keim für Neugier gelegt. Doch erste Erkundigungen zum Thema Rose ließen mich zweifeln. Da öffneten sich ein vieltausendseitiges Geschichtsbuch und eine wahre Rosenwissenschaft. Heute bin ich sehr froh, dass ich nicht aufgegeben habe. Ich bin weder Rosenhistorikerin noch Expertin geworden, aber die Liebe zu dieser besonderen Pflanze, und hier sei das große Wort einmal gestattet, bleibt und prägt heute meinen Garten. Für mich verbindet die Rose überwältigende Lebenskraft und kämpferischen Mut mit der Mahnung, nie aufzugeben, dabei bezaubernd schön zu sein und nie angestrengt zu wirken.

In meinen ersten Rosenjahren las ich viel über historische Rosen und Rambler, die bis zu zehn Meter hochklettern sollten. Doch in meiner Umgebung fand ich diese Spezialitäten nicht. Erst ein kleiner französischer Rosenzüchter erschloss mir eine ungeahnte Schatzkammer. Über Jahre habe ich aus seinen damals in einem kopierten Heftchen aufgelisteten und beschriebenen Schätzen bestellt. In seiner Rosenwelt begriff ich endgültig, dass alles, was ich über Rosen hörte, Quatsch war. Empfindlich, arbeitsintensiv und für raue Lagen ungeeignet. Nichts von all dem stimmt (ein paar Ausnahmen mag es geben, zum Beispiel eignen sich für meine Gegend keine englischen Austin-Rosen). Rosen sind stark, langlebig, wild und überraschend. Und sie verbinden unfassbar viele Aspekte von Schönheit und für mich kaum in Worte zu fassende Fülle an Duft. In manchen Jahren verführen sie mich jeden Tag zu bewundernden Streifzügen durch den Garten und zum Rosensträußepflücken. Und jeden Tag setzt der Rosenduft eins drauf. Immer wieder bricht er alle Rekorde: Morgens öffne ich ein Fenster nach Norden, und sofort umfängt mich der zarte Duft der unzähligen weißen Blüten der *Rosa multiflora*, die sich, einer Schaumkaskade gleich, an der grausilbrigen Nordseite des Hauses ergießt. Zum hörbaren Vergnügen sehr vieler Insekten, die den Genuss mit mir teilen. Da sage mal einer, Rosen wachsen nicht an Nordseiten.

Mein Wortschatz reicht nicht aus, um solches Empfinden zu beschreiben. Und damit weiß ich mich in guter Gesellschaft; versagten doch in meinem ältesten Rosenbuch von 1910 (das ich einem besonderen Freund verdanke) dem Herausgeber die einleitenden Worte: »Denn tausendfach und unaussprechlich ist sie; Morgen- und Abendröte und silberne Nächte sind in ihr, alle Lieder der Liebe, die je gesungen, und alle Klagen und Scherze, sie lacht mit der Sonne und weint mit dem Regen, und aller Himmel und aller Seelen Spiegel ist sie. Darum kann ich nicht von ihr reden, weil ich sie fühle, mit tausend Herzen« (Willy Lange/ Wilhelm Mütze).

Oft enthalten die Rosennamen eine Ahnung, schaffen Bilder und wecken Wünsche. Von der urwüchsigen Wilden Multiflora habe ich mehrfach erzählt; sie schickt ihre Kaskaden von weißen frisch duftenden Blüten und später von roten Liebesperlen-Hagebutten über Fassaden und Rankgitter; sie taucht an verschiedenen Stellen im Garten auf, weil die Vögel ihre Samen wieder ausscheiden. Den Nachwuchs verschenke ich oft. Ansonsten klettern am Haus Veilchenblau, ihre Blüten changieren von zartlila bis rauchblau; der pfirsich-kirschige Harlekin, die porzellanrosige New Dawn, eine mehrfach blühende Rose für fast alle Fälle; die bereits erwähnte Apple Blossom, deren apfelblütenartige Büschel bis auf sechs Meter Höhe steigen; Neige d'Avril blüht eher schüchtern zwischen Weinreben, eher verwegen steigt American Pillar bis in den Pflaumenbaum und ist mit ihrem weißen Auge in pinkfarbener Umrandung nicht zu übersehen; Bobby James wächst weiß in Bäume, und der redselige Pfarrer, Rambling Rector, verschönt rosig duftend Carport und Gründach; Constance Spry ist eine edle Dame in kühlem Queen-Elizabeth-Rosa, die auch gern hoch hinaus kommt; Ghislaine et Féligonde leistet ihr in feinen Apricot-Tönen, die sich zu fast Weiß hin welken, anmutig Gesellschaft; im Unterschied zu den meisten historischen Rosen, die nur einmal blühen, blüht sie sich durch den Sommer; Félicité et Perpétue blüht rahmweiß mit roten Knospenblättern und einem Duft, der gleichzeitig frisch und ein wenig seifig wirkt.

Außerdem gibt es einige Alba-Sorten, die schon in der Antike begehrt waren und intensiv duftende Büsche bilden; Scarlett Fire, Cuise de Nymphe, eine Schönheit, deren Rosa sich meiner Beschreibung entzieht, Nymphe eben; dann erinnere ich noch Seven Sisters (wegen sieben Farbschattierungen an einem Busch); die legendäre Rose de Resht, deren Öl das begehrteste für die Parfum- und Kosmetikherstellung ist und deren Blütenblätter wunderbar in Marmeladen, Essig oder Cocktails passen; Queen Mary, Mermaid und Schneewittchen sowie einige Rosen mit berühmten Züchternamen und diverse wilde Canina kommen hinzu. Selbstverständlich gibt es Wunschrosen, etwa die Ramblerrose Ayrshire Queen, deren kugelige hellstrosafarbene Blüten mit rötlichen Außenblättern das Adjektiv betörend verdienen.

Viele der Rosen sind einmal blühend und tragen im Herbst Hagebutten; viele haben ungefüllte Blüten, die von Insekten besucht werden. Keine von ihnen gehört zu den Edelrosen, die ich als steife Vasenbewohnerinnen in Erinnerung habe. Die sind komplett out, während die Rosenbegeisterung in den vergangenen Jahrzehnten überall spürbar ist und dazu beigetragen hat, dass Rosenfreunde mit speziellen Wünsche nicht mehr in Frankreich Rosen bestellen müssen, obwohl es die feine Zucht von Monsieur André Eve bis heute gibt. Vielleicht schaue ich dort mal nach der Queen of Bhutan.

Glück zwei: Gold überall!

Wie goldglänzende Edelsteine saßen die Rosenkäfer in diesem Juni erst in den großen Blüten der Strauchpfingstrosen, dann in Rosenblüten. Zwischen den Blütenblättern, die sich zum Teil Spitzenröcken gleich bauschten, versanken sie wie in weichen Betten. Manche wickelten sich in die üppigen Staubgefäße und lagen im Pollenschlaraffenland. Im Vorbeigehen zählte ich sie manchmal und kam auf bis zu zehn in einer Blüte. Immerhin sind die etwa Daumennagel großen Flieger durchaus behände, wenn ihnen jemand ihren Platz streitig macht. So entspann sich eine kurze Fühlerdebatte mit einer Biene, die ebenfalls an den Futterquellen interessiert schien. Schließlich einigten sie sich irgendwie, dass wohl für beide genug da war, gingen sich aber aus dem Weg, soweit ich das beurteilen konnte.

Nur selten verließen die Rosenkäfer ihre Bleibe und schwebten im Sonnenlicht ein wenig schwankend dahin. Wenn ein Lichtstrahl ihre Deckflügel traf, unter denen sich ein weiteres Flügelpaar befindet, explodierte für Augenblicke ein Farbspektrum. Ein optischer Hochgenuss, der dem Juni gehört.

Rosenzauber

»Ich will die Rosen sehen, die überall / in dem Gelände duften jetzt und blühn.« So eröffnet Karl Krolow sein Gedicht »Rosenzauber«, eines von unüberschaubar vielen zu Ehren der Rose. Die Geschichte der Rose erzählt von Liebhabern, Göttern, Künstlern und Alchemisten.

Königin und Kurtisane, ätherische Schönheit und kämpferische Piratin, wilde Tochter der Venus und heilige Begleiterin der Muttergottes – die Rose ist Rilke zufolge »reiner Widerspruch«. Sie ist zart wie das feinste Porzellan, und doch können ihre Dornen, die eigentlich Stacheln sind, den Gärtner das Fürchten lehren. Sie ist anmutig und kraftstrotzend vital, sie ist schnell vergänglich und so unzähmbar artenreich, dass Goethe seine Lieblingspflanze gelegentlich »die Lüderlichen« nannte.

Seit 25 Millionen Jahren bevölkert die Rose die Erde und blüht am Wegesrand der Menschheit. Auf Gräbern und in Schlossgärten, in Gewächshäusern und an Autobahnen, auf Gemälden und Kaffeetassen. Die Rosenliebe der Menschen, die längste Liebesbeziehung der Kulturgeschichte, hat überall Spuren hinterlassen – in Grabbeigaben, Mythen, Bildern und Geschichten. Keine Pflanze ist den Menschen so nah wie die Schönheit im Dornenbusch. Keine ist Symbolfigur von so vielfältiger Bedeutung. Von Fossilien und ersten Schriftzeugnissen über die Rosenexzesse der Griechen und Römer, die Rosengläubigkeit der Alchemisten und Kräuterfrauen bis hin zur Rosenverliebtheit der Maler und Dichter. Von der mythischen Fünfblättrigkeit der Wildrose bis zur romantischen Fülle alter Rosen spannt sich der Bogen.

Gertrude Stein, Ikone der Moderne, hat im 20. Jahrhundert legendäre Worte gefunden für jenen Zauber der Rose, der Menschen seit Jahrtausenden gefangen nimmt: »Eine Rose ist eine Rose ist eine Rose« – sinnlich wie die betörende Schönheit einer Rosenblüte, rätselhaft wie die Königin der Blumen selbst. Diese einzige Zeile enthält den vitalen Eigensinn der Rose, den für mich einzigartig Angelus Silesius im 17. Jahrhundert besang: »Die Ros' ist ohn' Warum,/ sie blühet, weil sie blühet./ Sie acht' nicht ihrer selbst,/ fragt nicht, ob man sie siehet.«

Alles ist also Rose. Unzählige Male wurde sie bedichtet und gemalt, im Knopfloch getragen und zu Pomade verarbeitet. Sie wurde in Gold gefasst, und für sie ruhten die Waffen. Im Schlachtenlärm der Perserkriege und Kreuzzüge eroberte sie die Welt, in ihrem Zeichen wurden von 1455 bis 1485 in England zwischen der roten Rose von Lancaster und der weißen Rose von York die Rosenkriege geführt. Sie war Gegenstand höchst herrschaftlicher Befehle wie bei Karl dem Großen, der jedem Garten des Reiches eine Rose verordnete, und kaiserlicher Leidenschaft wie bei der liebeskranken französischen Kaiserin Joséphine, die Trost bei den Rosen suchte und die bis dato größte Rosensammlung schuf, die noch heute in Paris zu besichtigen ist.

Die Rose hat ihren Namen dem Rosenmontag und der Rosenwange, dem Herzensstein Rosenquarz oder auch dem Rosenkohl überlassen. Sie ziert Briefmarken und Wappen. Die Verehrer der Rose sind feinsinnig und gelegentlich derb. Rosenliebhaber sind in Rosennamen verewigt. Die Poesie mancher Rosennamen spiegelt Geschichte(n) und Schicksale, Ruhm und Starglitter.

Wie ihre Namen geht auch die Rose mit der Mode. Seit dem 18. Jahrhundert, als die Wild- und Kulturrosen aus dem Nahen und Fernen Osten mit Kreuzrittern, Seefahrern und Pflanzenjägern ein zweites Mal nach Europa gekommen waren und die Botaniker das Geheimnis des ›Beilagers‹ der Rose gelüftet hatten, griff Rosenbegeisterung um sich. Aus den wenigen Urrosen – *Rosa gallica*, *Rosa damascena*, *Rosa centifolia*, *Rosa alba* und *Rosa canina* – gingen Zehntausende Sorten hervor: kleine Büsche oder bis in Baumwipfel kletternde Riesen, alle Rottöne, gelb, weiß oder zweifarbig, dicht gefüllt blühende »Krinolinen mit vielen Dessous« oder schlanke Blüten, die an ein Cocktailkleid erinnern; Dauerblüher oder jene Kostbarkeiten, die sich für wenige Juni-Wochen in bezauberndem Blütenkleid präsentieren.

Reiner Widerspruch

Weiß wie die Unschuld und die vollkommene Vereinigung aller Farben, rot wie das Blut, das Feuer, die Liebe. Himmlische Vollkommenheit und irdische Begierden, Fruchtbarkeit und Jungfräulichkeit. Alles in der Geschichte der Rose aufgehoben. Sie ist durchscheinend zart, aber – einem amerikanischen Sprichwort zufolge – »groß wie ein Pferd, stark wie ein Bulle und zäh wie eine Ziege«. Militant stachelbewehrt und von betörendem Duft als zartestem Symbol göttlicher Nähe. Hure und Heilige, schöne Wilde und industrietaugliche Massenware, kostbare Einzelgängerin in mehr als 13 000 Sorten. Mystisch überhöht und nüchtern real. Feinstes Öl und Niespulver aus Kindertagen – die Rose ist Harmonie in Widerspruch. In ihrer Kugelgestalt verbinden sich Anfang und Ende, Leben und Tod. Könnte es ein stimmigeres Bild für einen gelungenen Garten geben, für ein Leben in immer neuer Balance?

Einerlei, ob die an chinesisches Porzellan erinnernde Ayrshire Queen, von der eine einzige Pflanze einen Baum mit Blüten- und Duftwolken überziehen kann, oder die spröde *Rosa canina*, die auf Vertraulichkeiten keinen Wert legt, die leuchtend unermüdlich blühende *Rosa gallica officinalis* oder die romantischen Blütenbälle der Constance Spry – niemand kann sich dem Zauber der Rose entziehen. (Selbst in Nachbars Geröllgarten habe ich eine *Gallica* entdeckt.) Ja, es scheint, als verstärke sich in einer nüchternen, hektischen und unpersönlichen Welt die Lust auf Rosen. 20 Millionen Rosenstöcke werden allein in Deutschland jährlich produziert. Rosenmotive sind in Mode, Rosenessenzen begehrt.

Obgleich sich in der Geschichte der Rose, wie in keiner anderen Pflanze, die Kulturgeschichte der Menschen spiegelt, lässt sie sich nie ganz erobern. Bei jeder veredelten Rose bleibt ein Rest unbezähmbarer Wildheit, der gelegentlich den Tod der Veredelten nach sich zieht. Die Komponenten ihres Dufts sind bis heute nicht vollständig entschlüsselt. Dieser Eigensinn des Lebens berührt die Menschen wie jene unbedingte Freiheit der Rose, die Scheich Hafis im 14. Jahrhundert im Rosenland Persien besang: »Sonne, Tau und süßen Wind von Ost, / Allen Glanz und alles Glück der Erde / Weiß sie frei und unbesorgt zu kosten.«

So bewahrt sie denn seit Jahrtausenden etwas von ihrem Geheimnis, auch vor all jenen, die ihre Geschichte erforschen. Entzifferte Inschriften und chemisch analysierte Grabfunde, Legenden und Dokumente haben es nicht vermocht, sie zu entzaubern. Sanft schaukelt sie im Lauf der Dinge, lehrt Leben- und Sterben-

Lernen. Sie berührt die jedem Menschen innewohnende Sehnsucht nach Glück und Liebe; sie verführt zum Träumen; sie ist »eine leidenschaftliche Andeutung, ein Griff ins Unmögliche, eine Herausforderung aus den Tiefen des menschlichen Dennoch« (Rudolf Borchardt). Dieser glückliche Eigensinn, dieser Zauber des Widerspruchs, dieses Wissen um Liebe und Vergänglichkeit, diese einfache Freude an Schönheit fließen zusammen ins Hohelied auf die Königin der Blumen: »Rose, oh reiner Widerspruch, Lust/Niemandes Schlaf zu sein unter soviel/Lidern« (Rainer Maria Rilke).

Und damit verkörpert die Rose alles, was meinen Spaziergängen durchs Jahr zugrunde liegt, was für mich Garten und Leben bedeuten.

Glück drei:
Hübsche Hose! Bienenlust

Ein Sechsfach-Widderchen sonnt sich auf einem Blatt Mähdesüß, ein Aurorafalter flattert zwischen den Nachtviolen herum, und eine weiße Spinne hat in der weißen Pfingstrosenblüte eine Biene erbeutet; das Chamäleon unter den hiesigen Spinnen, eine Krabbenspinne, kann seine Farbe ändern. Bei dem Insektenansturm des Juni amüsieren mich besonders die Höschen der Bienen. Meistens sind sie gelb bis orange und erinnern mich an die aus der Zeit gefallenen Beinkleider der Schweizer Garde im Vatikan. Wie pelzige Clowns in Pumphosen fliegen die Bienen von Blüte zu Blüte und landen, sofern es sich um meine Honigbienen handelt, am Bienenstock. Dabei hat es manchmal den Anschein, als müssten sie um ihr Gleichgewicht kämpfen. Zu viel kostbare Last mitgeschleppt? Hinter den Höschen verbirgt sich einer der vielen faszinierenden Mechanismen, die der Bienenkörper entwickelt hat. Der proteinreiche Blütenstaub, den die Bienen bei ihren Blütenbesuchen mitnehmen, hängt zunächst an ihrem Körper; den bürsten sie mit dem ersten Fußglied ab und schieben ihn Richtung Unterschenkel des dritten Beinpaares. Dort entstehen dann die

Höschen. Manchmal sitze ich am Bienenstock und schaue den heranfliegenden Clowns zu. Ein Vergnügen, das mich ein wenig von der anderen Welt entfernt und mich gleichzeitig beruhigt, weil die Bienen augenscheinlich ihre Blütenpartner finden.

Bei genauerem Hinsehen, wofür mein bloßes Auge allerdings nicht reicht, sind die Pollen, die wir als Blütenstaub wahrnehmen und in denen das männliche Erbgut einer Pflanze steckt, winzige Gebilde, geschaffen mit großer Phantasie. Manche sind schlicht rund, andere wabenähnlich, einige wirken wie mit Zuckerguss verziert, andere ähneln künstlerischen Skulpturen, wieder andere gleichen Muscheln. Ein Weltreich natürlichen Erfindungsreichtums.

Blauregen, Jasmin, Levkojen – Gartenfreude

»Der Garten hat sich mit etwas gefüllt, an dem zugleich Gärtner und Florfliege, der Wind und der Regen, Gott und die Bienen gearbeitet haben. Ein geheimnisvolles Zusammenwirken! Tag und Nacht haben sie gesponnen und geflochten, aufgebaut und zerstört, gemalt und gerichtet, gestaltet und gezähmt im Garten, Monate hindurch. Nun steht er da in voller Reife, und hat keinerlei Ziel, will nicht einmal nützlich sein. Nur sein« (Sándor Márai).

Das klingt nach Juni pur. Alles ist ausgetrieben, nach langer Vorbereitung. In meinem Garten ist dieser Monat die Hochzeit des Blühenden. Überall Storchschnäbel und Akelei in diversen Farbschattierungen, letzte Pfingstrosen, überall Rosen, blaue Glockenblumen, zartlila Nachtviole und Katzenminzen. Erstmals habe ich wieder Levkojen gepflanzt, die für mich die perfekten Frühsommerblumen sind. Viele Jahre haben sie mich mit ihrem pfeffrigen Duft begleitet, bis sie einem Frost zum Opfer fielen und aus den Gärtnereien verschwanden. Nachtduftende Levkojen, Vanilleblumen und Ziertabak entfalten weiterhin ihren Duft, der sich mit den honigduftenden Geißblättern mischt, erst nach Sonnenuntergang. Egal, in welche Gartenecke ich komme, immer duftet es nach diesen Stars der Nacht, die eine Vielzahl von Nachtfaltern und anderen Insekten anlocken. Dass mehr als die Hälfte hiesiger Insekten nachtaktiv sind, hat sich mir erst in den letzten Jahren erschlossen. Noch tragen die Blühpflanzen meines Gartens dem nicht genügend Rechnung. Die Dimension des nächtlichen Geschehens bleibt fremd bis in die Auswahl der Pflanzen.

Im Mai habe ich von den Strauchpäonien geschwärmt. In diesem Jahr zaubert eine von ihnen neue Blüten im Juni. Es sind wohl Sämlinge, die sich aus den großen Samenkapseln entwickelt haben, die ich seit Jahren im Frühjahr ins Beet werfe, im festen Glauben, dass irgendetwas daraus entsteht. Die Nachkommen sind rosa-weiß, ungefüllt und mit leuchtend gelben Staubfäden.

Bei den Büschen sind noch einige Fliederblüten vom Mai erhalten, die Weigelie schiebt ihre roten Blüten am Ostrand des Gartens hoch, die Rosendeutzie trägt erste zartrosa Blütenglöckchen, der echte Jasmin, der aus dem Himalaja kommt, weht seinen unverwechselbaren Duft fast überallhin, der Bauernjasmin, der gar kein Jasmin ist, sondern ein mit der Hortensie verwandter europäischer Pfeifenstrauch, überzieht sich mit einer Vielzahl weißer Blüten. Der Ahorn im Nachbargarten hat seine volle Schönheit erreicht, seine für uns unscheinbaren Blüten ziehen die Bienen magisch an; später im Jahr werden ein paar Ahorn-Flugsamen bei mir landen, und ich werde mir eine Nase daraus machen, wie wir es als Kinder gespielt haben. Lächerlich und unerwachsen, aber es sind anheimelnde Gefühlsschätze.

Der Waldgeißbart am nördlichen Hauseingang hat eine Vielzahl seiner weißen Blütenähren geöffnet, die sich schwer unter dem Ansturm der Hummeln beugen. Darüber die Blüten der Kletterhortensie, die ich lange für Scheinblüten gehalten habe, bis mich das Summkonzert jeden Morgen eines Besseren belehrt hat. Übrigens ist diese Kletterin auch ein beliebter Nistplatz, vor allem für die Schnellnestbauerin Amsel.

Die immer noch üppigen Hollerblüten laden zum Geleekochen ein. Willkommene Alternative zu Computer und Schreibtisch. Ein paar Blütenblätter der besten aller Duftrosen, der Rose de Resht, ergeben einen rosa Hauch im gelblich schimmernden Gelee.

Im Juni enttarnen sich die Übergriffigen in meinem Garten. Allen voran das so empfindsam wirkende Mädesüß, von dessen Durchsetzungsstrategie schon die Rede war. Von anderem Kaliber ist der Blauregen. Auch so ein Gartengeschenk mit ungeahnten Folgen. Ich wusste zwar, dass man diesen Kletterer als Hausbepflanzung mit Vorsicht genießen muss, da er gern Dachpfannen aushebelt und Fallrohre würgt, doch mit Abstand zum Haus hielt ich ihn für zähmbar. Denn unbestreitbar gehören Blauregenpflanzen zu den auffälligen Gartenschönheiten. Jahrelang war mein Blauregen unauffällig, blühte nicht, wuchs wenig. Aber nach ungefähr fünfzehn Jahren begann sein Eroberungszug. Wunderschön flocht er seine meterlangen Triebe durch den Zaun, in den weißen Flieder und den Bauernjasmin. Höchst dekorativ mischten sich seine blauen Blütentrauben mit den weißen Blüten. Wer könnte ihm da widerstehen. Dann nahm er eine große *Rosa canina* in den Blick, besser in die Ranken, umwickelte einen Osterschneeball und kroch, Fußangeln auslegend, durch die Wiese. Als er sich an die Buche heranmachte, war meine Geduld ausgereizt. Ich schnitt beherzt und unnachsichtig ab, was ich zu fassen bekam. Nun bilde ich mir ein, dass ich den forschen Kerl wieder im Griff habe – was sich als Gärtnerillusion entlarven könnte.

Glück vier: Hey, trau dich! Badespaß

An der Westecke des Gartens, versteckt zwischen Schuppenwand, Rosen und Weinranken, steht eine Tonne, für die mir seit Jahren keine Nutzung einfällt. Immerhin habe ich ihren Deckel umgedreht als kleine Wasserstelle; ein Stück trockenes Rosenholz verhindert, dass wer auch immer dort ertrinkt. Bei einem zufälligen Blick werde ich Zeuge eines Spatzen-Badespaßes, Mutprobe inklusive. Einer der beiden Beteiligten hat eine Stelle ausgemacht, an der das Wasser gerade seine Füße bedeckt, und planscht drauflos; der andere zögert. Er sitzt am oberen Ende des Holzes; der Badebegeisterte schaut immer wieder kurz hinüber. Der Zögerliche macht einen Schritt vor und einen zurück. Die Verlockung ist groß – wir haben über 30 Grad. Das Bild erinnert mich an die Mutprobe, erstmals ins tiefe Schwimmerbecken zu springen oder vom Drei-Meter-Brett in die Tiefe zu schauen. Irgendwann war die Verlockung zu stark – und der zweite Spatz sprang. Wildes Geflatter, und beide hatten den Badeplatz in Besitz genommen.

Während ich heimlich zuschaue, hüpft ein winziges Heupferd auf meinen Zeigefinger, verharrt ein Weilchen und beginnt dann, deutlich spürbar, an meinem Finger zu knabbern.

Der Blumenküsser kommt

In Brasilien nennt man Kolibris Blumenküsser. Meinen ersten Kolibri sah ich auf Vancouver Island und war erstaunt, wie klein diese schillernden Nektarsucher tatsächlich sind.

Der Kolibrikant, so mein Kunstwort für das Taubenschwänzchen, ist natürlich kein Kolibri, sondern ein Schwärmer, der in seinem Schwirrflug vor den Blüten an Kolibris erinnert. Obwohl Nachtfalter, fliegt das Taubenschwänzchen auch tagsüber Blüten an. Pünktlich zum kalendarischen Sommeranfang sehe ich das erste Exemplar an einer frühen Phloxblüte. Es steht schwirrend in der Luft und schiebt seinen Saugrüssel in die Blüte. Diese hübschen Falter mit der graubraunen Färbung und den auffällig orangefarbenen Hinterflügeln haben am Ende des Hinterleibs Schuppen, die wie Haarbüschel wirken und ein exaktes Navigieren an der Blüte ermöglichen. Die Taubenschwänzchen gehören zu den Wanderfaltern, wie etwa Admiral und Distelfalter, und erreichen eine Geschwindigkeit bis zu 80 Stundenkilometern. Es liegt erst vielleicht zehn Jahre zurück, dass ich die geschickten Flieger staunend auf der Terrasse bemerkte. Seither sind sie regelmäßig zu Gast und für mich so etwas wie Juni-Boten des Sommers.

Sie verbringen den Winter in den Mittelmeerregionen und wandern in mehreren Wellen über die Alpen (es wurden schon Tiere in 2500 Meter Höhe gesichtet), überwintern aber auch vermehrt in Süddeutschland. Da sie als Einzige aus der Familie der

Schwärmer als entwickelter Schmetterling überwintern, aber keinen Frost vertragen, müssen sie kältegeschützte Überwinterungsplätze aufsuchen, wo sie manchmal Schlafgemeinschaften bilden. Ihre Raupen fressen vor allem Labkraut.

Die Faszination, die von Schmetterlingen ausgeht, erstreckt sich weit über das besonders auffällige Taubenschwänzchen hinaus. Und sie schlägt sich in liebevollen Bezeichnungen wie etwa Sommervögel (in der Schweiz) nieder. Obwohl ich eine eher oberflächliche Beobachterin bin, versetzt mich zum Beispiel das Auftauchen eines großen Nachtfalters mit deutlich roter Zeichnung in Aufregung. Wie ich später herausfand, saß ein rotes Ordensband auf der Sessellehne, das ich sehr vorsichtig in die Nacht freiließ.

Der erste Schwalbenschwanz flog in diesem Juni auf den spät blühenden chinesischen Flieder, und ich nahm mir fest vor, wieder mehr wilde Möhren in die Wiese zu holen, eine wichtige Wirtspflanze für dessen Raupen. Die Begegnung mit einem wesentlich filigraneren Tagfalter bescherte mir eine späte Strauchpfingstrose. Dicht vor mir ließ sich auf einer Blüte ein Bläuling nieder, und ich konnte für Augenblicke das zartrosalfliedrige Pelzchen auf seinem Rücken sehen, es erinnerte mich an einen hauchfeinen Puderquast. Später habe ich herausgefunden, dass es wohl ein Hauhechel-Bläuling gewesen sein könnte. Solche Falter sehe ich in der ungemähten Wiese häufiger.

Bewunderer der Schmetterlinge, deren Alter auf 200 Millionen Jahre geschätzt wird und die heute dramatisch gefährdet sind, finden oftmals poetische Worte für diese »Sonntagsgeschöpfe der Natur« (Peter Henning), die sie zum Schönsten und Geheimnisvollsten in der Natur zählen. »Es ist ein kurzes Vakuum, in das alles strömt, was ich liebe. Ein Gefühl der Einheit mit Sonne und Stein. Ein Schauer der Dankbarkeit« (Vladimir Nabokov).

Glück fünf:
Willkommen! Ein Juni-Morgen

Frühsommer. Ein zeitiger Juni-Morgen vor wolkenlosem Himmel. Ein Duftpotpourri aus spätem Flieder, letzten Pfingstrosen, ersten Rosen und all dem Blühenden empfängt mich. Ein Dufterlebnis, das sich anfühlt wie – Glück. Schwebezustand, Freude, Lächeln, Staunen, nur Atmen, Augen schließen, Gedankenkarussell anhalten. Bienen besuchen bereits die Apple Blossom, und leise summt sich der Tag in mein Ohr.

Wenig entfernt sitzt eine Meise auf einer der verbliebenen Fettkugeln; ein Junges sitzt nebenan auf dem trockenen Samenstand der Nachtkerze. Das Junge bettelt mit kleinen Flügelschlägen, und der Altvogel bringt Futterhäppchen. Es klingt kitschig, wie mich dieses Morgenbild freut. Später am Tag sitzt plötzlich ein Spatz hinter der Glasscheibe des Kaminofens. Vielleicht hat er vor lauter Sommerfreude die Balance auf dem First verloren und ist ins Abluftrohr gefallen. Die Rettungsaktion wird schwierig, aber ist erfolgreich. Noch ein kleines Glück.

Die Superzelle

Ein Pfingstmontag wird zum aufrüttelnden Beweis, wie nah Beglückung und Schrecken immer beieinanderliegen. Am Vormittag hatte ich Zwetschgen im alten Baum entdeckt, endlich mal wieder. Überall beginnen sich Rosen zu öffnen; überall summt es. Idylle zum Wegträumen.

Am Nachmittag ziehen Wolken auf. Arglos wird Kaffeetrinken auf der Terrasse in Erwägung gezogen. Binnen Minuten wird es dunkel, die Straßenlaternen gehen an. Ich stehe im ersten Stock, um Fenster zu schließen, schaue nach Westen. Mit hohem Tempo ziehen Wolken über den Garten Richtung See. Der Wind treibt das Gewitter vorbei, denke ich. Auffällig ist ein lautes Rauschen in der Ferne, das ich nicht zuordnen kann. Während ich nachdenke, kommen die ersten Schläge. Mein Kopf braucht etwas, um zu begreifen. Hagel! Nicht ein bisschen, sondern golfballdick, so wird es später heißen, als wir die eisigen Bälle zusammenkehren. Es fühlt sich an wie schwerster Beschuss. Ich habe Angst. Stehe, die Arme schützend vor der Brust, hinter der großen Fensterscheibe des Wohnraums und rechne jeden Augenblick damit, dass sie zerspringt. Oder das Glasband hoch über mir. Draußen herrscht Wetterkrieg. Ich weiß nichts von Krieg. Vielleicht fühlt sich Klimawandel genau so an.

Nach einer gefühlten Ewigkeit rauscht nur der Regen flutartig herunter. Ich renne raus und versuche, mir zu beweisen, dass es keinen Schaden gab. Dass wir Glück hatten, wie es heißt. Welche Naivität. Vieles im Garten zerschlagen, losgerissen, weggeflogen. Obsternte hinweggefegt, Blüten zerrissen. Dachziegel liegen auf der Terrasse, Gartenstühle haben Löcher, Tontöpfe sind zertrümmert. Dachrinnen und Kaminrohr sind zerbeult. Aber das Dach ist noch dicht, die Glasflächen haben gehalten, das einzige winzige Dachfenster ist okay. Wie vorausschauend manchmal Architekten sind. Die Schmalseite des Hauses geht zur Wetterseite nach Westen und hat nur ein kleines Fenster. Dächer, die nach Westen ausgerichtet sind, hatten in der Sturmschneise Totalschaden, Solaranlagen waren Glasbrösel. Am nächsten Tag schien die Sonne. Im Radio sprach man von einer Superzelle und von Millionenschäden. Ich dachte an all die Nester mit Jungvögeln, sah grauweiße Federn im Garten, hörte von Vögeln, die mit schweren Verletzungen aufgefunden wurden. Am Tag nach dem Sturm tauchte eine Krähe im Garten auf. Unschlüssig saß sie bis zum Sonnenuntergang im kleinen Apfelbaum, suchte ein wenig am Boden herum, bezog aber immer wieder den Ausguck im Baum. Das ging über Tage so. Mir fiel ein, dass in den Tagen vor dem Gewitter immer wieder zwei Krähen in den Kirschbäumen nach Leckereien gesucht hatten. War einer der beiden umgekommen? Suchte der andere den Partner? Krähen bleiben lebenslang zusammen – und trauern um den Verlust des Partners, heißt es.

»Nature gives and nature takes«, antwortete mir ein Freund auf meinen traurigen Bericht.

Glück sechs: Achtung! Grüner Beobachter

Ein großes grünes Heupferd, häufiger Sommergast bei uns, sonnt sich am gläsernen Lichtband der Diele; das Pferdchen außen, ich innen. Wir sind uns nah, ich kann es genau sehen. Tatsächlich ähnelt der Kopf ein wenig einem Pferd; die Augen sind groß, die Länge des Tieres beeindruckend. Zarte, zu den Rändern rötlich braune Flügel, die es selten benutzt, und die Beine laufen in rötlich braune Füße aus. Am Hinterleib ragt ein gefährlich aussehender Stachel hoch mit einer rötlichen Spitze. Lange Kopffühler ragen zwischen Augen und Stirn. Während ich mir das Heupferd genau anschauen kann, sitzt es bewegungslos; nur am versteckten Bauch ist eine Atembewegung zu erahnen. Plötzlich legt es den Kopf schräg und scheint mich anzuschauen. Dieses Wunderwerk der Natur nimmt mich vielleicht zur Kenntnis.

Das große Sterben

Wenn das Wetter es erlaubt, sitze ich in meinem Apfelbaumbüro. Beschattet und behütet vom ältesten Apfelbaum meines Gartens, einer Blenheim Renette. Selbst bei Hitze ist der große Baumschirm ein Hort von Frische und Schatten, der nur Sonnenpunkte durchlässt. Wenn der Wind einen süßen Duft zu mir trägt, weiß ich, dass in der benachbarten Hecke der Jasmin seine Blüten geöffnet hat.

Manchmal bleibt ein Spaziergänger unter der Trauerweide am etwas entfernt liegenden östlichen Eingang zum Garten stehen und wirft einen Blick auf mich unter dem Baum. Dass ich dort arbeite, wird er kaum vermuten. Zu schön erscheint ihm vielleicht der Platz. Manchmal kommt auch eine Nachbarin auf einen kurzen Besuch herein und erkundigt sich, was ich da treibe.

An diesem Platz mitten im Gartengeschehen bin ich umgeben von Schwirren, Summen und Brummen. Immer wieder landen eine Biene, eine Wespe oder kleine und große Fliegen, manchmal auch Käfer oder Blattwanzen auf dem Tisch. Ich könnte ständig die Arbeit unterbrechen und schauen, um wen es sich handelt. Das summende Apfelbaumbüro – lassen wir uns nicht täuschen. Nur zu gern möchten wir zur Tagesordnung übergehen, auch weil die Gefahr so groß ist und unser Mut so klein. Bei all den Insekten könnte ich annehmen, dass in der sechsbeinigen Welt alles zum Besten steht. Weit gefehlt, wie wir inzwischen wissen. Das Insektensterben – und mit ihm das Vogelsterben, das Artensterben überhaupt – ist längst auch bei mir angekommen.

Seit dem Weckruf, der 2017 von der sogenannten Krefeld-Studie ausging, stehen die Insekten hinter ihrem Fronttier, der Biene, im Zentrum medialer Aufmerksamkeit. Schon einige Male haben sie es an die Spitze der Fernsehnachrichten gebracht oder die Aufmacherseiten erobert. Die zentrale Aussage der Krefeld-Studie hat viele Menschen erschüttert: 75 Prozent unserer Insekten sind weg. Und das in einem Zeitraum von nicht einmal 30 Jahren. Nehme ich dann noch die Tatsache hinzu, dass Insekten als tragender Teil des gesamten Ökosystems nur zu 0,1 Prozent ihrer Populationen überleben müssen, um in ihrem Bestand nicht gefährdet zu sein, begreife ich das Ausmaß der Vernichtung. Es gelingt uns nicht, winzige 0,1 Prozent der Insekten zu schützen. »Und dieses Wissen rollte und rollt bis heute durchs Land. Man konnte spüren, mit welch ungläubigen Staunen Menschen dies hörten und lasen. Das kann doch nicht wahr sein! Und dann war da das Phänomen Windschutzscheibe, das wir alle kennen, aber das plötzlich mehr war als eine nebensächliche Beobachtung, wir hatten eine Erklärung geliefert bekommen – und die war brisant, gefährlich, von ungeahnter Dimension. Der bedrohliche Artenschwund – ich selbst erlebe ihn, an meiner sauberen Windschutzscheibe. Das Insektensterben ist zum Synonym geworden für das, was um uns herum passiert, was wir in der Natur anrichten, deren unabtrennbarer Teil wir doch sind. Vielleicht ist Insektensterben auch deshalb allgegenwärtig, weil es greifbarer, unmittelbarer wahrnehmbar ist als der Klimawandel. Die Biene ist uns näher als der Eisbär« (Segerer/Rosenkranz).

Endlich standen all jene Initiativen im Fokus, die sich seit Jahren dem Verlust von Lebensräumen und Arten entgegenstemmen. Auch in meinem Ort versuchen wir seit Jahren Flächen aufzuwerten und das Bewusstsein für die brisante Lage zu schärfen. Aber erst das Volksbegehren Artenvielfalt hier in Bayern änderte fast alles. Rund 1,8 Millionen Menschen gingen Anfang 2019 innerhalb von zwei Wochen in ihre Rathäuser und unterschrieben. Für mehr Artenschutz, für ein anderes Naturschutzrecht, für eine andere Landwirtschaft. In der Folge entstand ein umfänglich verbessertes Naturschutzgesetz, das seit August 2019 in Kraft ist. Andere Bundesländer sollen folgen.

Um die zentralen Verursacher des Insektensterbens, industrielle Landwirtschaft und Flächenfraß, aufzuhalten, bedarf es grundlegender Veränderungen auf regionaler, nationaler und europäischer Ebene. Es bedarf massiven Drucks auf die Global Player, die nach dem Monsanto-Prinzip mit dem Vernichten von Vielfalt Milliarden verdienen, und bürgerschaftliches Engagement vor Ort. Aber parallel dazu kann und muss der Lebensraum unserer Gärten insektenfreundlich gestaltet werden. Zu einer veränderten Sichtweise kann jeder Quadratmeter lebendigen Lebensraumes beitragen – und sei es nur ein Blumenkasten. Nur ein solches Bewusstsein hilft, sich der abstumpfenden Veralltäglichung von Zerstörung entgegenzustellen. Denn provokant könnte ich sagen: Wenn das Artensterben weiter fortschreitet, kann uns der Klimawandel fast egal sein.

Lese ich die aktuellen Ergebnisse des UN-Berichts zum Artensterben, überfällt mich trotz Glücksmonat heilloser Zorn. Für Augenblicke kann ich meine Zuversicht nicht mehr finden, fühle mich hilflos dem Wissen ausgeliefert: dem Wissen um das große Sterben, den abstoßend oberflächlichen Reaktionen von sogenannten Entscheidern auf allen Ebenen. Dabei gibt es keine Zweifel, nicht, wenn ich mich umschaue, und nicht, wenn ich die wissenschaftliche Expertise zur Kenntnis nehme. So verbirgt sich hinter jeder Art »eine Lösung für ein bestimmtes Problem, wodurch Überleben in dem Ökosystem möglich wird … Die weltweit 350 000 Pflanzenarten stehen für mindestens 350 000 Erfindungen, von denen jede Einzelne die Welt verändert hat. Schon allein deshalb sollte keine einzige Spezies aussterben« (Norbert Jürgens). Vielfalt ist also, und das kann ich nicht oft genug wiederholen, eine Lebensversicherung für Ökosysteme. Monotonisierung durchlöchert das Netzwerk des Lebens bis hin zum Totalausfall.

Geniestreich der Evolution

Um zu begreifen, dass Insektensterben kein Medienhype ist, und um dem Aktionsprogramm Insekten (das die Bundesregierung vollmundig angekündigt hat, aber bis zum Herbst 2019 schuldig geblieben ist) einen Schub zu geben, nachfolgend ein paar Sätze zu den oft so wichtigen Sechsbeinern:

Ein dreigliedriger Körper, ein Außenskelett aus Chitin, Facettenaugen, ein paar Fühler und drei Beinpaare – das sind Insekten. Sie sind mindestens 480 Millionen Jahre alt und waren die ersten Tiere, die fliegen lernten. Unter allen höheren Lebewesen haben sie mit Abstand den größten Arten- und Formenreichtum hervorgebracht. Sie sind Erfolgsmodelle der Evolution mit einer unfassbaren Fülle an Spezialisierungen, und sie haben alle Klimazonen und Lebensräume erobert.

Nur etwa 1 Million Insektenarten sind wissenschaftlich beschrieben. Dies ist nur ein Bruchteil des wahren Ausmaßes. Die vermutete Zahl liegt zwischen 6 und 40 Millionen Arten. Manche Wissenschaftler glauben, dass 98 Prozent bisher unentdeckt sind. Viele werden verschwunden sein, bevor sie gefunden wurden. Doch selbst wenn es »nur« 1 Million wären, machen Insekten immer noch bis zu 75 Prozent aller höheren Lebewesen aus. Hier ahnt man schon, was es bedeutet, wenn sie verschwinden …

Die Vermehrungsstrategie von Insekten unterscheidet sich eklatant von jener der höheren Wirbeltieren. Sie setzen auf Masse, frei nach dem Motto: »Ein paar werden es schon schaffen.« Damit sind sie ein wesentliches Futterreservoir.

Insekten haben also entscheidenden Anteil am Funktionieren der Natur: Sie spielen aufgrund ihres Artenreichtums, ihrer schieren Masse und ihrer vielfältigen Spezialisierungen tragende Rollen in vielen Ökosystemen der Erde. Sie besetzen zahlreiche fundamentale Schlüsselpositionen und sind daher unverzichtbar, ein Leben ohne Insekten wäre nicht nur undenkbar, es wäre ein komplett anderes.

Wiesen, Jungfern, Schafskälte

Regen! Eine kleine Blaumeise sucht ganz nah vor meinen Augen an einem Haselzweig nach Futter, sicher winzige Raupen oder versteckte Insekten. Sie ist sehr, sehr nass. Eine Welle von Mitleid überschwemmt mich. Ob sie sich irgendwo trocknen kann? Menschengedanken angesichts gewaltiger Regenfälle. Die Honigbienen bleiben einfach zu Hause und naschen an ihren Vorräten.

Als die Wärme zurückkehrt, sonnt sich eine Hornisse auf einem Apfelblatt. Der wohlige Genuss scheint mir deutlich sichtbar. Derweil sind zwei Azurjungfern auf Abwege geraten und begatten sich im Büro, mir geht die Frage nach blinder Leidenschaft durch den Kopf. Eine Wildbiene versucht, ein Nest im Türscharnier zu bauen. Ein Dompfaffpaar inspiziert Rosenbüsche, die in diesem Frühsommer ungemein viele Blattläuse haben. Bisher hatte ich sie nur im Winter bei gelegentlichen Besuchen der Futterstelle gesehen.

Die Juni-Idylle wird regelmäßig hart gefordert, wenn die Schafskälte droht. Sie gehört zu den meteorologischen Singularitäten, also wiederkehrenden Wetterereignissen wie den Eisheiligen oder dem Siebenschläfer. Im Juni sind bei uns Temperaturstürze immer wieder zu beobachten. Das kann bis zu einem leisen Reifschimmer auf frühmorgendlicher Wiese führen. Der Name Schafskälte rührt daher, dass im Juni die Schafe meist bereits geschoren waren und vor allem junge Tiere durch die kalte Luft gefährdet. Heute werden Jungtiere und Muttertiere oft erst nach Mitte Juni geschoren.

Ein besonderes Thema ist bei mir im Juni die Wiese. Seit einigen Jahren versuche ich herauszufinden, was wächst, wenn es wachsen darf. Das ist spannend, führt aber zu familiären Diskussionen. Inzwischen mähe ich Wege, die Gartenstrukturen betonen – zumindest für mich – und verhindern, dass beim Gehen immer neue Stellen platt getreten werden. Wiesenträume mit vielen bunten Blumen werden im Zusammenhang mit der Debatte ums Insektensterben geträumt. Dabei ist die Aufwertung von bis zu siebenmal gemähten Intensivwiesen, die heute die Regel sind, ein schwieriges Unterfangen. Von der Wiese, die »einst wie ein großes Haus war, bewohnt und belebt vom Keller bis unters Dach« (Jürgen Dahl), sind wir fast unerreichbar weit entfernt. »Und wenn die Landwirte heute Prämien dafür bekommen, dass sie an den Rändern ihrer Kulturflächen schmale Streifen als Refugien unbehelligt lassen, dann macht die Schäbigkeit dieses gut honorierten Gnadenaktes nur umso deutlicher, wie gnadenlos die einstige Kulturlandschaft verwüstet wird.« Das schrieb mit beklemmender Aktualität Jürgen Dahl vor einem Vierteljahrhundert.

Meine kleine Wiese kann hier nicht wirklich gegenhalten; aber die Rückkehr vieler Schmetterlinge, Schwebfliegen, Bienen und Libellen in meine wilde Wiese reicht mir als Motivation alle mal aus. Dass der Nachbarkater darin manchmal wie ein Dschungeltiger heranschleicht, verbessert seinen Jagderfolg nach meiner Beobachtung nicht.

Glück sieben: Mittsommer! Was für eine Nacht

Wenn Mittsommer der Magie dieses Wortes entspricht, ist die Nacht kurz und nicht wirklich dunkel, sie ist warm und duftet. Gemeinsam am Wasser sitzen, in der Ferne Johannisfeuer sehen und von einer Insel träumen, wo Mittsommer Bootfahren, Krebsefangen und viel essen bedeutet. Im Garten sind neben den Rosenherrscherinnen die blühenden Pflanzen voller Energie. Mehr Sonne geht nicht.

Im Haus hat sich die Seemann-Sonnenuhr eingependelt. Durch den gläsernen Dachfirst fällt ein Lichtstreifen um neun Uhr morgens senkrecht die Westwand herunter, mitten über den dort hängenden Kapitän, den der hiesige Bildhauer Josef Lang aus Styropor geschnitten hat. Um 18 Uhr abends geschieht dasselbe auf der Ostwand. Dort nimmt ein in der Mitte gespaltenes Bild den Lichtstreif auf. Für Augenblicke geglückte Balance des Mittsommers.

Eine Rose zum Abschied: Glück ist leicht, eigensinnig und unsterblich

Die Königin von Bhutan soll als Rosenbild am Ende meiner Juni-Gedanken stehen. In ihr fließen Wünsche und Widersprüche, Schönheit und Hagelschlag, Vergänglichkeit und Glück zusammen. Ich blicke zum Eingangsmotiv dieses Monats zurück und erzähle nun die ganze Geschichte des glücksfähigen Typs: »Vor 630 Millionen Jahren war die Erde ein eisverkrusteter Ball, snowballearth. Kein Ort für Lebewesen. In den Lücken des Eises hatten sich unsere Vorfahren für Millionen Jahre zur Verteidigung eingerichtet, Lebenskraft gestaut. Jetzt löste sich der Bann, der Planet erwärmte sich. Die Lebewesen breiteten sich über den Erdball aus, zu Wasser, zu Lande. Dies war die Erste Globalisierung. Von diesem Glücksfall tragen wir einen Hoffnungsvorrat in uns, in den Knochen, den Augen, den Ohren, in unseren Gehirnen, auf der Haut, in jeder Regung. Von diesem Vorrat zehren wir in den Zeiten des Fortschritts und der Abstiege. Keine Enttäuschung braucht diesen Vorrat völlig auf. Wie ein Phönix entsteht er bei jeder Neugeburt, fast ungeschmälert. Stets derselbe glücksfähige Typ« (Alexander Kluge).

Was bleibt uns also, als ab und zu glücklich zu sein.

JULI

Wärmeliebhaber hütet Lebenspender

Salbei und Regenwurm

»In den Tiefen des Winters
erfuhr ich schließlich,
dass in mir ein unbesiegbarer Sommer liegt.«
Albert Camus

Der Juli ist wie Südwind. Hitze, Wind – und der Friedhof von Lourmarin. Beginnen wir also diesmal mit einem Blick von außen, aus einem »windflüchtig nach Süden geneigten Land« (Irmtraud Morgner), der bis in meinen Garten zurückreicht.

Meine Erinnerungen an den provenzalischen Süden Frankreichs sind geprägt von einem unglaublich blauen Himmel, dessen Nachtversion die Behauptung vom klarsten Sternenhimmel Europas nicht als touristische Lüge erscheinen lässt. Immer weht einer der berühmten Winde, Mistral, Tramontana, Schirokko, bläht das Kleid, streichelt die Haut. Auf einem kleinen Friedhof in Lourmarin, einem Dorf im Lubéron, stehe ich am Grab Albert Camus'. Er lebte hier vor seinem frühen Unfalltod. Sein Grab – ein Erdhaufen mit rohem Stein, umgeben von Rosmarin und Lavendel. Merkwürdiges Gefühl, in der Mittagshitze allein vor dem Grab jenes Mannes zu stehen, dessen Gedanken mir viel bedeuten.

Zu diesem Bild gesellen sich die weißen Pferde der Camargue, deren Klarheit, Zähigkeit und Selbstbewusstsein meine Zuneigung gehört. Sie leben seit Jahrtausenden mit Sonne, Wind und Wasser; auch heute gehen sie noch vielfach ihre eigenen Wege und leben mit schwarzen flinken Stieren zusammen. Zu ihnen passt, was im Koran über die Pferde steht: »Und Allah nahm eine Handvoll Südwind, hauchte ihm seinen Atem ein und schuf so das Pferd … Ich habe dich gemacht ohnegleichen. Alle Schätze der Erde liegen zwischen deinen Augen. Tugend soll eingeflochten sein in das Haar deiner Stirnlocke. Ich habe dir die Macht verliehen, zu fliegen ohne Flügel und zu siegen ohne Schwert.«

Manchmal lärmen in meinem Juli-Garten die Grillen, als wüssten sie, dass ich mich nach diesem Süden sehne. Dass ich die Augen schließe und sofort dieses Bild vor mir sehe. Auf jenem Friedhof in der mittäglichen Sommerhitze. Ohne jeden Schatten. Und so hat das »Sommerdenken« (Albert Camus), das durch den kältesten Winter nicht zu zerstören ist, einen besonderen Platz in meinen Vorstellungen von Garten und Welt. Vielleicht haben hier die Trotzdem-Muster meines Denkens – Gärtnerns – ihre Wurzeln.

Ein bisschen mehr Süden wäre schön

Mehr Süden als die Lage meines Gartens ist in Deutschland kaum möglich. Und der hiesige Juli erfüllt meine Sommerwünsche immer wieder. Beim Schreiben habe ich bei großer Hitze zunächst Assoziationen zu diesem Süden gesammelt, ohne sie schweißtreibend zu verfolgen:

Sommer satt; bis an die Grenze zur Gefährdung; maßlos lebensfroh; risikofreudig; sinnlich; ungebremst von Bedenken; brennend wie die blühende Brennnessel; blendende Helligkeit; ein Mittagslicht, das mich begreifen lässt, was Gleißen und flirrende Hitze bedeuten; Bienenduft; Schwitzen als befreiendes Gefühl; Donner und Blitz als andere Seite der Hitze; Regenbogen als beglückender Mittler; und die Faszination, wie ich nach wenigen heißen Tagen diesen Zustand zu genießen beginne. Im Hitzesommer 2018 las ich dazu eine Liebeserklärung mit Schattengedanken aus der deutschen Großstadt des Südens: »Da ist die Freude über freibadtaugliche Tage und laue Nächte, über gebräunte Haut und eisverklebte Lippen. Morgens der Griff zum Sommerkleid, abends der Weg in den Biergarten, und der stille Wunsch, dieses süße, leicht angeschwitzte Leben möge immer so weitergehen. Doch kaum ist der Kopf für einen Moment im Schatten, gedeihen andere, dunklere Gedanken. Die Hitze, die Dürre, der Klimawandel. Wie werden unsere Kinder und Enkel künftig auf dieser Erde leben, wo sich schon jetzt ein Wetterextrem ans andere reiht? Das fragt der Verstand. Und wird gleich übertönt vom Herz, vom Bauch, von der Liebe zum italienischen Lebensstil: Klimawandel, und wenn schon. Ein Aperitif muss her! Ein Eis! Ein Meer – oder zumindest ein Badesee! Der Aperol Spritz entfaltet seinen Geschmack einfach besser bei 30 Grad im Schatten« (Felicitas Kock).

Und hier kehre ich in den anderen Süden zurück, an einen Ort, der für mich wie kein anderer Wind und Sonne verbindet: Quéribus – auf den Finger gesetzter Würfel. Welch unbeholfene Übersetzung für ein so schönes, so magisches Wort. Und erst die Wirklichkeit dieses unglaublichen Ortes. Ein Geheimnis aus Licht, Wind und Einsamkeit. Weit und breit kein Dorf. Nur karge Gebirgszüge, die sich landeinwärts im Dunst verlieren. Unwegsamkeit scheint hier Prinzip. Selbst aus der Nähe sind die erhaltenen Teile der Burg schwer vom Felsen zu unterscheiden. Ein steinerner Horst, kaum zu sehen, geschweige denn zu erobern. Doch die Erinnerung der Geschichte spricht eine andere Sprache. Quéribus fiel Mitte des 13. Jahrhunderts als letzte Zuflucht der von der römischen Kirche mit äußerster Brutalität bekämpften Katharer. In Reisebüchern wird fast ein wenig vor Quéribus gewarnt. Bei starkem Südwestwind könne man von den schmalen Wegen geweht werden. Das schien mir vor meinem Besuch übertrieben; doch als ich schließlich ganz oben stand, auf der Spitze des steinigen Fingers, im ehemaligen Wohnturm, verstand ich. Hier von wohnen zu sprechen, konnte man nur als ahnungslos bezeichnen. Quéribus ist wie Fliegen in purer Einsamkeit, nur noch eine göttliche Macht oder das Universum über sich. Der Blick reicht über endlose Bergketten bis zum Mittelmeer. Hier kann man sich nur verloren oder im Nichts aufgehoben fühlen. Welche Sehnsucht musste die Menschen beseelt haben, um hier eine Burg zu bauen als Herberge des Lichts. Wer hier gelebt hatte, musste die Angst überwinden, musste innerlich frei sein. Egal, was kommen würde. Dieser uralte Ort widersetzt sich der überall wabernden Angst.

Summertime sadness – Impressionen mitten im Sommer

Im Juli bewegt sich mein Garten zwischen berauschendem Lindenduft, morgendlicher Lavendelahnung, zerrendem oder umschmeichelndem Wind und Hitze pur. An manchen Tagen fühlt es sich an, als blase er mir warme Luft unter die inneren Flügel, doch es gibt auch bleierne Müdigkeit. Manchmal hat er sich müde geblüht, verausgabt. Mittags hängen dann die Blätter von Tomaten, Storchschnäbeln oder späten Rosen erschöpft herunter und scheinen sehnsüchtig auf die abendliche Dämmerung zu warten, in der sie sich erleichtert wieder aufrichten. Manchmal fühlen sich auch die Menschen im Juli so sommersatt, dass sie, wenn möglich, der Mittagshitze ausweichen und erst gegen Abend wieder das Sommer-Feeling genießen. Mit ewigem Draußensitzen, genussvoll ausgedehntem Essen, den Schlaf vergessen, das Südengefühl ausleben. Für die meisten passt dieses Südengefühl allerdings nicht zum hiesigen Arbeitsalltag – noch nicht. Wenn der Klimawandel uns immer mehr sehr heiße Sommer beschert, werden wir unsere Alltagsstruktur an südliche Bedingungen anpassen müssen.

Bis dahin sammele ich weiter Juli-Bilder:

Im Juli kann ich bei einem gewaltigen Regenguss die Schuhe ausziehen und barfuß durch die Stadt laufen, egal, wie tief die Wasserflüsse sind. Der Juli verlockt, den Regeln davonzulaufen. Schuhe? Wer braucht Schuhe?

Das Grillenkonzert ertönt bis in die Nachtstunden.

Tagsüber folgen meine Augen den Meereswellen über Getreidefeldern und jedes Jahr das gleiche Staunen, wenn daraus so schnell Stoppelfelder geworden sind. In der Sommerträgheit übersehen wir noch die feinen Zeichen, dass der Herbst auf dem Weg ist.

Wie aus dem Nichts blüht Mohn auf einer Brache. Sofort denke ich an die zusammen mit dem einst allgegenwärtigen Mohn selten gewordene Mohn-Mauerbiene. Sie kleidet ihre Brutröhre mit Blütenblättern des Mohns aus. Kleidete muss ich wohl schreiben. So viele Selbstverständlichkeiten des Sommers sind dahin. Auch eine Form der *summertime sadness*.

Ein Storch schreitet durch die abgemähte Wiese. Ein herumstromernder Junggeselle, der vielleicht in der Gegend sesshaft werden könnte. Oder der Futter suchende Storchenvater vom Gefängnisdach der nahen Kreisstadt, wo erstmals ein Nest mit Jungvögeln besetzt ist.

Gleich nebenan eine Krähenversammlung der besonderen Art: Heuballen liegen herum. Auf beinahe jedem hat eine Krähe Platz genommen, mindestens zwanzig; ihre Rolle ist mir unklar. Eine Konferenz in Schwarz?

Und dann ist da diese Grünwucht, die das Wachstum des Frühsommers geschaffen hat. Ich sollte Wege durch die Wiese schneiden – oder überlass ich es den Gängen, die ich regelmäßig unternehme, zum Bienenstock, zum Kompost, zur Wäschespinne, langsam eine Spur zu bahnen? Wenn nicht, gilt es im Sinne der Insekten Streifen zu mähen oder in einer Art Schachbrett, sodass immer genug Blühendes und Schutzbereiche stehen bleiben.

Einige Büsche könnten Sommerschnitt vertragen, bevor der erste Nachbar sich aus Sorge um sein Auto wegen überhängender Zweige beschwert. Auch die bereits erwähnten Zaunwinden sollte ich jetzt im Auge behalten, bevor sie ihre Strangulationsbänder an Stauden und Büschen erproben.

Am Straßenrand gegenüber blühen Stockrosen. Mehr als ein bisschen Sand und Schotter kann ihnen dort eigentlich nicht geboten sein. Aber ihnen scheint dieser unwirtliche Platz besser zu gefallen als mein Garten. Über die Jahre habe ich mehrfach versucht, sie einzubürgern. Mit niederschmetterndem Ergebnis. Sie sind weg. Ihre Verachtung für das hiesige Terrain lehrt mich einmal mehr, dass der hier waltende Eigensinn sich um meine Wünsche und meine Kenntnisse nicht schert – denn eigentlich müssten sich die Stockrosen an der Ostseite des Gartens wohlfühlen. Eigentlich.

Ein paar Elsternkinder turnen sich in meine Gedanken. Ihr Flugtraining ist höchst amüsant – zumindest für mich. Noch können sie das Verhältnis von Stabilität der Zweige und ihrem Körpergewicht nicht einschätzen. Mit dem Ergebnis, dass sie sich krampfhaft festkrallen, während der Zweig sich fast bis zur Erde neigt und sie schließlich kopfüber an ihm hängen.

Gegen Ende des Monats fällt mir auf, dass die Singvögel langsam verstummen. Es geht nicht mehr um Partnersuche oder Geplauder mit dem Nachwuchs. Nun wird das Summen zur bestimmenden Klangkulisse.

Eine der seltenen Zweipunkt-Großlibellen stattet mir am Schreibtisch einen Besuch ab; beim Raustragen bemerke ich erneut eine Hornisse, die sich auf einem Blatt des Apfelbaums sonnt. Jedes Jahr sind die wunderschönen Flieger im Garten zu Gast. Nie ist es mir bisher gelungen herauszufinden, ob sie hier auch ihre Nester bauen oder ob sie nur gelegentlich vorbeischauen. Es würde mich brennend interessieren.

Auch andere Stachelbewehrte gewinnen langsam an Kontur. Karden und Disteln sind bei mir leider noch Einzelgänger. Lange habe ich ihre Bedeutung für Insekten und für Vögel unterschätzt. In diesem Juli habe ich in einer kleinen Staudengärtnerei im Oberland einige Exemplare erworben und hoffe, dass sie sich zum Bleiben entschließen.

Fernblick 4 – Tofino Time: Half the speed is twice the pleasure

Die Westküste Vancouver Islands – das ist Wildheit, wie wir Deutschen sie uns nur schwer vorstellen können. Hier reißt der offene Pazifik, der größte Ozean der Erde, der ein Drittel des Planeten bedeckt, unermüdlich an der Küste. Hier bilden unzählige Inseln die ›broken shore‹. Traumsandstrände voller Treibholz und mit grandiosen Wellen. Doch der Wind am Ende des Kontinents ist scharf und kalt. Sonnenhungrige werden nicht bedient.

Hier ist das Land der Pumas, der Wölfe und Bären. Hier ziehen Orkas, Grau- und Buckelwale vorbei. Hier leben unzählige Seevögel, Seeotter, Robben, Seelöwen. Und hier kreisen die weißköpfigen Seeadler am Himmel. Sie alle haben Hausrecht; wir Menschen sind nur Gäste. Hier herrscht weitgehend ungebrochen die uralte Ordnung des Werden und Vergehen.

Das abweisende Meer, die unendlichen Wälder, die einsamen Inseln – alles Eigenwelten, für die wir zu schwach, zu unbedeutend, zu mutlos sind. Mein Ziel war Tofino, ein Kult-Ort für Naturverliebte. Etwa 1000 Menschen halten auf einer weit vorragenden Landspitze ganzjährig aus, an drei Seiten vom Pazifik umgeben. Hier gilt eine andere Zeit, *Tofino time: Half the speed is twice the pleasure.*

Feuerfarben und Nostalgiker

Ich durchstreife die wilde Wiese, halte nach Himbeeren Ausschau, die sich an der Ostseite ihre eigenen Plätze gesucht haben, und begegne an diversen Stellen zierlichen pinkfarbenen Nelken. Sie erheben sich zwischen Gräsern aus einer Ansammlung von nur wenig vom Boden aufragenden feingliedrigen Ästchen. Zunächst habe ich sie für Grasnelken gehalten. Irrtum. Es sind Bleiwurzgewächse, die aber zu den Nelkenartigen gehören. Sie breiten sich an mageren Plätzen aus, und das mit einer bemerkenswerten Zähigkeit.

Nelken gehören nicht gerade zu meinen Favoriten. Sie erinnern mich an die steril wirkenden Blumensträuße in Schrankwand-Wohnzimmern oder an ewig haltbaren Grabschmuck. Mit den Schrankwänden sind auch sie weitgehend verschwunden. Doch heute haben ihre zugegeben charmanten Gartenschwestern wieder einen Platz in den Staudengärtnereien erobert, und so hat eine sich mit ihrem Duft einen Platz auf der Terrasse erschlichen. Auf der Suche nach den Bleiwurzgewächsen las ich, dass die Nelke eine ehrwürdige Geschichte bis zurück in die Antike hat, wo sie die Göttliche Blume genannt worden sein soll.

An einigen Stellen im Garten lassen sich Bartnelken sehen, die ich vor langer Zeit gepflanzt habe, die sich danach eher zierten. Inzwischen verstehe ich sie, denn ihre Plätze widersprechen ihrem botanischen Wesen. Sie sind Sonnenkinder aus steinigen mediterranen Regionen; feuchte Böden sind ihnen ein Graus. Schatten und viele Nährstoffe lehnen sie ab und machen sich davon. Die zartesten Vertreterinnen aus der Familie der Nelken bewohnen, wie bereits erwähnt, das Gründach über dem Schuppen: Die Sandnelken lieben es sehr trocken und mager, und das dortige Substrat kommt ihnen wohl gerade recht. Wie so oft verbindet sich auch bei ihnen empfindlich wirkende Schönheit mit verblüffender Zähigkeit.

Feuerfarben machen sich in meinem Garten selbst im Juli rar. Diese Bezeichnung verdienen eigentlich nur die – geschenkten – Taglilien, die sich im Südosten an einem Beetrand aus gesammelten Steinen entlangziehen und zur gelben Ecke der notorischen Wucherer führen: Vor allem Goldfelberich und Goldruten erinnern an meine erste Gartenzeit, als ich einen verworrenen Plan dessen hatte, was wachsen sollte. Auf beide muss ich ein wenig aufpassen; sie sind begehrtes Insektenfutter bis in den Spätsommer, wenn der Speiseplan für Bienen und Co. ausdünnt, und sie passen auch ins sanftere Licht, aber sie sind skrupellos raumgreifend, was wiederum sehr menschlich geurteilt ist. Zwischen ihnen behaupten sich eine Pfingstrose im Mai und eine kleinblütige

Rose bis in den September. Außerdem habe ich Mädchenaugen, Sonnenhüte und Sonnenbräute am Rand ihres Herrschaftsbereiches gepflanzt. Diese gelb blühenden späten Stauden gefallen leider auch den gefräßigen Schnecken, werden aber vor allem von den Goldruten etwas beschützt (die riechen für Schnecken wohl schlecht) – und außerdem liebe ich ihre Namen, die wie für den Juli erfunden klingen.

Echte Feuerkinder sind die orangenen Stehaufmännchen (und -frauchen), die meine Wiese durchziehen: das Habichtskraut. Es erhebt sich aus einer schön geformten Rosette, streckt einen klar geformten Stiel etwa dreißig Zentimeter Richtung Sonne, und darauf sitzt ein oder mehrere rotorangefarbene Körbchen. Das Habichtskraut ist ausdauernd und ein Eigenbrötler. Ein guter Freund, erfahrener Botaniker, erzählte mir, dass fast jede Pflanze eine eigene Art bildet. Selbst Experten können sie oft schwer bestimmen. Viele haben gelbe Körbchen. Schaut man in die umfangreichen Listen von Unterarten, findet man Hasen- und Mausohr-Habichtskraut, Wollköpfiges oder Grauzottiges. Ihr Kreuzungs- und Fortpflanzungsverhalten scheint komplex. Meine Unterart jedenfalls könnte die orangerote Pilosella sein. Übrigens haben die feurigen Wiesenbewohner ähnlich lange Pfahlwurzeln wie der Löwenzahn. Wahrscheinlich sind sie deshalb genauso eigensinnig.

Die Blauen kommen

Als brauche die Hitze einen farblich kühlen Widerpart, tauchen im Juli überall die Blauen auf.

Clematis, Natternkopf, Kornrade, Ehrenpreis, Phlox, Ziest, Lavendel, Storchschnabel, einige Glockenblumen, Kornblumen, Lein, Jungfer im Grünen.

Bei genauer Betrachtung machen es mir die Blauen nicht leicht. Manche tendieren ins Lila, was bei der Bestimmung Richtung Rot weisen würde. Solche Zwischenfarben sind für mich auch bei Lavendel oder Salbei anzutreffen, zwei Grenzgängern also.

Natürlich gibt es vor dem Juli schon Blaublütige, etwa einen buschigen Storchschnabel, den ich schon vor mehr als 20 Jahren aus dem Norden mitgebracht habe. Auch Glockenblumen lassen sich vor und nach diesem Monat sehen. Aber geballt fallen sie mir jetzt auf. Wie eine Symphonie in Blau: erhellend und verzaubernd.

Vielleicht liegt es an der Wegwarte. Sie ist für mich ein geradezu betörendes Pflanzengeschöpf. In meinem Garten wächst sie bisher nicht. Denn passend zu ihrer besonderen Schönheit ist sie eine Bewohnerin des Mageren, wie so viele Blütenkostbarkeiten. Ihr Dämmerungsleuchten begleitet mich an Straßenrändern und in Wiesen; eine davon ist im Juli übersät von Blau, alles Wegwarten. Leider wird sie vielfach noch vor dem Erblühen Opfer des Mähwahns.

In einem alten Kräuterbuch fand ich zur Herkunft der Wegwarte die Geschichte einer Königstochter, die von ihrem Bräutigam verlassen wurde und darüber untröstlich war. Sie stellte sich an den Weg und wollte lieber eine Feldblume werden, als einen anderen zu heiraten. Schließlich hatte Gott Erbarmen mit der Leidenden und verwandelte sie in eine blaue Blume; als solche steht sie noch heute am Wegesrand.

Liest man botanische Beschreibungen der Wegwarte, ist der Zauber zu spüren, dem die Betrachter erliegen. Da ist von wunderbarem Blau die Rede und von märchenhafter Schönheit. Ihren strahlenden Auftritt an Straßen- und Wegrändern empfinde ich als Ereignis. Dabei ist diese spektakuläre Erscheinung keineswegs ein Sensibelchen; sie verträgt salzhaltige Böden an befahrenen Straßen, feste Untergründe besser als lockere; sie liebt die Sonne und blüht drei Monate lang, manchmal bis in den Oktober, öffnet dabei unermüdlich jeden Tag ihre kurzlebigen Blüten. Ein dreimonatiges Blütengeschenk nicht nur für viele Insekten. Mit dem Verschwinden der Wegwarte verarmen denn auch wir Menschen zusammen mit Bienen, Hummeln, Schwebfliegen, Stieglitz und Finken, die deren über den Winter sehr haltbaren Samenstände als Futterquelle benötigen.

Übrigens hat die Wegwarte eine blaue Begleiterin am Straßenrand, den Natternkopf, der von Beobachtern gern als liebreizend beschrieben wird. Auch er gehört zu den wertvollen Insektennährpflanzen, die uns jene Flächen selbstverständlich schenken, wenn wir sie mit Dünger, Pestiziden und Mähmonstern in Ruhe lassen. Der Natternkopf blüht ebenfalls bis in den Herbst hinein, liebt es trocken und besiedelt unwirtliche, noch vegetationsfreie Flächen, damit bereitet er für andere Pflanzen erst den Boden.

Ehrenpreis in allen Größen gehört, neben der Wegwarte, zu meinen Favoriten. Leider hat er an der Westseite des Gartens, wo nach meiner Kopfplanung ein blauweißes Beet entstehen sollte (übrigens nicht aus Liebe zur bayerischen Flagge, sondern um Licht in den Bereich zu bringen), einen Totalausfall erlitten. In diesem Jahr eröffne ich eine neue Blauecke im Osten. Dort hat sich ein etwas monotoner Teppich aus Storchschnäbeln etabliert. Sie haben allerdings die ungemein höfliche Eigenart, anderen Pflanzen nicht die Luft, besser gesagt, die Füße, also Wurzeln abzuschnüren. Aus ihnen erheben sich einige Rosen, ein weißer Phlox und nun der Ehrenpreis. Er scheint sich dort wohlzufühlen, während sein Nachbar, ein blauer Phlox, einen Schneckenüberfall nur durch mein beherztes Eingreifen, sprich Überführung in die Krankenstation, überlebt hat. Erst Ende Juli habe ich ihn an seinem alten Platz eingegraben und hoffe, dass Hitze und Trockenheit den Schnecken vorläufig den Appetit verderben. Geplant sind weitere hohe Wiesenstorchschnäbel und Kornblumen. Wegwarte und blauer Lein, die ich mir dort wünsche, werden den eher üppigen Boden nicht mögen. Ich versuche also im Herbst einen kleinen Teil für sie mit Schotter auszumagern. Das Hintergrundgemälde für die Blauen ist bereits fertig: eine blaue kleinblütige Clematis, die jedes Jahr zusammen mit einer altrosafarbenen Kletterrose die Hauswand erobert. Dass sich nebenan noch Veilchenblau, eine im Juni vorgestellte Kletterrose, einmischt, passt farblich nicht perfekt. Aber ich spreche ja nicht von einem Farbkasten und auch nicht von einem Modellkleid, sondern von Gartenfarben, die sich fast nie beißen.

»So zierlich sie ist, so wehrhaft wirkt diese Blüte mit ihren Zacken, und so trotzig. Es ist ein erhabener Trotz. Wegen seiner Farbe. Dieses Blau ist die pure Pracht. Einerseits. Andererseits ist die Kornblume ein Unkraut« (Rudolf Neumaier). Unter all den Blauen ist auch die Kornblume eine jener bedrohten Selbstverständlichkeiten. Egal, wohin ich schaue, überall drängt sich die Frage auf, wie weit wir mit unserem Zerstörungswerk bereits gekommen sind, wenn es immer wieder heißt: Die Allerweltspflanzen und die Allerweltsinsekten und die Allerweltsvögel und die Allerweltslebensräume stehen auf der Roten Liste. Die Kornblume ist ein weiteres Opfer der industrialisierten Landwirtschaft, die hinter technokratischen Begriffen wie Beikrautkontrolle, Schadschwelle oder Pflanzenschutz Ausrottung und Vernichtung als Prinzip betreibt. Heute lernen Jungbauern, dass etwa 550 ährentragende Weizenhalme und bis zu 800 Gerstenhalme auf einem Quadratmeter Platz haben, wenn weder Mohn noch Kornblume als Konkurrenten zugelassen werden. Es gilt also, systematisch alles abzutöten, was einem Gewinn von etwa 25 Cent pro Quadratmeter im Wortsinn im Wege steht. Die Giftspritze für die Kornblume heißt übrigens Picona-Lexus-Pack und enthält die tödlichen Wirkstoffe Pendimethalin 320 plus Picolinafen 16 plus Flupyrsulfuron 462. Dass die Ökonomie des Monotonen nur funktioniert, weil die Kosten für Umwelt und Gemeinschaft ausgeblendet werden, ist das Grundgesetz dieses Systems. Mit einem Gemisch aus schön und vernünftig klingenden Worten lassen wir uns blind machen für das, was wirklich auf unseren Wiesen und Äckern passiert. Todeshauch überall. Vermischt mit Güllegestank statt zartem Blütenduft. Und in den Gärten bahnt sich Ähnliches an.

Nur dass weder Vernichtung noch Monotonie auf Dauer angelegt sind. Die Natur ist immer einen Schritt voraus, hat immer ein besseres Blatt auf der Hand und eine unerwartete Innovation parat. Dass wir eingebildete Weltenherrscher hier kläglich versagen, sehen wir tagtäglich. Im Garten und überall.

Von Kornblume, Wegwarte und Natternkopf, jenen zauberhaften Begleitern unserer früheren Wege, an die ich erinnern will, schaue ich auf die Blaue Blume zurück. Wie schrieb ich zu Beginn dieses Buches: Die Blaue Blume der Romantik ist schnell Schneckenfraß. Lange wurde darüber geforscht, welches denn wohl diese Blaue Blume sei, die der Dichter Novalis als Sinnbild des Geheimnisvollen, der Hoffnung und der romantischen Sehnsucht (er)fand. Er selbst bezeichnete die Sonnenwenden, zu denen etwa die Vanilleblume gehört, als Vorbild. Seiner Romanfigur Heinrich von Ofterdingen verheißt die Blaue Blume im Traum Seligkeit: »Was ihn aber mit aller Macht anzog, war eine hohe lichtblaue Blume, die zunächst an der Quelle stand und ihn mit ihren breiten, glänzenden Blättern berührt … Er sah nichts als die blaue Blume und betrachtete sie lange mit unnennbarer Zärtlichkeit. Endlich wollte er sich ihr nähern, als sie auf einmal sich zu bewegen und zu verändern anfing; die Blätter wurden glänzender und schmiegten sich an den wachsenden Stängel, die Blume neigte sich ihm zu, und die Blütenblätter zeigten einen blauen ausgebreiteten Kragen, in welchem ein zartes Gesicht schwebte.«

Diese Blaue Blume wurde zum Symbol, unter anderem für die »heiligen Wunder der Natur« (E.T.A. Hoffmann), weit über die historische Bewegung der Romantik hinaus, wurde verkitscht, bis zur Unkenntlichkeit abgenutzt und als Lügengewächs diffamiert. Solcher Idealisierung ist in heutiger Naturbetrachtung der Boden entzogen, Romantik hat im Sinne des Romantisierens einen bitteren Beigeschmack. Natur wird mit Sentimentalitäten überzuckert, um sie dann noch schneller zu funktionalisieren, zu ökonomisieren und zu zerstören. Da wäre der Schneckenfraß von gerade wünschenswerter gärtnerischer Nüchternheit.

Salbei – Genuss, Wärme, Mechaniker

Wer Salbei im Garten hat, stirbt nicht, behauptet der Volksmund und übertreibt damit ein wenig. Für mich ist diese aromatisch duftende Pflanze, hier der sogenannte Echte Salbei *(Salvia officinalis)*, zuallererst ein Genuss, sei es als Gewürz bei den italienischen Saltimbocca oder einfach in Butter ausgebacken zu Pasta, Kartoffeln und weißem Brot. Außerdem ist sie bei uns erste Wahl gegen Halsweh und sonstige Erkältungsanzeichen. Kalter Salbeitee wirkt im Sommer gegen starkes Schwitzen.

Als ich begann, diesem Kraut, das sich zu einem kleinen Halbstrauch entwickelt, in seinen unterschiedlichen Varianten nachzuforschen, überraschte mich seine lange Geschichte, die bis zu den Kräuterkundigen bei den Griechen zurückreicht, tiefe Spuren in den Klostergärten hinterlassen hat und bis weit in die Neuzeit zu den geachteten Gewächsen gehörte. Diese Bedeutung ist bereits im Namen geborgen (Salvia von salvare, lat. retten). Heute sind die ätherischen Öle und Bitterstoffe und ihre leicht antibakterielle Wirkung bekannt. Übrigens hat es der Salbei sogar in den verwaisten Garten von Gondor in Tolkiens *Herr der Ringe* gebracht, wo verschiedene Arten gedeihen.

Die für mich schönste Liebeserklärung hat der Literaturnobelpreisträger Maurice Maeterlinck dem Salbei gemacht. Maeterlinck gehörte zu Beginn des 20. Jahrhunderts zu den einflussreichsten Autoren. Er war zudem ein leidenschaftlicher Imker sowie begeisterter Beobachter von Insekten und Pflanzen; sein Buch über *Das Leben der Bienen* ist legendär. Den Salbei stellt Maeterlinck im Rahmen seiner bereits erwähnten Überlegungen zur »Intelligenz der Blumen« zunächst mit seinem unschlagbaren Duft vor: »Man wähnt den Duft des hellen Sonnenscheins zu greifen, wenn er am heißesten niederfällt und es Mittag läutet.« Genauso bewundert er den geschickten Mechaniker, der im Salbei agiert und dort eine »wunderbare Liebesfalle« für die Insekten entwickelt hat. Dabei geht es um Lockstoffe, Drehbäume, Zugbrücken und ausgeklügelte Schaukelbewegungen. Dieses komplizierte Ineinandergreifen von »Hochzeitsbräuchen« lässt unseren mechanischen Sinn, laut Maelinck, wie von gestern erscheinen, »wogegen die Mechanik der Blumen seit Jahrtausenden funktioniert. Als die Blumen auf unserer Erde erschienen, hatten sie kein einziges Muster um sich, nach dem sie sich hätten richten können. Sie mussten alles aus eigenen Mitteln erfinden. Als wir noch mit Keule, Bogen und

Flegel bewaffnet waren … hatte der Salbei die Drehbäume und Gegengewichte ihrer Präzisionsschaukel geschaffen.«

Die besondere Beziehung des Salbeis zum Hochsommer liegt in der Wärme begründet. Der Salbei gilt als Sonnenspeicher. »Die ätherischen Öle und die Harze sind materialisierte Wärme … Vielleicht ist dies sogar eine Form der Abwehr: Die Hitze wird unschädlich gemacht, indem sie aufgeschluckt, verbraucht und damit ihrer versengenden Kraft beraubt wird. Die Wärme jener mediterranen Kalklandschaft, in denen der Salbei zu Hause ist, verdichtet sich in ihm zu Stoffen, die wiederum als Duftstrom in die Wärme zurückfließen« (Jürgen Dahl).

Eroberer der Nordseite

Dem vielstimmigen Loblied des Südens hält mein Garten, wie so oft, eine Kehrseite entgegen, seinen Norden. Dazu sollte ich erwähnen, dass ich in einem lang gestreckten Haus wohne, vergleichbar der Architektur alter Bauernhöfe. Eine Längsfront zeigt nach Süden, die andere dementsprechend nach Norden, die beiden schmaleren Seiten zeigen nach Osten bzw. nach Westen; deshalb hat der Garten viel Südseite, eine schmale, aber lange Nordseite und als Verbindung beider Teile jeweils einen östlichen und einen westlichen Bereich. Gartenteile in alle Himmelsrichtungen also, wodurch ich draußen mit dem Sonnenstand wandern kann. Die Nordseite ist Eingang und Abgrenzung zu der kleinen Zufahrtsstraße. Und sie ist besagte Alternative zur Hymne auf die Hitze. Hier bilden die bereits vorgestellten Buchse, Hartriegel, Felsenbirne und Kornelkirsche eine grobe Struktur. Eine Kletterhortensie wächst langsam zur Rechten an der Hausfassade hoch, zur Linken lässt eine Multiflora sich weder von Kühle noch Schatten an sommerlichen Blühkaskaden hindern. Selbst sehr kalte Winter, die meine geliebten Eiszapfen im Norden wachsen lassen, können ihr nichts anhaben.

Im Beet, das sich am Haus entlangzieht, haben Farne, weißblühender Waldgeißbart, weiße Astilben, weißer Storchschnabel und das Große Helmkraut Hausrecht. Viel Weiß, Grün und mit dem Helmkraut, dessen Identität ich jahrelang nicht ergründen konnte, eine blaue Nuance. Schmeichelnd durchzieht im Juli dazu eine rosa Kletterrose den Hartriegel und die Kornelkirsche. Überall lugen ihre ein wenig ausgefransten Blüten hervor. Leider habe ich ihren Namen vergessen, vielleicht weil sie über viele Jahre ein eher kümmerliches Dasein fristete und ich sie ignorierte. Warum sie sich plötzlich entschloss, meterlange Triebe und ein Meer von Blüten zu bilden, bleibt ihr Geheimnis. Dass sie damit wartet, bis die Rosenflut des Juni vorbei ist, sichert ihr einen fulminanten Auftritt.

Damit die Welt der Nordseite im Winter, wenn Farne, Helmkraut und all die anderen Stauden sich bis zum Frühjahr verabschiedet haben, nicht zu sehr vom ungeliebten Braun dominiert wird, habe ich ein paar Gräser gepflanzt, die auch im Winterkleid eine gute Figur machen.

Geheimlogen und Schatzkammern

Eine Zauneidechse rennt über die Straße. Sie scheint aus dem Wall am Ostrand des Gartens zu kommen, der sich über Jahre aus Laub, Grasresten, Grünschnitt zu einem Refugium – für ich weiß nicht, wen – entwickelt hat. Überwölbt ist der Platz von Haseln und Weißdorn.

Vielleicht ist hier eine Schatzkammer des Gartenlebens, die ich nur um den Preis der Zerstörung öffnen könnte. Ich stelle mir dort die leuchtenden Eier der Glühwürmchen und ihre schmatzenden Larven vor, nebenan vielleicht den Sommersitz von Erdkröten, diverse Käferwohnungen, Kinderstuben von Igeln und Mäusen, Regenwurm-Quartiere, von denen noch die Rede sein wird, und Hundertschaften von Ohrwürmern, Tausendfüßlern oder Asseln.

Übrigens ist mir diese Seite des Gartens, wo nah am Haus Kletterrosen, Himbeeren, Storchschnäbel und Pfingstrosen wachsen, im Juli und August die liebste. Trauerweide, Esskastanie,

Kirsche und Fliederbüsche schirmen zum Feld ab und bilden ab frühem Mittag ein lichtes Schattendach. Außerdem fällt von dort mein Blick Richtung Süden auf die Ecke mit den Blauen.

Es gibt bei mir noch andere Geheimlogen. Den schon erwähnten Steinhaufen in der Südecke hinter meiner Lieblingsbank, Kieshaufen, Wasserstellen mit Totholzumrandung, Sammelplätze für Tonscherben, die unterschiedliche Höhlungen bilden, Totholzstapel und die Burg des Zaunkönigs, die später im Jahr eine Rolle spielen wird. Refugien der sogenannten Unordnung – jedenfalls in den Augen mancher Nachbarn.

Und bei alldem nicht zu vergessen: das Reich der Unsichtbaren unter meinen Füßen, jener Boden, der alle Voraussetzungen schafft für das Leben im Garten und überhaupt.

Im Reich des Regenwurms

Als mein Garten noch sehr jung war, hatte ich eine merkwürdige Begegnung. Ich spazierte in einer warmen Julinacht ziellos umher. Da die Wege noch unklar waren oder nur in meinem Kopf existierten und die Machtübernahme der Straßenlaternen in weiter Ferne lag und ziemlich tiefe Dunkelheit herrschte, hatte ich eine Taschenlampe mitgenommen. Ihr Schein fiel auf eine Stelle mit offenem Boden. Dort schlängelten sich riesige Regenwürmer. Abrupt blieb ich stehen, dachte an unbekannte Schlangen. So weit im Süden war vieles möglich. Es waren aber wohl besonders wohlgenährte Vertreter des Tauwurms, eine bei uns häufige Regenwurmart. Insgesamt gibt es in Deutschland 46 Arten. Sie sind allesamt sonnenabgewandte Geschöpfe, folglich nachtaktiv und somit Gegengewicht zur Welt des Salbeis.

Folge ich dem Regenwurm gedanklich in seine Welt, ist es wie ein Besuch in der Unterwelt des Lebens und erinnert mich an den winterlichen Abstieg der Göttin Persephone ins Reich ihres Gemahl Hades, dem Herrscher der Unterwelt. Im Dezember werde ich dem Gedanken folgen, wie die Rückkehr in die Dunkelheit zur Quelle neuen Lebens wird.

Bei der herumwandernden Lektüre zu diesen Schwerstarbeitern des Bodens gewann ich den Eindruck, dass Regenwürmer vor allem aus Darm und Nervensystem bestehen, beide Organsysteme sind hochsensibel und effektiv. Oft wird behauptet, Regenwürmer seien blind und taub. Sie haben zwar weder Augen noch Ohren, doch reagieren sie auf feinste Bewegungen in ihrem Umfeld und können Licht und Dunkelheit am ganzen Körper unterscheiden. Ihre Leistung für die lebenswichtige Erdhaut unter unseren Füßen ist nicht hoch genug einzuschätzen. Die weich und verletzlich anmutenden Geschöpfe graben sich metertief durch Böden, verschieben dabei das Sechzigfache ihres Eigengewichts. Was im Zentrum ihrer Aufgaben im Naturkreislauf steht, beschreibt sehr schön ein französisches Sprichwort: »Der liebe Gott weiß, wie man fruchtbare Erde macht, und er hat sein Geheimnis den Regenwürmern anvertraut.« Sie ziehen Substanzen wie Blätter, Halme oder organische Abfälle von der Oberfläche in ihre unterirdischen Röhren, lagern sie dort zur Zersetzung durch Pilze und Bakterien (Regenwürmer haben ja keine Zähne), bevor sie als Nahrung aufgenommen und als humusreiche Kothäufchen wieder ausgeschieden werden. Wenn ich mir im Frühjahr anschaue, was aus den zentimeterhohen Laubkissen unter meinen Bäumen geworden ist, vermute ich, dass die Regenwürmer, die mir beim Graben überall begegnen, wesentlichen Anteil an diesem Umwandlungsprozess haben.

Die Liste ihrer Verdienste im Garten ist lang: Sie belüften den Boden, verbessern dessen Fähigkeit, Wasser zu speichern, bieten den Wurzeln vorbereitete Wege in die Tiefe, durchmischen den Boden und verwandeln organisches Material nicht nur in der Kompostecke in leicht verwertbare Nährstoffe. Ohne Übertreibung zählen die Regenwürmer also zu jenen Lebewesen, ohne die es – nicht nur – für uns Menschen sehr viel ungemütlicher wäre. Der Regenwurm »ist subversiv im besten Sinne: unterminieren und neu konstruieren zum Wohle aller« (Ute Cohen).

Ungeklärt ist, warum Regenwürmer bei Regen oft an die Oberfläche kommen. Ob es wirklich das Trommeln der Tropfen ist, das ihnen Gefahr signalisiert, ist unbewiesen. Denn kaum aus den Röhren gekrochen, lauern Amseln, Stare und die tödliche Sonne. Übrigens versuchen Amsel durch Hüpfen und Hacken die Würmer aus der Erde zu locken. Unterirdisch ist ihr Hauptfeind eindeutig der Maulwurf, dessen Speiseplan sie dominieren.

Neben Würmern und Maulwürfen bevölkern die oberste Bodenschicht eine unvorstellbar große und vielfältige Zahl von Tieren, Pilzen und Bakterien. Eine Ahnung vermittelt der beliebte Vergleich, dass sich in einer Handvoll Erde so viele Lebewesen finden, wie Menschen auf der Erde leben. Allein pro Quadratmeter finden sich eine Billiarde Bakterien. Ohne das hochkomplexe Zusammenspiel dieses Netzwerkes aus Tausendfüßlern, Käfern, Spinnentieren, Kleinschnecken, Milben oder Pilzen wäre höheres Leben auf der Erde wohl nicht vorstellbar. Hier sei an eine Mahnung der Biogarten-Pionierin Marie-Luise Kreuter erinnert, dass für das Überleben der Großen das Wohlbefinden der Kleinsten entscheidend sei.

Im Boden suchen aber auch größere Lebewesen Schutz. So bauen zum Beispiel Mäuse, Kaninchen, Dachse oder Eisvögel ihre Nester in die Erde; außerdem viele Insekten, Schlangen und Amphibien.

Boden – dahinter verbirgt sich ein Ökosystem, das über Leben und Sterben auf der Erde entscheidet. Diese manchmal wenige Zentimeter oder auch Meter dicke Verwitterungsschicht unseres Planeten besteht aus Mineralien, Humus, Lebewesen, Wasser und Luft. Unser Boden ist also unersetzlich und braucht Jahrhunderte, um sich aufzubauen. Deshalb heißt es in der Europäischen Bodencharta: »Der Boden ist eines der kostbarsten Güter der Menschheit. Er ermöglicht es Pflanzen, Tieren und Menschen auf der Erdoberfläche zu leben.«

Begriffen haben wir diese Tatsache offensichtlich nicht. Seit Jahrzehnten pflastern wir munter drauflos (allein innerhalb der letzten 60 Jahre hat sich die Siedlungs- und Verkehrsfläche in Deutschland verdoppelt), ersäufen Bodenlebewesen mit Jauche und sonstigen Düngern, vergiften, was noch übrig ist. Monokulturen laugen die Erde aus. Böden sterben und sind durch keine Idee aus den Labors der Chemieindustrie wieder zum Leben zu erwecken. Erosion und Austrocknung tun ein Übriges. Jährlich verlieren wir laut Weltagrarbericht durch Erosion weltweit 24 Milliarden Tonnen, das sind mehr als drei Tonnen pro Erdbewohner, etwa 970 Millionen Tonnen gehen in der EU durch Wassererosion verloren. Die Kosten der sogenannten Bodendegradation als der Verschlechterung der Bodenqualität bis hin zum Totalverlust belaufen sich weltweit auf 6,3 bis 10,6 Billionen US-Dollar und damit etwa 10 Prozent der Weltwirtschaftsleistung.

Eine Bilanz des Schreckens, über die wir achtlos hinweggehen. Das Reich des Regenwurms ist in Gefahr. Um dieses Reich zu schützen, kann jeder Gärtner Wesentliches beitragen.

Ein naturnaher Garten hat vier wesentliche Elemente: eine blütenreiche Wildblumenwiese (wenigstens in Teilbereichen), Staudenbeete (eventuell durchsetzt mit ein- und zweijährigen Blühpflanzen), heimische Sträucher, möglichst als gemischte Hecke (mit ihren insektenfreundlichen Blüten und vogelfreundlichen Früchten), sowie heimische Laubbäume, sofern Platz vorhanden. Dazu gehören einige Grundsätze, um Bienen, insbesondere Wildbienen, Hummeln und Schmetterlinge in den Garten zu locken – und mit ihnen Vögel, Fledermäuse, Amphibien und Kleinsäuger:

- standortangepasste Nahrungs- und Wirtspflanzen in ausreichender Menge
- Wiesen, die (wenigstens zum Teil) mit einheimischen Wildblumen aufgewertet und nur zweimal im Jahr gemäht werden
- Mähen in Abschnitten, um nicht alle Insekten dabei zu töten bzw. alle Nahrungsquellen gleichzeitig zu beseitigen
- Verzicht auf Mähroboter, Laubsauger
- verschiedenartige Nistplätze für die unterschiedlichen Bedürfnisse der Insekten
- Baumaterial für den Bau von Brutzellen
- Totholz, Sand, Lehm, Steine
- Wasser

- Winkel, die sich selbst überlassen bleiben
- Laub und Pflanzenreste
- verwelkte Pflanzen, die über den Winter stehen bleiben
- Verzicht auf Dünger, Insektizide, Herbizide
- Verzicht auf unfruchtbare, kurzlebige Hybridpflanzen
- begrünte Fassaden
- Komposthaufen
- Nistplätze für Vögel und Fledermäuse.

Juli-Regen

Schon Ende Juni, zu Siebenschläfer, soll sich entschieden haben, ob der Juli uns mit Hitze, warmen Nächten und Barfußgehen beschenkt, oder mit Regen. Beim Juli-Regen denke ich zum einen an heftige Gewitter, die Wasserkaskaden an die Fenster treiben, Dachrinnen überlaufen lassen und die abschüssige Straße vor dem Haus in einen Bach verwandeln. Manchmal kommen diese Regengüsse so schnell, dass unaufmerksame Gartengenießer sich nicht rechtzeitig ins Trockene retten können. So geschehen meinem längst verstorbenen Kater Max, der Regen schon in kleinsten Mengen mied. Das Gewitter kam, die Wolkenschleusen öffneten sich, schnell waren alle Fenster und Türen geschlossen – nur der Kater blieb verschollen. Kurz lief ich auf die Straße und war sofort klatschnass. Resigniert sah ich von weiterer Suche ab. Bald war das Spektakel vorbei, die Sonne kam heraus. Irgendwann schlich ein durchnässter Kater ins Haus, Blick, Fell und Schwanz bildeten eine konsternierte Einheit. Bis zum nächsten Tag ward er nicht mehr gesehen. Über längere Zeit zögerte er danach beim Verlassen des Hauses.

Und dann ist da der deprimierende Landregen, der über Tage jeden Sommergedanken vertreibt. An solchen Regen dachte wohl Heinrich Heine, als er notierte, der deutsche Sommer sei nichts anderes als ein grün angestrichener Winter.

Nichts wurde im Sommer 2018 so herbeigesehnt wie der Juli-Regen, der übrigens in meiner Gegend vielfach nachts für allseitige Erfrischung sorgte. Vertrocknet ist daher bei mir nur ein kleiner Busch, dem die große Trauerweide wohl das Wasser unter den Füßen weggesoffen hat. Ein Konkurrenzkampf, der sich in Zeiten des Klimawandels verschärfen wird. Opfer werden sich nicht vermeiden lassen. Und damit meine ich nicht nur die Pflanzen, sondern auch den Gärtner.

Zum Fürchten schön – ein unbehaglicher Ausblick

Ja, der Sommer hat im Juli sein Schwert geschärft – zugegeben eine ziemlich martialische Formulierung, die vielleicht manchen auch noch zu Bildern wie dem Tanz auf Messers Schneide verlocken könnte.

Die heißeren Sommer konfrontieren uns mit der anderen Seite von Hitze. »Zum Fürchten schön«, war denn auch ein Kommentar zum Sommer 2018 betitelt, andere Beiträge sprachen mit Blick auf Trockenheitsprobleme in der Landwirtschaft von »Hitzschlag« und der »Hölle morgen«. Die »Heißzeit« machte Karriere als Wort des Jahres. Im Folgejahr 2019 wurde es in Frankreich bereits im Juni über 40 Grad heiß; Schulen blieben geschlossen, die Menschen sollten um die Mittagszeit in Häusern bleiben.

Städte und Länder weltweit rufen den Klimanotstand aus. Erschreckende Meldungen über die Eisschmelze in Arktis und Antarktis durchziehen die Medien. Unermüdlich gehen die Jungen bei ihren Fridays for Future auf die Straßen; Wissenschaftler, Großeltern, Ökonomen schließen sich ihnen an. Für den 20. September 2019 war ein weltweiter Klimastreiktag ausgerufen. Die Jungen treiben schwerfällige und lobbyhörige Politiker sowie eine betriebsblinde und wachstumsgierige Ökonomie vor sich her. Immer häufiger ist von der grünen Null die Rede, ohne die die schwarze Null für die Zukunft wertlos wird. Die deutsche Kanzlerin bescheinigt den Schülern und Studenten, dass sie innerhalb weniger Monate den Klimawandel zum gesamtgesellschaftlichen Thema gemacht haben, das angesichts der politischen Blockade in naher Zukunft weit größere Dimensionen annehmen und starken Druck aufbauen wird.

»Selbstverbrennung« nennt Deutschlands berühmtester Klimaforscher Hans Joachim Schellnhuber den kollektiven Selbstmord, auf den die Menschheit zusteuert. Zusammen mit dem weltweiten Artensterben brauen wir seit Jahrzehnten eine hochgiftige Mischung zusammen, die zwar den Planeten nicht sprengen, aber, sofern wir nicht schnellstens gegensteuern, zu einem für Menschen unwirtlichen Ort machen wird.

Schon scheint eine Mehrheit weltweit und auch vor meiner Haustür zwar überzeugt, dass gegen Klimawandel und Artensterben etwas getan werden muss, aber noch immer in der Hoffnung, am eigenen Lebensstil nichts ändern zu müssen. Verzicht ist ein verpöntes Wort. Was den Garten anbelangt, wird mit Laubbläsern und Rasenrobotern aufgerüstet. Tendenz steigend. Und wenn eine Meldung durch die Medien geistert, es gebe nun Flammenwerfer gegen Unkraut, die man per Drohne durch den Garten schicken kann, ist der Schritt zum Sarkasmus für mich nicht mehr weit.

Dass der Klimawandel in Gärten seine Spuren hinterlässt, zeigen Verschiebungen bei Austriebs- und Blühzeiträumen, die es den Staudengärtnern erschweren, jene von ihrer Kundschaft gewünschten Fahrpläne fürs Gartenjahr zu erstellen. Hitzespuren an Pflanzen kommen genauso hinzu wie die Frage, ob meine jahrelange Trockenheitserziehung – bei mir werden nur Neuanpflanzungen gegossen – noch reicht. Allerdings wird es angesichts auch in hiesigen gemäßigten Breiten sich anbahnender Wasserknappheit keine Alternative geben. Gießen in großem Stil ist schon heute verantwortungslos. Boden- und feuchtigkeitsschützendes Gärtnern lässt sich leicht erlernen; dafür genügt es zu beobachten, was mit nackten Humusflächen passiert, wenn ich sie nicht künstlich offen halte. Sie wachsen zügig zu. Dass in einigen Gartenzeitschriften das Thema Klimawandel als ästhetisches Problem kleingeredet wird, das – natürlich – durch Pflanzenkauf zu lösen ist, empfinde ich als Hohn. Hier wird eine Chance vergeben, sowohl eine andere Wahrnehmung zu fördern, als auch gerade den Millionen Gärtnern ihre Verantwortung zu verdeutlichen. Die prunkenden Rabatten gehören vielleicht der Vergangenheit an, schon weil wir das Wasser für sie nicht mehr haben könnten. Und weil viele Pflanzen mit der Erwärmung nicht zurechtkommen. Aber da werden nicht Zusammenhänge zwischen gärtnerischer Haltung und Umweltzerstörung erläutert, sondern ganz im Sinne der Käuflichkeit für den Klimawandel Präriegärten empfohlen.

Sommerdenken als subversive Einfachheit

Am Ende meiner Juli-Gedanken verknüpfe ich die beiden Süden, von denen ich eingangs sprach: jener erträumte Süden von Lourmarin, Quéribus, Salbei und heißem Wind mit meinem Gartensüden der Feuerfarben und süßen angeschwitzten Nächte, der Verluste bei den Blauen und unter den Bodenbewohnern, der unübersehbar bedrohlichen Erwärmung.

Die Lage im Juli ist für mich so riskant wie erhellend. Deshalb habe ich Camus' Hoffnungssatz vorangestellt; viel zitiert, wurde er gern mit Resilienz, also mit der Fähigkeit, schwierige Umstände auszuhalten, gleichgesetzt. Mir geht es nicht um Aushalten, sondern um die Klarheit, die das »Sonnendenken« (Iris Radish) hinter diesem Satz prägt: »durchflutet von Licht und elektrisiert von der Hitze des Mittags … unterm höchsten Sonnenstand, in dem die Dinge keinen Schatten werfen und mit sich allein sind«. Dieses Denken, das Albert Camus zeitlebens geprägt hat, ist jenen »glühenden Landschaften gewidmet, die der Mensch sich noch nicht unterworfen hat«. Hier ist jene Einfachheit geborgen, in der die Lebenskunst wurzelt, »die Bedürfnisse zu mäßigen, Nüchternheit walten zu lassen und die Gier zu zügeln«. Ein Gegenbild zu jenem Menschen, der sich »unüberlegt in Handlungen stürzt, der pausenlos redet, der seine Arbeit schnell so verrichtet, dass er Gefahr läuft, die Erde zu misshandeln, der ungeduldig, unersättlich und gierig ist«. Camus' Gegenbild ist die Wüste, die einen »zwingt, alles abzuwerfen, was überflüssig ist. Und man stellt fest, dass so ziemlich alles überflüssig ist.« Dieses Wüstenmotiv erinnert mich an das Januar-Prinzip; beides Gegensätze zu Masse, Überfluss, Primellüge und Wegwerfwachstum. In den Worten dieses Liebhabers von Sonne, Wind und Einfachheit bekommt Verzicht einen verführerischen Klang und verbindet sich mit dem unsentimentalen Glücksversprechen am Beginn des Sommers – in meinem Garten und darüber hinaus.

AUGUST

Liebeshungrige erhellen Frauendreißiger

Glühwürmchen und Johanniskraut

»Wo aber Gefahr ist,
wächst das Rettende auch.«

Friedrich Hölderlin

Der August ist ein Flaneur. Er vereint Müßiggang, Wissen, Genuss. Er verbindet Fülle mit der Gewissheit, dass der Sommer vergeht. Das Licht hat an Schärfe verloren. Nachts stromern Glühwürmchen durch den Garten, tagsüber nimmt der Grünspecht hier und da ein Bad im Ameisenhaufen. Große grüne Heupferde verhüpfen sich ins Haus. Die Vögel bummeln herum; das Brutgeschäft ist erledigt. Vorräte sammeln kann noch etwas warten und der Flug in die Ferne auch. Die Honigbienen planen, wie sie die nutzlosen Drohnen vor dem Winter loswerden, der für sie bereits Mitte September beginnt. Doch alles hat noch ein wenig Zeit.

Die größte Hitze ist in meiner Gegend auf 650 Höhenmetern meist vorbei, die Nächte können bereits kühl werden. Wo im Juli unnachsichtige Mittagshitze Ruhe erzwingt, empfinde ich die August-Wärme als anmutiger. Der Garten geht eigene Wege; was jetzt nichts geworden ist, verschiebt man besser auf den kommenden April – es sei denn, man möchte (im Herbst) Büsche und Bäume pflanzen oder Stauden teilen. Den nicht eingelösten Versprechen, all den Schnecken-, Hitze- oder Hagelopfern träume ich im Oktober nach. Die rosa Flut aus Malven und wildem Majoran hat meine Wiese erobert, Baldrian blüht hier und da. Wo ich gehe und stehe, umgibt mich ein beruhigendes Summkonzert.

Das verkannte Wort vom Trödeln geht mir durch den Kopf. Als Kinder sollten wir auf dem Heimweg von der Schule nicht trödeln – was wir trotzdem meist taten. In anderer Bedeutung meinen wir mit Trödel das Nutzlose. Immer scheint mir etwas Überflüssiges in diesem Wort zu stecken, überflüssige Zeit, überflüssige Dinge. Alles, was wir nicht zielgerichtet und schnell als nützlich erkennen, ist verzichtbar in einer auf Effektivität und Produktivität konzentrierten Gesellschaft. Dabei sind es gerade die Zwischenräume, die Zwischentöne, in denen Potenzial für Neues, Anderes steckt – vielleicht. Der August lädt mich zum Trödeln ein, im Garten und auch sonst. Vielleicht ein bisschen wie der lakonische Ausspruch von Clint Eastwood: »Ich reite in eine Stadt – der Rest findet sich.«

Üben wir uns also ein wenig im Laissez-faire.

Im Schutz der Kräuterbuschen

Erst in Bayern habe ich den August-Müßiggang kennen- und schätzen gelernt – solange man keinen Rohrbruch hat. Sonne, nicht zu heiß, Biergarten, Baden, nichts müssen und mittendrin ein zusätzlicher Feiertag, Mariä Himmelfahrt, mit der schönen Tradition des Frauendreißiger und der Kräuterbuschen.

Der Frauendreißiger umspannt die 30 Tage bis zum 15. September und verknüpft kirchliche Gedenktage zu Ehren Marias. Doch im Frauendreißiger verbinden sich christliche Traditionen mit altem Wissen. Denn die Kräuter, die in diesem Zeitraum gesammelt werden, gelten als besonders heilkräftig; in ihnen haben sich bis zum August ätherische Öle und andere Wirkstoffe angereichert. Sie werden zu schützenden Begleitern durch den Winter.

Eine spezielle Auswahl wird um den 15. August herum in Kräuterbuschen gebunden. Meinen ersten habe ich mit einer Kräuterbäuerin in meinem Dorf versucht. Sie hat uns in die Hintergründe und die Auswahl der Kräuter eingeweiht. Meist werden sieben Kräuter gebunden, in der Mitte eine Königskerze, drum herum zum Beispiel Salbei, Rosmarin, Lavendel, Schafgarbe, Wermut und Johanniskraut. Es gibt aber auch 9er- oder 15er-Buschen, bis hin zu 77er. Gläubige Frauen lassen den Buschen in der Kirche weihen. Die magische Kraft, die den duftenden Gebinden zugesprochen wird, weist aber darüber hinaus. Viele Schutzgeschichten werden dazu erzählt. Kopfüber getrocknet, hängen die Sträuße im Haus, werden zum Räuchern oder für Tees genutzt. Seither gehe ich um den 15. August durch meinen Garten, binde einen Kräuterbuschen und hoffe so, ein wenig Sommer zu bewahren.

Mitgift für den Winter

Eine besondere Erwähnung verdient in diesem Zusammenhang das Johanniskraut, das je nach Gegend in die Kräuterbuschen gebunden wird. Seine Blütezeit beginnt allerdings bereits im Juni (daher Johannis, 21. Juni) und zieht sich bis in den August. In meinem Garten wandert diese kräftig gelb blühende Pflanze immer wieder an andere Stellen und blüht am üppigsten im August; sie hat es nicht gern fett, nicht zu schattig und nicht zu voll, will heißen, sie meidet dicht bewachsene Flächen. Man sieht sie deshalb vielfach auf Brachland als Pionierpflanze. Zerreibt man die gelben Blüten, färbt der austretende Saft die Finger rot (Blut des Johannes). Als Heilmittel gehört das Johanniskraut zu den am häufigsten gegen Unruhe und Depressionen eingesetzten Pflanzen; die Wirkung als leichtes Antidepressivum ist inzwischen wissenschaftlich belegt. Für mich passt diese licht und leicht anmutende Pflanze zu ihrer aufhellenden, gleichwohl beruhigende Wirkung.

Aus den Blüten lässt sich ein Öl herstellen, das insbesondere bei Hautverletzungen heilsam wirkt und dessen Farbe ein Erlebnis ist. Dieses Farbgeschenk bewahrt Erinnerungen an den Sommer und vertreibt düstere Stimmungen. Damit empfinde ich das Johanniskraut als eine Art Mitgift des Hochsommers für die

Dunkelzeit, deren Herannahen sich noch unserer Wahrnehmung entzieht. Doch die Geschöpfe des Gartens schalten bereits in den Wintermodus.

Kräuter sind natürlich nicht nur unter dem Gesichtspunkt ihrer heilsamen Wirkungen zu betrachten. Sie duften, lassen sich zu Tees verarbeiten und vielfach beim Kochen einsetzen. Außerdem sind sie dekorativ, zum Beispiel in Blumenkästen, und unangefochtene Lieblinge vieler Insekten.

Kräuterwissen erlebt seit Jahren eine Renaissance; Kräuterbäuerinnen sind in meiner Gegend häufig anzutreffen. Ihr Wissen auf der Grenze von Botanik, Heilkunde und Mythen erinnert mich an die weisen Frauen zurückliegender Epochen, die in vormedizinischer Zeit mit ihren Erfahrungen und Fähigkeiten schützten und heilten. Ab dem 15. Jahrhundert dichtete ihnen die Kirche eine innige Beziehung zum Satan an und verbrannte sie zu Tausenden als Hexen.

Heute greift der heilkundige Einsatz von Kräutern auf ein breites Wissen zurück, das die Erfahrungen einer Hildegard von Bingen genauso verarbeitet wie die überlieferten Rezepturen aus den Apothekengärten der Klöster. Die Pharmakologie erkennt inzwischen das Potenzial, das in Pflanzen steckt und das nicht annähernd als erforscht gelten kann. Übrigens ein weiterer Grund, nicht zu zerstören, was wir noch nicht kennen.

Sommercocktail und Marmeladenspaß

An manchen Tagen ist der August wie ein sanfter Sommercocktail. Vielleicht ein paar Pfefferminzblätter aus dem Blumenkasten, ein Spritzer Ingwersud, ein wenig Zitronenbalsam und ein Schuss Pfirsichsaft, aufgefüllt mit Eiswasser oder Prosecco. Er macht einen leichten Kopf und beschwingt wie ein Sommerkleid. Heiterkeit ist das Stichwort. Und die Grillen untermalen dieses Wohlgefühl.

Dazu passen die (zäh mit silbrigen CD-Scheiben gegen Amsel, Stare und Co. verteidigten) Beerenschätze aus der Ostecke meines

Gartens: schwarze und rote Johannisbeeren, Stachelbeeren und gegen Monatsende Brombeeren. Sie alle sind in fast jeder Zubereitung und einfach vom Strauch Zungenschmeichler. Bei uns wird daraus, wenn die Ernte denn reicht, zum Beispiel eine Marmelade namens »Des Mönchs Begierde« (weiße Pfirsiche, Brombeeren und etwas Kakao) oder ein schlicht gekochtes Mus aus roten und schwarzen Johannisbeeren (plus nicht zu viel Zucker), das ein spektakuläres Rot im Glas bewahrt und, wenn das Fingerspitzengefühl für die Mischung gepasst hat, Säure und Süße harmonisch verbindet.

Noch nie gewagt habe ich mich an den roten Holunder, der zu Unrecht in Vergessenheit geraten ist. Als Busch steht er halbschattig an der Ostgrenze des Gartens, erfreut mit seinen zeitigen Blüten die Frühaufsteher unter den Insekten, und seine Früchte werden von Vögeln so geliebt, dass für einen Geleetest bisher nichts übrig blieb.

Hat jemand im Haus sehr viel August-Zeit bewahrt, geht er zu den Hagebutten und sammelt eine gute Portion für Hagebuttenmus, dessen Herstellung eine wahre Geduldsprobe ist, das aber, in kleinen Mengen pur gegessen, einen Vitaminschatz birgt, der über Zitrone und deren Verwandtschaft nur milde lächeln würde. Schließlich seien die bereits erwähnten Kornelkirschen genannt; dieser Spätwinterblüher trägt im Hochsommer knallrote kirschenähnliche Früchte mit viel Stein und wenig Fruchtfleisch, die eine dirndlrote Marmelade vom Feinsten ergeben. Ihrer Säure kann man mit etwas Kakao die Spitzen nehmen. Sie reiht sich in der Speisekammer ein in meine persönliche Symphonie der Farbe Rot.

Farbenspiele mit Kamikaze-Libellen

Draußen ist das Blühgeschehen im August zunächst eher im Pausenmodus. Ich habe lange gebraucht, um diese Übergangsphase, die an den Herbst erinnert und doch ein feines Spätsommerblühen einläutet, zu akzeptieren. Auch ich bin natürlich nicht frei vom Kopfdiktat des immer üppigen Blühens. Nachdem eine Weile

Grün die vorherrschende Farbe war, öffnen sich in der noch ungemähten Wiese immer mehr Malven, wilder Majoran und kleine Grasnelken. Im Laufe des Monats bilden sie ein zwischen Rosa und Zartlila changierendes Ambiente. Zwischendrin erscheinen hohe himmelblaue Wiesenstorchschnäbel, hier und da setzen erste Nachtkerzen und Baldrianblüten gelbe und weiße Akzente. Zwischendrin ragen einzelne fliederfarbene Grasähren heraus, die ich nicht zuzuordnen vermag. Um die Wasserstellen kündigen sich Rainfarn und einige letzte Kartoffelrosen an. In Beeten tauchen zum zweiten Mal blühende pinkfarbene Storchschnäbel auf und gesellen sich, farblich perfekt abgestimmt, zu einigen Prachtscharten und Blutweiderichen. Ein paar dunkelrote Indianernesseln haben den Schneckenangriff überlebt und kontrastieren apart mit den gelben Sonnen des Alant, die über seinen riesigen Blättern schweben und ihn zu einem heute kaum noch in Gärten zu sehenden Hingucker machen; er ist als Spätblüher wie auch die Vorgenannten wichtige Nektarquelle für Wildbienen und Schmetterlinge. Im Potpourri der Gelbtöne mischen langsam auch die Goldruten mit, deren ährenartige Blütenstände bis in den Oktober hinein Insektenmagneten sind, und das Brandkraut mit seinen pelzigen Blättern und kranzartigen üppigen Blütenständen. Im zeitweiligen Schatten hinter dem inzwischen aufragenden Miscanthus-Gras an der Südseite haben die Herbstanemonen ihre großen runden Blätter entfaltet und schieben knubbelige Knospen gen Himmel, die sich bald in Rosa und Weiß öffnen werden. Im Steinkreis des von Rosenbüschen bestimmten Mittelbeetes blüht weiterhin der Lavendel, sehr zum Vergnügen von Wild- und Honigbienen.

Auf der Terrasse bestimmen Minzen das Bild einiger Blumenkästen, dazu ebenfalls Lavendel, eine zwei Meter hohe Königskerze, die sich selbst dort ausgesät hat, ein Garten- und mehrere Gewürzsalbei. Die linke Seite ist flankiert von diversen Tomatenpflanzen, den Augensternen meiner Mutter. Rechts haben sich einige Brennnesseln einquartiert, und davor steht die Krankenstation für Schneckenopfer in Gestalt einer Holzkiste: ein lilafarbener Heilziest, gerettete Indianernesseln, einige Löwenmäulchen, eine Waldglockenblume, deren Überleben noch nicht sicher ist, sowie zwei vermutlich rot blühende Sonnenhüte. Alles Spätblüher, die ich extra mit Blick auf Nahrungsquellen für spät fliegende Insekten gepflanzt hatte, sehr zum schmatzenden Vergnügen der Nacktschnecken. Es ist immer wieder erstaunlich, wie selbst dem Augenschein nach kräftige Pflanzen sich innerhalb weniger Nächte den Schnecken geschlagen geben – wenn man sie nicht abschirmt.

Ein Besuch auf dem im Mai schon erwähnten Gründach zeigt winzige tiefblaue Glockenblumen, die wie Elfen auf kaum sichtbaren Stielchen schweben, sowie größere, die vielleicht von der Wäschespinne eingewandert sind; drum herum diverse Mauerpfeffer, die in einem rötlich angehauchten Gelb blühen. Außerdem jede Menge Birkensämlinge von der Nachbarin, die wir dringend herausziehen müssen. In jedem Jahr siedeln sich Zuwanderer an, von denen aber nur wenige bleiben dürfen, um das Dach nicht übergewichtig werden zu lassen. Hinzu gesellen sich Steinklee und Sandnelken; von größeren Thymian-Kissen steigt kräftiger Duft auf, wenn ich drübergehe.

Als markanteste Insekten im August empfinde ich Libellen und Hornissen sowie hier und da eine Pferdebremse mit Gehirnerschütterung. Das Summen, das an sonnigen Tagen wie eine Klangdecke über der Wiese liegt, geht von den Honigbienen aus, die immer noch Nektar sammeln, und von ihren wilden Schwestern, die zahlreich in den Blüten sitzen. Eine gänzlich andere Tonlage besetzt das laute Brummen der Hornissen, die sich manchmal bei offenen Türen im Haus verfliegen; weshalb ich sofort weiß, wer da gerade hereingekommen ist. Nur selten scheinen sich die wunderschönen Flieger angesichts der misslichen Lage aufzuregen, jedenfalls lässt sich keine Veränderung der Tonlage heraushören. Meist finden sie selbst den Weg zurück ins Freie.

Ganz anders die großen grünen Königslibellen. Wie zornige Minihubschrauber fliegen sie sehr laut immer wieder gegen Wände und Scheiben, steigen hoch in den First, wo Spinnennetze ihre Gemütslage auch nicht besänftigen. Wenn ich sie beobachte, kommen mir Kamikazeflieger in den Sinn – im Zweifel mit dem Kopf durch die Wand oder kopfüber ins Nichts. Sie mit meiner bewährten Glasmethode einzufangen, ist fast unmöglich. Sie sitzen nie auch nur für Augenblicke still. Ich versuche sie, sanft mit einem Tuch Richtung Ausgang zu lenken, was oft zu einem empörten Aufstellen des Hinterleibs führt. Eine durchaus eindrucksvolle Drohgebärde. Bestimmt ist meine Interpretation des Geschehens falsch und herzlos. Wahrscheinlich sind diese auffälligen Flugwesen, die seit 320 Millionen Jahren die Erde bewohnen, schlicht panisch – oder eben doch ungehalten angesichts eines Menschen, der erdgeschichtlich ein Nobody ist. Zum Glück treffen sie irgendwann bei einem Angriff auf die Scheibe die offene Tür und sind frei. Vor Jahren habe ich zufällig den Prozess der Selbstbefreiung einer solchen Großlibelle aus ihrer Puppe beobachten können. Es kam mir wie ein Wunder vor, dass sich in einer unscheinbaren Hülle die Verwandlung in ein solches Geschöpf vollzieht.

Aus der in Europa seltenen Familie der Prachtlibellen findet sich in manchen Jahren die Blauflügel-Prachtlibelle ein. Ob sie hier ihren Entwicklungsprozess durchläuft, weiß ich nicht. Sie gehört zu den geheimnisvollen Lebewesen in meiner Umgebung – und mit ihren nachtblau schimmernden Flügeln an einem türkisfarbenen Körper zu den bezauberndsten. Zahlreich anzutreffen sind in meiner blühenden August-Wiese die kleinen Azurjungfern, die bei jedem Schritt auffliegen und ein Stückchen weiter an einer Blüte landen. Die Männchen gleichen hellblauen Nadeln mit einer schwarzen Zeichnung am Hinterleib. Manchmal schaue ich ihnen bei einer langen Begattung zu.

Und dann wären da noch die Pferdebremsen. Es sind die größten Bremsen in hiesigen Breiten, und sie lehren selbst Pferde und Rinder das Fürchten. Ihr sonores Brummen könnte man gemütlich nennen, aber ihre Mundwerkzeuge sind umso ungemütlicher. Wenn sie zustechen, hinterlassen sie sichtbare Löcher. Woher und warum sie ab Ende Juli bei uns auftauchen, ist unklar. Pferde und

Rinder weiden in beachtlicher Entfernung. Nutznießer sind die Spatzen, die jedes Jahr auf die Eiweißpakete warten. Denn diese fliegen etwas unkontrolliert gegen Wände und Scheiben, landen benommen (mit Gehirnerschütterung?) meist auf dem Rücken und kommen nur mühsam wieder auf die Füße. Wenn überhaupt, denn wie gesagt, die Spatzen warten schon …

Zauber der Himmelslichter

»›Ja –‹, sagte die Prinzessin, leise, damit sie es nicht verscheuchte. ›Das ist ja wunderbar. Ganz hellgrün – und da – rosa! Und Kugelstreifen – und das da, ganz spitz-hoch …‹ Jetzt wagte sie es, schon lauter zu sprechen, denn nun leuchtete uns das Nordlicht wie wirklich.«

Was in Kurt Tucholskys Sommermärchen *Schloss Gripsholm* ein Traum ist, begegnete mir in einem August am oberbayerischen Nachthimmel. Das Nordlicht oder Polarlicht. In weit ausholenden kreisenden Bewegungen durchwanderte ein rötlich grünes Licht den Himmel. Kam näher, zog sich zurück, verschwand hinter dem für mich sichtbaren Horizont und kehrte wieder. Ein Schauspiel, das mich im Wortsinn bewegte. Ich fühlte mich von diesem kraftvoll wirkenden Kreisen wie mitgenommen, als ginge ein Sog von der Lichtquelle aus. Eine starke Energie, die in mir vielleicht jenen Sternenstaub berührt, aus dem wir alle gemacht sind. Das Polarlicht zog mehr als eine Stunde lang über den Himmel. Seither habe ich es nie wieder gesehen. Als es verschwand, glaubte ich einen Augenblick, es müsse irgendeine andere Erklärung geben. Doch später las ich, dass sich das Nordlicht sehr selten in gemäßigten Breiten beobachten lässt, bei starken Sonnenwinden. Die physikalisch-chemischen Ursachen für die traumschöne Aurora borealis tun ihrem Zauber keinen Abbruch.

Auf andere Art zum Himmelgucker machen mich im August die Perseiden, die Tränen des Laurentius, jenes Märtyrers, der um den 10. August auf glühendem Rost hingerichtet worden sein soll. Sie kehren regelmäßig wieder und überziehen den Nachthimmel mit Sternschnuppen, die ich an einem Ort ohne jedes künstliche Licht bei klarem Himmel in voller Schönheit sehen kann. Verlockung pur, in die Nacht zu schauen und auf die aufblitzenden kleineren und größeren Sternschnuppen zu lauern. Bis der Nacken schmerzt. Sie rühren her von einem regelmäßig wiederkehrenden Meteoritenstrom, der seinen Ursprung beim Sternbild Perseus hat.

Jäger mit Stoßdämpfern und ätzende Allianz

›Mein‹ August bietet also immer wieder erstaunliche Begegnungen, die mir neue Erkenntnisse eröffnen. Bei einem Abendspaziergang sehe ich in geringer Entfernung einen großen Vogel auf einem Zaunpfahl sitzen. Ich bleibe stehen, um ihn nicht aufzuschrecken. Er dreht mir den runden Kopf zu und schaut mich aus großen runden Augen an. Ein Waldkauz. Unbewegt ruhen diese Augen auf mir. Ein langer Wimpernschlag, dann dreht er den Kopf wie auf einem Schraubgewinde in die entgegengesetzte Richtung. Ich wage einen leisen Schritt vorwärts, der für seine empfindlichen Ohren wohl wie ein Stampfen klingt, denn er schaut sofort erneut zu mir, fliegt aber nicht weg. Nach einer Weile nimmt er seinen Radarrundumblick wieder auf. Wir bilden eine Art Stillleben, und ich überlasse ihm die Entscheidung, es aufzulösen. Schließlich entfaltet er die beachtlichen Schwingen, hebt vom Zaunpfahl ab und gleitet langsam im Tiefflug über die Wiesen davon.

Während ich seinem Flug nachschaue, frage ich mich, ob es vielleicht doch ein Uhu war; denn auch diese Nachtjäger kommen hier gelegentlich bei Flügen durch ihre großen Reviere vorbei. Die Größe sprach allerdings für den Kauz, jenen Eulenvogel, der bei uns zu den häufigsten Vertretern dieser Vogelfamilie gehören. Doch auch sein Lebensraum mit alten Bäumen als Brutraum ist gefährdet. Deshalb trifft man Käuze vermehrt in Parkanlagen und auf Friedhöfen an. Letztere passen zu jenem Aberglauben, dass ihr nächtlicher Ruf den baldigen Tod ankündigt. Dieser Irrglaube geht auf die mittelalterliche Umdeutung der Eulen zurück, die in der Antike Weisheit und Glück verkörperten (wie Harry Potters Hedwig), nun aber zu Unglücksboten und Helfern des Satans wurden. Die Käuze sind hervorragende Seher, die sich in völliger Dunkelheit noch auf ihr exzellentes Gehör verlassen können. Dabei kann der Kauz seine Beute genau anpeilen, weil die leicht asymmetrische Stellung der Ohren Geräusche minimal zeitversetzt wahrnehmbar macht. Dem Jagderfolg zuträglich sind die Schalldämpfer an den Flügeln, ein dichtes samtartiges Federpolster auf der Oberseite der Flügel; und kammartige Zähnchen an den Rändern der äußersten Flügelfedern verwirbeln den Luftstrom beim Fliegen und unterdrücken Geräusche.

Ein durchaus geräuschvolles Unterfangen ist das Bad des Grünspechts im Ameisenhaufen. Mit ungläubigem Staunen habe ich dieses Schauspiel in einem August verfolgt. Da saß ein großer grüner Vogel mit rotem Schopf auf dem langjährigen Ameisenhaufen im Mittelbeet und hieb mit ausholenden Bewegungen auf das angehäufte Erdreich ein, sodass die Fetzen, besser Brocken nur so flogen. Schnell bildete sich eine Mulde, in der er wühlte und teilweise verschwand. Ich verstand nichts und kam mir vor wie eine Fremde auf unerforschtem Terrain. Ein gewalttätiger Ameisenjäger in meinem Garten? Als der sich wieder davongemacht hatte, studierte ich vorsichtig das Schlachtfeld. Ein Drittel des Ameisenhaufens war im Umfeld verstreut. Die Überlebenden hetzten in panisch anmutendem Tempo herum und begannen, die Schäden zu reparieren. Nach einigen Tagen waren die Löcher geschlossen, wenn auch der Hügel beträchtlich an Höhe verloren hatte. Und wer war nun der Ameisenräuber? Meine Recherchen ergaben Erstaunliches: Der Grünspecht ist durchaus bei uns heimisch, wenn auch seine Lebensräume, Streuobstwiesen, abwechslungsreiches Offenland und alte Bäume (bevorzugt Pappeln, Weiden und Obstbäume), auf dem Rückzug sind. Er hat die längste (ziemlich klebrige) Zunge aller hiesigen Spechtarten und erreicht damit seine Leibspeise, Ameisen. Auffällig ist übrigens der Gesang des wegen seiner schwarzen Augenmaske auch Zorro genannten Vogels; der erinnert an menschliches Lachen.

Die erstaunlichste Eigenart des Grünspechts, die wohl auch bei anderen Vögeln beobachtet wurde, ist das Bad im Ameisenhaufen. Dazu provoziert der Specht die Ameisen und legt sich in ihren Haufen. Die besprühen ihn mit Ameisensäure; die ätzende Substanz tötet oder betäubt Federparasiten, die der Specht anschließend aus seinem Gefieder zupft und verspeist. Eine wahrhaft ätzende Allianz.

Die Mäuse ziehen ein

Es lässt sich nicht leugnen. Seit einigen Jahren versuchen immer wieder sehr hübsche kleine Mäuse, sich ab August Zutritt zu meiner Küche zu verschaffen. Insbesondere der, wohlgemerkt mit einem Deckel versehene Abfalleimer unter der Spüle übt starke Anziehung auf sie aus. Zum Glück sind alle Schubladen und Schrankfächer nach hinten geschlossen und so für sie unerreichbar. Das trägt dazu bei, dass ich mir das Treiben mit einer gewissen Geduld anschaue. Ich streue stark riechende, mit ätherischen Ölen getränkte Körner aus – mit mäßigem Erfolg. Auch Walnussblätter, die beim Reinbeißen starken Speichelfluss auslösen sollen, haben sie weitgehend umgangen. Fallen? Tja, dafür sind sie anscheinend zu clever. Nur der Keksdosentrick hat eine Weile funktioniert. Um Weihnachten habe ich Plätzchen in eine Dose mit locker angelehntem Deckel gelegt – und damit einige Mäuse gefangen. Da es zu der Zeit ziemlich kalt war, habe ich sie aus Mitleid im Schuppen ausgesetzt. Wie sie ins Haus kommen, weiß ich bis heute nicht. Viele sagen, durch die Tür. Und hier will ich noch mal aus meinem alten Gartenbuch zitieren, weil ich mich damit bezüglich der Mäuse in guter, zum Schmunzeln anregender Gesellschaft sehe:

»Die Mäuse halten Einzug. Bei der ersten scharfen Tagesluft und der ersten kühlen Nacht kommen sie aus allen Ecken des Gartens gehuscht und halten ihre Herbstversammlung. Die Sommernachrichten werden ausgetauscht, neue Kinder bewundert, der Tagesklatsch in rosafarbene Ohren geflüstert. Auf der Suche nach der Wärme des Hauses nützen die Mäuse jedes Loch und jeden Riss. Das Hauptziel ist, wie könnte es anders sein, die Küche.... Nach einer Weile kommen die Mäuse nicht mehr ins Haus. Es spricht sich herum, dass bei uns die Lebensmittel gut behütet werden. Man lässt uns in Ruhe und wendet sich vielversprechenderen Jagdrevieren zu« (Renée Nebehay).

Im Fliegen leben

Der scharfe Ruf der Mauersegler lässt mich vor allem im August zum Himmel schauen, vielleicht weil die rasanten Flieger dann ihr Brutgeschäft erledigt haben und mit lautstarken Flugmanövern besonders auffällig werden. Ornithologen vermuten, dass ihre Kunststücke, ihre Sturzflüge und rasanten Wendungen, mit denen sie haarscharf Hindernissen ausweichen, Informationsaustausch, soziale Bindung, Kräftemessen oder pure Lust signalisieren, bevor sie allein oder in Gesellschaft Richtung Süden aufbrechen. Als Schwarm scheinen sie regelrechte Flugschauen zu veranstalten.

Sie gehören mit bis zu 200 Stundenkilometern zu den schnellsten unter den hiesigen Vögeln und markieren für uns erdenschwere Geschöpfe ein Extrem der Bewegung. Denn sie fliegen unfassbar ausdauernd. Wissenschaftler haben herausgefunden, dass Mauersegler bis zu zehn Monate ununterbrochen fliegen können. Manche fliegen von ihren Brutgebieten in Europa nach Zentralafrika, verbringen dort den Winter und kehren wieder zurück, ohne einmal zu landen. Vermutlich schlafen sie auch im Flug. Sie steigen in der Abenddämmerung mehrere Kilometer auf und ruhen sich auf Luftpolstern aus. »Fast ausschließlich in der Luft leben sie also, weil sie dort kaum Feinde und wenig Konkurrenten haben, weil sie dort aufgrund ihrer Spezialisierung problemlos Nahrung finden, weil ihnen Fliegen vielleicht Spaß macht und sie mit ziemlich großer Wahrscheinlichkeit auf Wolke 7 auch schlafen können« (Arndt Wellbrock).

Und doch zeigen sich Vogelkundler besorgt über die Verluste in den Populationen. Haussanierungen rauben ihnen Brutplätze, heiße Sommer wie 2018 führen zu Hitzestaus in Nestern, denen die Jungvögel durch Stürze in die Tiefe auszuweichen versuchen; da sie oft noch nicht fliegen können, sterben viele. Ein Vorgang, den ich bei Schwalben im heißen Juni 2019 erstmals beobachtet habe.

Hinzu kommt der Abschuss von Vögeln in vielen Überflugländern, der alle Zugvögel bedroht.

Abschiede bahnen sich an

Wenn ich gegen Ende des Monats die ersten Vögel auf Überlandleitungen sitzen sehe, beschleicht mich für Augenblicke Wehmut. Der Vogelzug beginnt in unseren Breiten nicht im ›richtigen‹ Herbst, sondern als Vorbote für Kommendes bereits im August. Auch erste Nässe im morgendlichen Gras werte ich als Ankündigung herbstlicher Veränderung.

Das Stichwort heißt Abschied. Abschied von denen, die vielleicht wiederkehren, wie die Schwalben, oder von denen, die am Ende des Sommers sterben. Davon berichtet anrührend das folgende Gespräch einer jungen Gartenbeobachterin mit einem Falter:

»›Erinnerst du dich an mich?‹, fragt der Segelfalter. ›Wir haben uns das letzte Mal im April gesehen.‹ – ›Und ob ich mich an dich erinnere!‹, sage ich. ›Ich werde nie vergessen, wie du dir an dem Musselin am Fenster die Flügel getrocknet hast und wie du durch die Küchentür davongeflogen bist. … Wo wirst du den Winter verbringen?‹ – ›Nirgendwo‹, sagt der Segelfalter. ›Ich werde den Winter nicht überleben. Ein paar Freunde, die jünger sind als ich, werden lang schlafen und im Frühling aufwachen, aber meine Zeit ist um.‹ – ›Du bist so schön, kannst du nicht noch eine Weile bleiben? Warum musst du sterben?‹ – ›Wir haben alle eine Aufgabe, und wenn sie erledigt ist, müssen wir gehen. Sei nicht traurig. Nächsten Frühling wird es andere Schmetterlinge geben, die dir Freude machen‹« (Renée Nebehay).

Leider ist dieses Versprechen, wie vielfach gesehen, oft nicht mehr einzulösen. Der Schmetterlingsflieder, der sich noch vor wenigen Jahren gerade im August auch bei mir vor Schmetterlingen fast bog, ist kein Magnet mehr für Kleinen Fuchs, Tagpfauenauge oder Admiral. Das Insektensterben hat schleichend, aber mit Macht hier vor meinen Augen seine Spuren hinterlassen.

Abschiede haben in meinem Garten um diese Zeit viele Gesichter. Die Honigbienen jagen die Drohnen aus dem Stock, die Feldwespen, deren Fensternest ich im Laufe des Sommers mehrfach wieder angeklebt habe, ziehen nach und nach aus, dafür ziehen immer mehr Spinnen ein, und jene, die draußen verweilen, bauen erste Herbsträder. Winzige Laubfroschbabys verirren sich ins Haus; eines kann ich in feuchte Sicherheit bringen, das andere ist bereits mumifiziert und ruht jetzt, wie erzählt, in einer Holzschachtel neben einem Stein aus Südafrika. Auch die unbeachtete Krötenwanderung im Herbst ist eine Art Abschied. Im Frühjahr haben wir Hunderten Kröten mit Zäunen und nächtlichen Kontrollgängen den meist tödlichen Weg über Landstraßen erspart und damit ein wenig zum Bruterfolg für künftige Generationen beigetragen. Im Spätsommer beobachte ich kleine Kröten, die von den Laichgewässern an jene Orte zurückwandern, wo ihre Eltern einst aufgebrochen sind. Viele finden dabei den Tod, weil diese Rückwanderung wohl eher vereinzelt erfolgt und daher schwer zu schützen ist. Es sei denn, wir würden weniger Tierwanderwege für unsere Autos zerschneiden.

Der schwerste Abschied war im vergangenen August der von meiner uralten Katzendame, die schließlich keine Lebenskraft mehr hatte und ihren Platz bei all den anderen am Südrand des Gartens fand. Sie war die bisher letzte Mitbewohnerin auf vier Pfoten. Eine Weile kam mir das Haus leer vor ohne sie, und ein Rest Abschiedsschmerz ist mir geblieben.

Sie lassen nichts anbrennen

Diese vergnüglich doppeldeutige Behauptung verdanke ich einem bekennenden Liebhaber jener sehr speziellen Käfer, die je nach Sommerqualität im Juli/August durch meinen Garten leuchten. Die Lichtinstallationen der Glühwürmchen, deren englischer Name Firefly so viel mehr von ihrem Charme einfängt, erhellen das Nachtblau und verbreiten einen besonderen Zauber, übrigens ein Wort, das in Texten über Glühwürmchen regelmäßig vorkommt. Selbst der nicht als Romantiker bekannte Alfred Brehm schrieb: »Sie strahlen einen wunderbaren, gewissermaßen Erdsternen nachahmenden Glanz aus.« In der Schweiz sind sie das Tier des Jahres 2019; in Zürich lehrt der Glühwürmchenexperte Stefan Ineichen, und der Schaffhauser Friedhof lockt jeden Sommer viele Fans zu einem seltenen Glühwürmchenspektakel.

Ich kann diese Begeisterung gut nachempfinden, wenn wie in diesem Sommer nächtelang kleine Gruppen von Glühwürmchen durch meinen Garten leuchten, ich Männchen und Weibchen gut an ihrem Verhalten unterscheiden kann. Die Frauen sitzen leuchtend in Bodennähe, die Männer sind fliegend auf der Suche. Einen leuchtenden Flieger bemerkte ich auf dem Schreibtisch; wahrscheinlich hat er das Blinken des Laptops im Dunkeln für eine wartende Dame gehalten. Auch zwei, die sich gefunden hatten, habe ich zum ersten Mal entdeckt. Da wurde doppelt geglüht. Es ist ein kindliches Vergnügen, hinter der Scheibe zu stehen und ihnen zuzusehen. Wenn auch bis zu jenen Glühwürmchenwolken, die ich vor Jahren im Umland von Florenz sah, der Weg weit ist.

Irgendwann habe ich mich gefragt, was ich bzw. mein Garten für diese Lichtwesen tun kann. Was brauchen sie, wovon und wo leben sie? Und so entdeckte ich ihren ungewöhnlichen Lebensweg, der, so formulierte es ein Bewunderer, »voller Glanz, Leidenschaft und romantischer Tragik« ist. Ihr Licht dient vor allem der Vermehrung bzw. dem Zusammenfinden der Geschlechter. Je nach Lebensraum und Art flirrten sie in unterschiedlichem Blinkrhythmus. Kein anderes an Land lebendes Tier hat eine vergleichbare Fähigkeit, Licht zu erzeugen, ohne vorher von der Sonne aufgeladen oder angestrahlt zu werden (Biolumineszenz). Nach der Begattung werden bis zu 80 Eier gelegt, die übrigens auch leuchten – bei mir augenscheinlich in einen unberührten alten Wall aus Blättern, Zweigen, verrottetem Gartenschnitt –; und dann endet das kurze Lebens des leuchtenden Gartenbewohners, der als Käfer nur von Luft und Liebe und den Fettreserven aus der Larvenzeit lebt. Denn die Larve ist umso gefräßiger. Sie verbringt drei bis vier Jahre in diesem Stadium und ernährt sich von Nackt- und Gehäuseschnecken, die sie trotz beachtlichen Größenunterschieds mit einem Biss vergiftet und innerhalb von 24 Stunden auffrisst. Damit gehört sie zu den ganz wenigen Tieren, die Nacktschnecken als Leckerbissen betrachten – was Gärtner dazu bewegen sollte, Glühwürmchen zu sich einzuladen. Dafür braucht es sich selbst überlassene, schattige Plätze, Feuchtigkeit, Dunkelheit (künstliches Licht verwirrt die Glühwürmchen) – und Nacktschnecken.

So leben die hiesigen Glühkäfer nur wenige Tage, fressen nicht, verdauen nicht – auf all diese überflüssigen Energiediebe verzichtet die Evolution. Denn es geht nur um Vermehrung. Glühwürmchen sind für mich Brüder und Schwestern des Federgeistchens. Verblüffende Wesen, die Zeugnis ablegen von der überbordenden Phantasie und der grenzenlosen Spiellust der Natur, die vor gewagt erscheinenden Experimenten nicht zurückschreckt.

Sie sind wie Gaukler, wie Flaneure des Spätsommers. Sich treiben lassen. Alles für möglich halten. »Wie das Bild von Glühwürmchen auf einem abendlichen Feld im Sommer, das einem sagt: ›Statt dessen hättet ihr diese haben können‹« (André Aciman).

In New York gehen die Lichter aus

Im Spannungsfeld von Abschied und Wiederkehr, das im Garten allenthalben zu beobachten ist, sehe ich auch die gefiederten Fernreisenden, deren riskanter Flug über riesige Distanzen nicht nur Vogelkundigen Respekt abnötigt. So beschloss der Staat New York im Jahr 2015, dass die nächtliche Außenbeleuchtung an öffentlichen Gebäuden während der Vogelzugsaison im Herbst und im Frühjahr ausgeschaltet wird. Damit reiht sich New York ein in die Lights-Out-Initiative, der schon San Francisco, Baltimore, Chicago oder Washington angehören. New York liegt am sogenannten Atlantic Flyway, einer der vier Hauptrouten des Vogelzuges, die von Millionen Vögeln genutzt werden. Da die meisten Vögel nachts ziehen und sich dabei vermutlich auch an den Sternen orientieren (die genauen Mechanismen sind bis heute nicht restlos erforscht), fallen jährlich geschätzt 500 Millionen bis eine Milliarde Vögel unterwegs dem Phänomen der Fatal Light Attraction zum Opfer, also der Irritation durch elektrisches Licht, das die Vögel gegen Fenster und Mauern fliegen lässt und vielfach tötet.

Dieses Mitgefühl für die gefiederten Weltreisenden gehört vielleicht zu der Faszination, die von den Zugvögeln bis heute ausgeht. In jedem Frühling löst die erste Schwalbe, deren fröhlich anmutendes Gezwitscher mich hochschauen lässt, ein besonderes Gefühl aus. Freude, Erleichterung, grundloses Glück. Vielleicht wirkt hier ein altes Muster; denn seit Menschengedenken galt die ersehnte Rückkehr der Vögel als Zeichen, dass der Winter vorüber war – und umgekehrt, dass die harte Jahreszeit heraufzog.

Die Forschung hat gezeigt, dass etwa 50 Milliarden Vögel das Wagnis auf sich nehmen, allein, in Gruppen oder in riesigen Schwärmen. Nach Schätzungen verlieren etwa die Hälfte ihr Leben (darunter geschätzt 53 Millionen durch Vogeljagd). Ihr genetisch festgelegter Antrieb ist bei allen gleich: »Vögel teilen das Jahr so auf, dass sie in Zeiten des Überflusses an Nahrung anwesend und in Zeiten des Mangels abwesend sind« (Ian Newton). Insbesondere der Insektenreichtum in Europa mag sie nach der letzten Eiszeit hergelockt haben. »Die Zeit bei uns ist nur ein kleiner Ausschnitt im Leben vieler Zugvogelarten. Klappergrasmücken, Neuntöter und Drosselrohrsänger kommen erst Ende April aus dem Winterquartier zurück und verlassen uns bereits Mitte oder Ende Juni wieder. Innerhalb nur weniger Wochen finden sie einen Partner, bauen ein Nest, bringen eine Brut hoch – und machen sich wieder auf die lange Reise« (Thomas Krumenacker). Wenn ich es genau bedenke, sind sie Gäste bei uns; ihre Heimat ist der Süden. Aber nur hier gehen sie dem Brutgeschäft nach; das verdeutlicht einmal mehr, welche Bedeutung Insekten auch für diesen komplizierten Kreislauf haben. Gleichzeitig beobachten Ornithologen, dass sich durch verändertes Klima, Industrialisierung und Zerstörung von Lebensräumen etwa in afrikanischen Stand- oder Rastorten das Zugverhalten ändert; die wärmeren Winter haben zum Beispiel Amseln, wie im Dezember zu sehen, augenscheinlich dazu bewogen, auch in meinem Garten zu verweilen – möglicherweise langfristig ein evolutionärer Vorteil. Und doch frage ich mich, warum nach meiner Beobachtung seit einigen Jahren immer weniger Schwalben und Stare im Frühjahr zurückkehren. Ihr Abflug also zum Abschied ohne Wiederkehr wird.

Das weitgehend unverstandene Energie- und Orientierungsmanagement der oft winzigen Flieger motiviert Wissenschaftler zu erstaunlichen Projekten, wie Icarus, das es seit 2019 ermöglicht, von der Internationalen Raumfahrtstation aus weltweit Tiere, die mit Sendern versehen wurden, zu beobachten. Dieses Internet der Tiere soll dazu beitragen, mehr von der speziellen Intelligenz nicht nur der Vögel zu verstehen, ihren oft beschworenen sechsten Sinn zu ergründen, der die Basis sein könnte für ihre überlebenswichtigen Entscheidungen.

In Erinnerung geblieben ist mir zu der hier nur angedeuteten Verbindung zwischen Vögeln und Menschen ein Gedanke des Schriftstellers und leidenschaftlichen Vogelbeobachters Jonathan Franzen: »Vögel verkörpern eine Zeit, als die Welt von Menschen noch nicht bewohnt war. Und zu erleben, dass diese fliegenden Warmblüter immer noch da sind, obwohl wir Menschen nicht gut zu ihnen sind, sie es trotzdem irgendwie schaffen, sich fortzupflanzen und um die Welt zu fliegen – das ist für mich eine erfüllende Erfahrung. Dass dieser süße kleine Vogel, der da vor deinem Fenster sein Lied singt, in Wahrheit ein Dinosaurier ist – ist das nicht eine verrückte Vorstellung?«

»Des Schmetterlings zweifelnder Flügel«

Die Heiterkeit, die mir Glühwürmchen und andere fliegende oder verwurzelte Bewohner meines Gartens in diesem letzten Sommermonat schenken, lässt mich zu den August-Flaneuren zurückschauen.

Flaneure sind eine Erfindung des 19. und beginnenden 20. Jahrhunderts. Das Bild vom flanierenden Müßiggänger gehört zu den sich entwickelnden Stadtgesellschaften dieser Zeit, im Besonderen zu Paris. Charles Baudelaire bedichtete Flaneure als »wahre Wanderer, die den Ballons gleich reisen«. Die schönste Hommage an das Laissez-faire jenes absichtslos Wandernden, der die Stadt zur Landschaft macht und sich damit für mich als Weggefährte des Wanderers in der unbebauten Natur erweist, gehört für mich zum August-Garten: »Mit der eigentümliche(n) Unschlüssigkeit des Flanierenden«, der die Zeit zu sich einlädt und die an »des Schmetterlings zweifelnden Flügel« (Friedrich Schiller) erinnert, dem Langeweile ist wie »ein warmes graues Tuch, das innen mit dem glühendsten, farbigsten Seidenfutter ausgeschlagen ist. In dieses Tuch wickeln wir uns, wenn wir träumen. Dann sind wir in den Arabesken seines Futters zuhause … Flanieren ist die Rhythmik dieses Schlummers« (Walter Benjamin).

Ich borge mir den Flaneur und seine feine Wahrnehmung, jenseits aller klugen Wissenschaft, für meine August-Bilder und mache ihn mit dem Wanderer Robert Macfarlane bekannt. Außerdem lade ich als Dritten im Bunde dazu den Seefahrer John Franklin, dem Sten Nadolny mit der *Entdeckung der Langsamkeit* eine der schönsten Geschichten über Zeit und Menschenliebe widmete. Natürlich könnte ich auch ›Momo‹ befragen und die Schildkröte des Meister Hora. Aber diese Wege können andere August-Liebhaber beschreiten.

All diese Gewährsleute sind kein poetischer Selbstzweck. Meine Erinnerung an die Flaneure und Wanderer ist kein Zufall; »sie sind zuständig für die Instandhaltung der Erinnerung, sie sind die Registrierer des Verschwindens, sie sehen als erste das Unheil, ihnen entgeht nicht die kleinste Kleinigkeit« (Cees Noteboom). Damit taugen sie als Vorbilder für gute Gärtner und als Gegenbilder für eine Welt aus Atemlosigkeit, nichts sehender, nichts spürendender Schnelligkeit und Beschleunigung, die uns aus der Kurve tragen. Man könnte sie auch als begeisterte Zeitverschwender beschreiben, die jedes Zeitdiktat ignorieren – oder, um es hintergründig ironisch zu sagen: »Hierzulande muss man müssen, sonst darf man nicht. Hier geht man nicht wo, sondern wohin« (Franz Hessel). In solchem Sinn sind sie meine Gefährten im August, wie Sommercocktail, Flugkünstler und Schaukeln.

Auch die Dämmerung ist eine Freundin der Flaneure und Wanderer, die »dämmrigen Ränder der Tage« (Karlheinz Geissler), Zwielicht, Übergänge als Räume des Träumens, des Vielleicht, des Offenen. Die Dämmerung gehört zu jenen natürlichen Zeitgebern und Erfahrungen, die wir weitgehend zu ignorieren versuchen und nur noch in den eher folkloristisch inhaltsleeren Gestalten von Eisheiligen oder Siebenschläfern bemühen. Im Grunde sind wir überzeugt oder tun zumindest angestrengt so, als hätten all diese ohne uns existierenden Phänomene keine Macht über uns. Welch ein Irrtum – und die Wirtin Natur zeigt uns immer deutlicher, dass die Rechnung nicht ohne sie zu machen ist.

Wir erleben Monotonie als bedrückend und Vielfalt als angenehm, weil sie in Beziehung zu den Lebensprozessen steht, die uns selbst bestimmen. Wissenschaftler sprechen von Resonanz (Hartmut Rosa, Fritz Reheis). Diese Resonanz ist gestört, sobald wir der Natur und damit uns selbst zu Leibe rücken. Schon vor mehr als einem Jahrzehnt warnten Zeitforscher, dass Transportmittel uns mehr und mehr ihre Geschwindigkeit diktieren und Herzinfarkte eigentlich Zeitinfarkte seien. »Wer auch in die Ecken seines Lebens will, der muss überflüssige Beschleunigung abbauen« (Karlheinz Geissler).

Und so wird die Dämmerung, bevor sie denn hereinbrechen kann, ausgeleuchtet, und das mit einer Ängstlichkeit vor dem Dunkel, die sich kaum von der unserer Vorfahren unterscheidet.

In der Stadt wird sie überstrahlt von der Herrschaft des künstlichen Lichts, auf dem Land gehen bei Gefahr von Dämmerung die Straßenlaternen an, und sei es nur, weil ein Gewitter heraufzieht und die Helligkeit verringert. Nur weit weg von Dörfern und Straßen kann ich Dämmerung noch erleben. Früher auch in meinem Garten, als die Vorhut der Straßenlaternen nicht bis zu ihm vorgerückt war. Heute verteidigt die Dämmerung noch den Ostteil des Gartens, wo das Haus dem fremden Licht Einhalt gebietet.

Die Dämmerung ist eine jener Zwischenzeiten, von denen im September zu erzählen sein wird und die eine Art Übergang beschreibt, ein »Zugegensein, das eine Scheidung oder Unterbrechung bewirkt, im Raum und in der Zeit« (Jacob und Wilhelm Grimm). Dichter, Liebende, Philosophen und Gärtner richten sich – manchmal – in solchen Zwischenzeiten ein. Und natürlich die Flaneure und Wanderer. Ich sehe sie in meinem Garten in Gesellschaft von gaukelnden Glühwürmchen oder eigensinnigen Löwenzähnen, von mohnverliebten Mauerbienen oder frechen Laubfröschen.

Ja, mir scheint, sobald ich über den August nachdenke, schauen mir überall Flaneure zu. Vielleicht hat mein August-Blick aber auch nur meine Aufmerksamkeit geschärft beim Stöbern in Erinnerung und Büchern; sie hat sich verlocken lassen, den vielfältigen Verknüpfungen vom Flanieren, Genießen, Müßiggehen planlos zu folgen. Da preist die fernöstliche Philosophie das ›Tun im Nichtstun‹ (Wu wei), und Aristoteles behauptet, der Mensch lebe um der Muße willen; da preisen frühe Romantiker, diese begeisterten Lebensforscher des Müßiggangs, das mäandernde Denken als »Blüthenstaub« oder prophezeien Dichter eine Existenz in fortwährender Ablenkung; da warnen Wissenschaftler vor einer »Zivilisation der Ungeduld« (Jeremy Riffkin) und diagnostizieren Beobachter, dass »die Kunst der Absichtslosigkeit, des entspannten Nichtstuns im Tun in unserer hektischen Zeit zunehmend im Verschwinden begriffen ist« (Ulrich Schnabel).

Ein paar Flaneursätze habe ich aufgesammelt, zufällig und ohne Ordnungsabsicht – manche klingen verblüffend aktuell und erinnern an Debatten um Grundeinkommen, Wachstum, Verzicht; somit würde sich auch hier Hölderlins Hoffnungssatz über Gefährdung und Rettung bewähren:

»Mir scheint nämlich selbst ein freier Bürger nicht wirklich frei zu sein, der nicht irgendwann auch einmal einfach nichts tut« (Cicero).

»Lassen wir es doch ein wenig treiben. Die Ordnung, die für die Flöhe und Maulwürfe sorgt, sorgt auch für Menschen. … Wir mögen noch so laut Hüh-Hott schreien, das macht uns nur heiser, aber die Ordnung nicht besser« (Michel de Montaigne).

»Gebt den Leuten mehr Schlaf – und sie werden wacher sein, wenn sie wach sind« (Kurt Tucholsky).

»Ich glaube, dass in der Welt viel zu viel gearbeitet wird, dass die Überzeugung, Arbeiten sei an sich schon eine Tugend, ungeheuren Schaden anrichtet (wir produzieren haufenweise Dinge, die gar nicht gebraucht werden) … dass der Weg zu Glück und Wohlfahrt in einer organisierten Arbeitseinschränkung zu sehen ist … Es wird wieder Glück und Lebensfreude geben statt der nervösen Gereiztheit, Übermüdung und schlechten Verdauung. Man wird genug arbeiten, um die Muße genießen zu können … Ohne die Müßiggänger wären die Menschen heute noch Barbaren« (Bertrand Russell).

»Bildung ist ein Geschenk der Freiheit und des äußeren Müßiggangs; man erringt sie nicht, man atmet sie ein« (Thomas Mann).

»Zum Denken gehört nicht nur die Bewegung der Gedanken, sondern ebenso ihre Stilllegung« (Walter Benjamin).

Freibeuter der Langsamkeit und Wanderer im Unerwarteten

John Franklin, Seefahrer im frühen 19. Jahrhundert, hatte als Junge einen Traum: In seiner Idylle der Stille und Langsamkeit grasten Kühe, tanzten Wolken und sogen sich Grabsteine voll Sonne. »Hühner waren verboten« (Sten Nadolny). Denn Hühner waren flatterhaft, schnell; der Junge John konnte ihnen mit seinen langsamen Augen nicht folgen, genauso wenig wie den Bällen oder der überflüssigen und für sein Empfinden vielfach inhaltsleeren Schnelligkeit beim Reden. Er dachte langsam, aber was er einmal begriffen hatte, vergaß er nie, und seine Beobachtungen und Gedanken führten zu erstaunlichen Ergebnissen. Er entwickelte einen »Eigensinn und einen Zeitsinn«; damit ordnete er seine Stärken und seine Schwächen. Er fuhr zur See und träumte, die legendäre Nordwestpassage zu finden. Das sollte ihm nicht gelingen. Doch mit seinem »Reichtum an Zeit« kam er den Utopien seines Lebens nahe: »Kampf gegen unnötige Beschleunigung, sanfte, allmähliche Entdeckung der Welt und der Menschen … Reservate für Sorgfalt, Zärtlichkeit, Nachdenken«.

In diesem Sinne scheint mir John Franklin mit dem August-Garten wahlverwandt – vielleicht überhaupt mit meinem Bild vom Garten.

Und hier bitte ich nun Robert Macfarlane hinzu. Für ihn gehört das Unerwartete, das Überraschende einer Landschaft zum Wandern; wie für den Flaneur das Ungeplante zur Stadtlandschaft. »Ich schreibe darüber, wie ortsabhängig unser Denken ist und wie sensibel es auf Bewegungen reagiert … Wer die Welt nicht hört, schmeckt, berührt, verliert buchstäblich die Bodenhaftung.« So will auch er Verlorenes und Gefährdetes in Erinnerung rufen.

Flaneure im Denken reichen sich zeitübergreifend die Hände. Sie alle entziehen sich dem Verfügbarkeitsanspruch der Eiligen und haben uns in Zeiten von Verlusten und Zerstörung etwas zu sagen. Die Erinnerung an sie baut für uns heute Hindernisse auf gegen den »Eroberungshunger der maßlosen Beschleunigung, die die einst abwechslungsreichen Ufer der Zeit planiert, begradigt und ihrer Vielfalt beraubt hat« (Geissler). Übrigens eine Diagnose der Vereinheitlichung und Geometrisierung, die sich bereits vor mehr als 200 Jahren andeutete: »Der Himmel ist gestürzt, der Abgrund ausgefüllt, / Und mit Vernunft bedeckt, und sehr bequem zum gehen. / Des Glaubens Höhen sind nun demoliert. / Und auf der flachen Erde schreitet der Verstand, / Und misset alles aus, nach Klafter und nach Schuhen.« (Caroline von Günderrode).

»Weise gehen durch den Garten«

Gartenzeit ist nicht einfach Entschleunigung, die ich als weitere Schablone empfinde, Zeit und Leben zu instrumentalisieren; es geht auch hier um ausbalancierte Vielfalt, um »Zeitvielfalt« (Karlheinz Geissler). »Dumme rennen, Kluge warten, Weise gehen durch den Garten«, schreibt Rabindranath Tagore zu Beginn des 20. Jahrhunderts, und der Volksmund weiß: »Gut Ding will Weile haben.«

Freizeit hat übrigens wenig mit der Freiheit der Flaneure, Wanderer und Müßiggänger gemein. Sie ist die Kehrseite der Eile, des Immer-mehr, der Kontrolle. So wie Entschleunigung die Kehrseite der organisierten Beschleunigung ist. Der Achtsamkeitshype scheint mir nur als eine weitere Form, auch die Muße in kontrollierte Bahnen zu zwängen. Alles Versuche, das Müßiggehen und die Müßiggänger zu instrumentalisieren, sie wieder fit zu machen für das einzige Ziel, das Höher-Schneller-Weiter auf allen Ebenen des Lebens – und auch, wie im Jahreslauf immer wieder zu sehen, im Garten. Nichts sich selbst überlassen, weder Nichtstun noch Faulsein, weder Wohlbehagen noch Wiese. Alles benötigt einen Rahmen, und sei es den der behaupteten (und käuflichen) Rahmenlosigkeit. Der August-Garten scheint mir ein guter Übungsraum, sich diesem Einfangen zu entziehen. Einfach nicht mitmachen. Eine Weile nur da sein. So könnte seine Einladung aussehen.

Und hier erweisen sich für mich all die Flaneure, Müßiggänger und Wanderer, all die Geduldigen, Beobachter und Immer-wieder-Nichtstuer als Gefährten des Lassens und damit meiner Idee vom Gärtnern (nicht nur) im August. Ob zulassen, weglassen, überlassen, zurücklassen oder gelassen, immer unterwandern diese Haltungen die gärtnerische – und auch sonstige – Illusion, wir hielten die Zügel stets in der Hand. Lassen geht Hand in Hand mit Demut vor diesem für uns nie gänzlich durchschaubaren blühenden, duftenden, fliegenden, krabbelnden, vergehenden und manchmal wiederkehrenden Wunderwerk des Lebens in unseren Gärten mit all ihrem Eigensinn. Solche Demut wäre ein besserer Begleiter als Rasenroboter, Laubbläser, ausgeräumt aufgeräumte Einfalt, und sie ist Teil einer Umkehr, die für uns schon bald überlebensnotwendig sein wird. Denn sie ist Teil jener schlafenden Augen, die wir nicht beeinflussen, sondern nur lassen können, an deren Vernichtung wir aber gründlich arbeiten.

In diesem Sommer nach dem bayerischen Volksbegehren für Artenvielfalt konnte ich beobachten, welche Möglichkeiten im Lassen geborgen sind. In Form einer bunten Vielfalt von Samen, die aus dumpfem Straßenbegleitgrün (man beachte die Wertung in der Wortzusammensetzung) blau-weiß-gelb-roten Schmaus für Insekten und Menschenaugen machten. Allein die verlängerten Mähpausen wecken eine Ahnung von dem, wie einst normale Wiesenraine aussahen – ein Wort, das mit den bunten Rändern verschwand. Es blühten Wegwarte, Flockenblumen, Mohn, Steinkraut, Schafgarbe, Natternkopf, Wiesen-Bocksbart, Wiesenpippau, Hornklee, um nur einige zu nennen.

Beim Nachsinnen über diese Beobachtungen dachte ich an eine Mähdiät. Vielleicht als Saturdays for Future. Die Schüler- und Studentenbewegung Fridays for Future hat sich ja in Windeseile weltweit ausgebreitet. Eine einzige Schülerin, die Schwedin Greta Thunberg, hatte 2018 beschlossen, jeden Freitag die Schule zu schwänzen und vor dem Parlament in Stockholm gegen die aktuelle Klimapolitik zu protestieren. Denn wenn der Planet Erde keine Zukunft hat, macht es wenig Sinn, in die Schule zu gehen.

Ein unbekanntes junges Mädchen setzt etwas in Bewegung, macht vielen anderen Mut – und reißt Politiker wie Wirtschaftsleute aus der Lethargie.

Was wäre, wenn wir nach diesem Vorbild die Saturdays for Future ausrufen? Wir lassen den Rasenmäher im Schuppen, lassen die Wiese in unserem Garten in Ruhe, beobachten, was passiert, was dort wächst, wenn wir nicht jeden Samstag mähen. Vielleicht stellen dann immer mehr Gärtner erstaunt fest, dass Herr Gundermann, die Lichtnelke, die Schlüsselblume, das Habichtskraut einen Besuch bei ihnen machen, dass Wildbienen in der Glockenblume schlafen oder der Laubfrosch sich lautstark zurückmeldet – weil eine Wiese, wie sie noch vor wenigen Jahrzehnten normal war, spannender und schöner ist als jede Grünfläche, jeder sogenannte Rasen.

Und wenn Gräser und Blumen dann kniehoch stehen und sich versamt haben, könnten wir uns an Sense und Sichel erinnern.

Einen Gedanken wert wäre es.

Oder nehmen wir das Obst unserer Gärten. Ich kann den Apfel zum Beispiel nur unter Verlust seiner vielfältigen Duft-, Geschmacks- und Gesundheitsmöglichkeiten schneller reif werden lassen, sprich mehr düngen, mehr spritzen, mehr schneidend zurichten und züchtend seinem Genuss entfremden. Wenn ich durch die Wohnareale meines Ortes gehe, sehe ich in den neueren Gärten kaum noch Obstbäume. Das Argument heißt: Die Bäume sind zu groß. Doch ein Hochstammapfel lässt die Fläche unter seiner aufragenden Krone frei, schafft frische sommerliche Schattenplätze, wie sie kein Sonnenschirm imitieren kann. Die Größe halte ich für ein Scheinargument. Denn auch Beerensträucher haben gegen Kirschlorbeer und Konsorten optisch keine Chance. Das Obst aus dem Garten ist vielleicht nicht gut genug, nicht fehlerfrei und gleichmäßig. Es kann mit einer makellos gezüchteten und durch rigoroses Wegwerfen am Feld vorgegaukelten Scheinnormalität nicht mithalten. Hier sehe ich das Gleiche, was mich schon im Zusammenhang mit der Primellüge erzürnt hat: Das

Künstliche wurde zur Normalität erklärt und unsere Wahrnehmung schleichend eingenordet.

Nein, im Garten lässt sich nichts beschleunigen – oder eben nur zum Preis von Zerstörung. Die Bewegung der sich entfaltenden Blüten von Malve oder Nachtkerze ist durch Jahrmillionen der Evolution in ihren Zeitrhythmus eingebunden und menschlichem Eingriff entzogen. Die Libelle ist zum Sterben verurteilt, wenn wir ihren Kokon vorzeitig öffnen.

Im August lädt mein Garten dazu ein, nichts zu tun. Und ist damit ein wohltuender Widerpart zum Trend der Welt drum herum: Wir wollen alles, immer und sofort. Und dieser Trend verkleidet sich oft nur notdürftig (welch ein enthüllendes Wort) als Freizeit, Urlaub oder Wellness. Wieder einmal wirft Gärtnerisches Sand ins Getriebe. Und damit schließen wir den Kreis zu Muße und Müßiggang, die zwischen Paradiesversprechen und Teufelswerk die Geschichte der Menschheit durchziehen. Heute stehen Debatten um ein Zuviel und um Weniger im Raum angesichts des Zustands unserer Erde, angesichts von Übersättigung, Überfluss, Übergewicht, Überdüngung und was die ›Übers‹ mehr sind, die allesamt eine dunkle Seite des Verlustes, der Zerstörung haben. Fülle wird dann zu Völlerei.

Zum »Rausch des Immer-mehr-in-immer-weniger-Zeit« und des »Alles-jederzeit-und-sofort« (Geissler). Garten als Korrektiv, ein natürlicher Bremser – ich kann nichts beschleunigen.

Vom Schaukeln der Welt

In den August-Beobachtungen schwingt Leichtigkeit mit, Fliegen, Schwung, Augenschließen, Sich-fallen-Lassen, Anvertrauen, Bewegung, Genießen, Freude, Lachen. Schaukelnd sinne ich solchen Gedanken nach, während eine Gartenhummel auf meinem Handrücken Platz nimmt. Die sanfte Bewegung scheint sie nicht zu stören. Im vergangenen August habe ich mir einen Traum erfüllt: Endlich sind die Bäume so stark, dass ich meine alte Schaukel aufhängen konnte. Als Kind habe ich das Schaukeln geliebt und tue es bis heute. Höhepunkt war, sich möglichst weit herauszuschwingen, mit eigenem Schwung und aus eigener Kraft die Schaukel anzutreiben – und dann von möglichst weit oben abzuspringen. Mutproben, bei denen wir im weichen Sand landeten. Und bis heute ist mir jener Augenblick in Erinnerung, als ich endlich allein schaukeln konnte, mich niemand mehr anschubsen musste.

Beim Schaukeln geht es nicht um Harmonie, nicht um Kontrolle. Es geht darum, immer wieder ein Gleichgewicht zu finden und sich auszubalancieren. Übermut ist durchaus erlaubt, genauso wie das sanfte Schwingen, ohne einzugreifen. In diesem Wechselspiel entsteht jene Balance, die einem guten Garten zugrunde liegt. Der Landedelmann Michel de Montaigne fasste dies im 16. Jahrhundert zusammen: »Die Welt ist nichts als eine ewige Schaukel. Alle Dinge in ihr schaukeln ohn Unterlass.«

Schaukeln hat etwas von der Absichtslosigkeit des Flaneurs. Wenn ich heute schaukele, spüre ich, dass dieser Moment nie wiederkehren wird, dass der Augenblick das Einzige ist, was wir haben.

Fernblick 5 – Askerön und die Flaschenpost der Erinnerung

Askerön ist eine kleine Insel im Archipel vor Göteborg. Sommerhausfeeling, endloses Bootsfahren, das leise Murmeln des Meeres und ein silberner Weg im Mondlicht. Seelöwen sonnen sich auf Felsbänken, frisch gefangene Krebse und Fische für ein unvergessenes Geburtstagsessen. Am letzten Tag entdecke ich die Schaukel in einem alten Baum, einsam und wie aus der Zeit gefallen. Kinderlachen klingt aus der Vergangenheit herüber und verbindet sich für mich mit der wehmütigen Botschaft einer weißen Decke im Haus. Beide erscheinen mir wie eine Flaschenpost der Erinnerung aus einer verlorenen Welt. Für eine Weile sitze ich dort und lasse mich vom Wind schaukeln.

Sanftmut
aus den wilden Gaben des Sommers

Der August mit seiner leichten Schönheit ist mein Geburtstagsgeschenk. Gesättigt mit Muße, in der sich noch einmal das Glück des Juni und der unbesiegbare Sommer des Juli verbinden. Für mich schafft dieser Monat eine besondere Art des Geborgenseins, das ich mit dem grünen Heupferd in meiner Hand, mit dem Laubfroschbaby und auch der verunglückten Kohlmeise, die vertrauensvoll auf meinem Beifahrersitz saß, verbinde. Kostbare Augenblicke, die mit nichts aufzuwiegen sind.

Alles entschärft sich – im Positiven wie Negativen. Die Hitze, die Gewitterstürme, die Waldbrände, die Trockenheit. Sanftmut wäre vielleicht ein altes Wort für dieses Empfinden. So ist der August für mich der ausgleichende Monat, vielleicht mit einem Hauch von Erwartung, wie sie zu Augenblicken des Jetzt gehören.

In diesem Sinne ist der August-Garten ein Hort des Wissens, der Helligkeit, Schönheit und Glück des Sommers bewahrt. Auch das Wissen um Fülle gehört zu ihm; damit ist er vielleicht der Monat, der jener Großzügigkeit, jenem Großmut, jener unfassbaren Grenzenlosigkeit der Natur und ihrem listigen Vergnügen am nächsten ist. Unterlegt von einer Kraft, die aus den Gaben des Sommers erwächst. Im Nachsinnen über diesen Zustand bin ich auf einen Satz des schottischen Philosophen Thomas Carlyle gestoßen, der im frühen 19. Jahrhundert schrieb: »Liebe ist der Anfang des Wissens wie das Feuer der Anfang des Lichts.«

So ist der August in vielerlei Hinsicht ›mein‹ Monat – mit sanftem Mut, Lust am Genuss, heiterem Lassen fern aller Resignation und Vertrauen in zärtliche Stärke. Dabei von listiger Souveränität und dem unwiderstehlichen Charme des Freiseins. Manchmal erscheint er mir als pure Friedfertigkeit, was natürlich alles meine menschlichen Empfindungen sind, aus denen jedoch Zuversicht, Illusionslosigkeit und Aufgabe erwachsen.

Und hier bin ich wieder bei meinem Gewährsmann für die Flaneure dieser Welt. In der Dunkelheit jener Jahre, in denen der Philosoph Walter Benjamin sein Zuhause verlor, Verfolgung ausgesetzt war und schließlich im Augenblick der Ausweglosigkeit (im spanischen Grenzort Port Bou, September 1940) aus dem Leben schied, mahnte er die Nachgeborenen, sich »einer Erinnerung (zu) bemächtigen, wie sie im Augenblick einer Gefahr aufblitzt«. Und fordert dazu auf, »die Geschichte gegen den Strich zu bürsten«, will für mich heißen: die Veränderungen, die ich in Garten und Welt wahrnehme, nicht als ›alternativlos‹ anzunehmen. Und mit Blick auf die Natur warnte Benjamin vor beinahe 100 Jahren vor der weitverbreiteten Ansicht, diese sei ›gratis‹ zu haben.

In Begleitung solcher Erinnerung erkenne ich einmal mehr das Wechselspiel von Gefährdung, Verlust und Hoffnung; ein zugegeben gefahrvolles Spiel (Benjamin nennt es »Kampf«), das »als Zuversicht, als Mut, als Humor, als List, als Unentwegtheit lebendig ist«.

All diese unentwegten Mahner fließen für mich in einem jener Trotzdem-Sätze zusammen, die mich durchs Leben begleiten: »Wo Gefahr ist, wächst das Rettende auch.«

SEPTEMBER

Lichtzauberin grüßt Flugkünstler

Nachtkerze und Rotmilan

»Eine Weile schien alles möglich, war nichts gewiss. Zwischenzeiten sind notgedrungen Zeiten größerer Freiheit.«

Mathias Greffrath

Der September ist ein Sehnsuchtsmonat im Jahreslauf. Kühl würde er diese Etikettierung sentimental nennen – und sie sich verbitten.

Aber fangen wir nüchterner an.

Der September ist Widerspruch. Er polarisiert und fordert heraus, schmeichelt und verwöhnt, wärmt und lässt frösteln, macht atemlos und sonnenfaul, schärft den Blick und macht unbekümmert. Ja, für mich überwiegt in diesem Monat das Unbekümmerte, Unbeschwerte, das Offene. Jedenfalls über lange Zeit. Darin ist allerdings der Moment des Kippens angelegt. Und dieser Tipping Point hat auch im Jahreszeitenlauf im September seinen Platz. Die Tagundnachtgleiche um den 21. des Monats, wenn die Sonne über dem Äquator genau im Zenit steht und überall auf der Erde Tag und Nacht gleich lang sind, signalisiert, dass die Herrschaft des Tages, der Sonne auf unserer Erdseite sich neigt. Die Nacht übernimmt. Trennungen bahnen sich an. Manche Geschöpfe werden der heraufziehenden Dunkelheit, der Kälte ausweichen – unter dicken Laubhaufen, tief in der Erde, in meiner Küchenschublade oder auf dem riskanten Flug nach Süden. Die »Winterharten« unter den Pflanzen und Tieren beginnen sich einzurichten auf das, was kommen wird. Für alle, seien sie Fernreisende oder Standorttreue, steht Gefährdung im Raum. So ist denn dieser Monat für mich Begegnung und Verlust, Abschied und Aufbruch, Glück und Gefahr – und in allem wohnt eben Sehnsucht nach dem, was vergeht, und nach dem, was kommen wird.

Als Begleiter durch diesen Monat habe ich die Nachtkerze und den Rotmilan gewählt. Beide sind auf ihre Art Einzelgänger, anmutige Grenzgänger; Geschöpf der Nacht die eine, gefährdeter Europäer der andere – beide faszinierende und für mich einzigartige Bewegungskünstler, was für eine Pflanze zunächst eigenartig klingen mag. Und beide Mittler im Zusammenspiel von Tag und Nacht, Sommer und Winter, Erdgebundenheit und Unbeschwertheit.

Schönheit auf Abruf

In meinem Garten hat fast nichts mehr Bestand, alles fühlt sich nach Übergang an. Blüten werden seltener, verblassen. Samenstände bestimmen mehr und mehr das Bild, erste Färbungen und ein paar Blätter am Boden deuten den Herbst an. Gelb- und Rottöne, oft nur zart an den Blatträndern hingetuscht, mischen sich ins weitgehend noch grüne Laub, während der Himmel oft in überirdischem Blau erstrahlt und das Licht sanfter wird, aber in seiner besonderen Klarheit scharfe Konturen nachzeichnet und weitsichtig macht. Manches ist und manche sind bereits verschwunden. Die einen sichern geschäftig Vorräte, die nun Bäume, Sträucher und Blumen bereitwillig hergeben. Die anderen träumen in wärmenden Sonnenstrahlen dem Sommer nach. Und manch einer hier im Alpenvorland schaut bereits sehnsüchtig auf die Bergsilhouetten am Horizont, die sich über Nacht mit ersten Schneebezügen zeigen.

Zu Beginn fühlt es sich noch an wie Sommer: Es geht einfach so weiter. Nackte Beine, kurze Hosen, draußen sein. In meinem Garten blühen unermüdlich die feinen Wiesenmalven, ein paar späte Flammenblumen (Phloxe), deren sanfter Duft sich nur aus der Nähe entfaltet und deren liebster mir der weiße mit der roten Mitte ist; einige Indianernesseln, die von den Schnecken übersehen wurden; späte Storchschnäbel, die bereits ihr bodendeckendes Laub rötlich angehaucht haben; Rainfarn, Goldrute, eine einsame Glockenblume in dem ausladenden Horst unter der Wäschespinne, um nur einige zu nennen. Gelb- und warme Orangetöne haben Vorrang. Spannend sind die Wiederkehrer, etwa zurückgeschnittener Lavendel und Beinwell oder das von den Hummeln geliebte Löwenmäulchen, dessen Verwandtschaft meinen Garten nach wie vor verschmäht, das hier aber, als eingetopftes Geschenk, mit sehr wenig Erde in einem winzigen Tongefäß genügsam mit seinem changierenden Rot unermüdlich die Terrasse schmückt.

Über die Hungerkünstler sprachen wir schon, und sie werden in den kommenden Monaten nochmals Aufmerksamkeit auf sich ziehen. Sie bilden eindrucksvolle Kontraste zu den schwer herabhängenden Ästen der Apfelbäume, der Walnuss, der Mispel oder der beiden Weinstöcke. Und sind doch, wie wir später im Jahr sehen werden, nur die andere Seite der Medaille, was Natur vermag – und wie zerstörerisch das ist, was wir mit ihr machen.

Vieles ist da. Noch. Auf Abruf. Klein-, aber vielblütige Herbstastern, diese farbverliebten und von den Insekten umschwärmten Korbblütler. Meine Terrasse hat sich lila gewandet: der schon erwähnte Lavendel, niedrige und höhere Strahlastern. Dazwischen das lichte Gelb der hoch aufgeschossenen Nachtkerzen, die bereits Samenstände und Blüten vereinen. Daneben ein Salbei, der sich ebenfalls zu den Fastenkönigen im Garten gesellt und, wie im Juli berichtet, zu den raffinierten Blütenkonstrukteuren gehört. Zitronenmelisse und Pfefferminze zieren die tönernen Kästen und bringen sich beim zufälligen Vorbeistreifen mit ihrem Duft in Erinnerung. Die Pfefferminze wird übrigens bereits im zeitigen September, wenn meine Äpfel noch nicht ausgereift sind, aber doch schon hier und da vom Wind zum Herunterfallen verführt werden, eine raffinierte Zutat für ein Apfel-Minze-Gelee, das mit unreifen Äpfeln gelingt und mit winterlichen Gemüsesuppen oder Käse harmoniert.

Ein Nebelmorgen – fast hatte ich dieses schaurig-schöne Schauspiel aus Grautönen, Wolkenfetzen und Lichtreflexen vergessen. Meist gibt sich die Sonne hinter dem mehr oder weniger dichten Gespinst in diesem Monat und auf den hiesigen 650 Höhenmetern noch nicht geschlagen. Bald hat sie sich ein Loch mit ausgefransten Rändern erkämpft und vertreibt langsam mit zunehmender Wärme den Grauschleier. Manchmal bleibt über dem See ein Nebelband bis zum Mittag liegen. Ein weiterer Spätsommertag kündigt sich an.

Verspielte Freiheit?

Und dann rollt die erste Kastanie vor meine Füße, schimmert sich in meine müde Stimmung an einem unerfreulichen Tag. Sobald sie als Schmeichlerin in meiner Hand liegt, sendet sie ein wohliges Gefühl aus. Und irgendwo in meinem biologischen System springt etwas an, produziert irgendwas, das meine Stimmung aufhellt. Ein unerwartetes Lächeln schleicht sich in mein Gesicht.

Erntedank – eine alte Gewohnheit aus Kindertagen. Erntedank wird am ersten Oktober-Sonntag gefeiert (wo es noch gefeiert wird), aber das Sammeln beginnt mit ebenjener ersten Kastanie. Als docke sie direkt bei Erinnerungswurzeln an, mit der Gewohnheit, bis heute einen Platz auf dem großen Esstisch für das Gesammelte zu schaffen. (In diesem Jahr habe ich dafür eine fein gemaserte Baumscheibe, die ich im Wald fand, geschliffen und geölt.) Dieses begeisterte Sammeln hat nicht viel mit der frommen Kirchentradition zu tun, obgleich auch darin etwas Uraltes geborgen ist. Das Bedürfnis, danken zu wollen für etwas, das man nie bis ins Letzte kontrollieren, planen, vorausberechnen kann. Das Geheimnis dessen, was Natur schafft, ist nicht gänzlich zu lüften.

Das Sammeln im Vorfeld beruhigt auf eigentümliche Weise. Hier ein paar Eicheln mit ihren wohlgeformten Halterungen, Kastanien mit einer besonderen Maserung, Zierquitten als Taschenschatz, der lange hält, und die ihren Duft bei jeder Berührung auf der Haut der Hand hinterlassen, Hagebutten in ihren unerschöpflich scheinenden Formen und Farbschattierungen aus Rotorange bis Braunschwarz, buttrig weich bis fast steinhart, raffiniert zwischen purpur und orange changierende Pfaffenhütchen, die an traditionelle Kopfbedeckungen geistlicher Herren erinnern und Leibspeise der Rotkehlchen sind, dazu Bucheckern, die mir heute so altmodisch vergessen erscheinen, wenn unter meinen Füßen ihre Häuschenhüllen einen Teppich bilden und bei jedem Schritt knirschen, und die doch wie kaum eine andere Herbstfrucht in mir ein Erinnerungsgefühl an Kindheit hervorrufen. Ein Bild entsteht vor meinem inneren Auge: als kleines Mädchen in Trägerrock, Ringelkniestrümpfen, dreckigen Schuhen und mühsam gebändigten Haaren neben einem sehr großen Pferd, beide ohne Scheu; dazu gesellen sich Bilder von durchstreiften Kornfeldern, deren Ähren wir Kinder kauten, bis sie nach Zucker schmeckten, und gesammelten Bucheckern eben, deren Schalen wir sorgsam abpellten, um den weichen Kern zu essen. Ihr Mehl war einst rettende Nahrung oder auch Kaffee-Ersatz in Not- und Kriegszeiten. Seltsam, wie unendlich fern mir diese Kinder erscheinen, die niemand auf ihren Streifzügen durch ein kleines Dorf begleitete. Aber diese Bilder sind unzerstörbar und scheinen mir wie ein Nährboden für eine innere Freiheit. Sentimental? Vielleicht. Aber es stört mich nicht. Kinderglück in Augenblicken ohne Plan, ohne Kontrolle, ohne Absichten. Was hätte alles passieren können. Möglichkeiten mit ihren Risiken und ihrer Schönheit. Vielleicht könnte man es Abenteuer nennen.

Doch gleich daneben liegt Wehmut auf der Lauer, bis hin zu zornigem Unmut. Denn wer wagte heute noch, Ähren zu kauen? Geschweige denn, es den Kindern zu erlauben. Wir glauben

Sicherheit zu produzieren, Sicherheit für unser Sattwerden, Sicherheit für unseren Wohlstand, Sicherheit vor Insekten, vor den falschen Pflanzen an der falschen Stelle. Pestizide, Insektizide – ein Wörterbuch des Irrtums, der Angst, der Gier. Dabei schaffen wir Gefahren, Unsicherheiten, Unfreiheit. Immer wenn auf dem Feld neben meinem Garten Mais gesät wurde, rückte diese Gefährdung nah heran. Wie kann ich mir einbilden, der Grundstücksrand behüte mich vor all dem, was da im Nachbarboden über Jahre sich angesammelt hat? Wie könnte ich unbedarft meine Äpfel und all die anderen Früchte betrachten, die ich mir in heimeliger Freude in Obstkorb, Speisekammer, Marmeladenglas hole? Manchmal blende ich das alles aus, manchmal bin ich ungeheuer wütend. Die absichtslose Welt kindlicher Freiheit des Mädchens mit Trägerrock und schmutzigen Schuhen existiert nicht mehr. Und das Schlimmste: Dieses Mädchen ist zu einer Erwachsenen geworden, die sich zwar früh gegen Umweltzerstörung engagiert hat, aber auch mit vielem Verhalten dazu beigetragen hat, zu unaufmerksam gegenüber den vielen heraufziehenden Gefahren war, die uns so lange als Fortschritt verkauft wurden. Bis zum heutigen Tag, an dem wir uns in aller Deutlichkeit vor Augen halten müssen, dass wir die Chance hatten, den Klimawandel, das Artensterben, die Zerstörung unserer Welt aufzuhalten. Aber dass die Frage im Raum steht, ob wir es vergeigt haben. Ist es gelaufen? Für uns, für unseren Planeten? Haben wir innerhalb weniger Generationen und mit unfassbarer Dummheit und Selbstgefälligkeit das kunstvolle Werk von Jahrmillionen Evolution zerstört? Haben wir verloren?

Diese Frage, und das sei nachdrücklich wiederholt, steht im Raum. Selbst hartgesottene Betrachter zeigen ihre Erschütterung. (Im November werden wir der Frage nach der verlorenen Erde wieder begegnen.) Und ich muss an die als Indianerweisheit bis heute kursierende Sentenz denken, die während meiner Studentenzeit viele Wohngemeinschaftsküchen zierte und die ich manchmal etwas peinlich anbiedernd fand: »Erst wenn der letzte Baum gerodet, der letzte Fluss vergiftet, der letzte Fisch gefangen ist, werdet ihr merken, dass man Geld nicht essen kann.« Egal, wer diesen Satz erdacht hat, egal, wie simpel er klingt, wenn ich heute in meine Welt schaue, überläuft mich ein Schauer, wie nah wir dieser Prophezeiung gekommen sind.

Dann sehe ich ein paar Kinder, die durch erste Laubhäufchen rascheln und sich lachend mit trockenen Blättern bewerfen. Es gibt sie noch, die Unbekümmertheit und die tief verwurzelte Sehnsucht nach dem Spiel, die wir den Kindern nicht austreiben können, die Augenblicke der Unbeschwertheit, des Glücks.

Wilde Hochzeit der Jahreszeiten

Vom zarten Verhältnis zwischen Glück und Angst hat mir vor Jahren ein Psychiater erzählt. Ein seltsam anmutiges Bild. Warum es mir ausgerechnet zu diesem Monat einfällt? September ist ein Monat der Brüche und Übergänge, der Erinnerung und der Vorahnung: Sommer und Winter kommen sich nahe. Immer wieder bietet sich dafür viel Anschauungsmaterial. Zuerst spätsommert es wunderbar vor sich hin. Kein Gedanke an Herbst und Winter. Die Natur beschenkt uns mit einer Fülle von Früchten, Farben, Empfindungen. Das Licht ist umwerfend, Wolkenspiele verzaubern, lassen mich im Schauen versinken. Nur ein paar frischere Nächte mit ein wenig Regen. Doch dann ein verrückter Sonntag, an dem sich Sommer und Winter leidenschaftlich küssen. Tagsüber warmer Wind mit Sturmpotenzial. Äpfel, Nüsse, Esskastanien werden energisch aus den Bäumen geweht, Gräser, die große Buche am Rand des Gartens, die alles überragende Trauerweide schütteln sich unwirsch. Und von wilden Wolkenwirbeln kann man geradezu trunken werden. Feine Erregung liegt in der Luft.

Abends um neun noch 22 Grad, wie eine tropische Nacht. Sommernachtsfeeling. Unterwegs greifen wütende Sturmkräfte an. Das Auto scheint sich den stürmenden Kerlen anschließen zu wollen. Innerhalb von Minuten türmen sich schwarz-graue Wolkenberge auf. Es blitzt, donnert so unvermittelt, dass ich mich erschrocken frage, was da aufleuchtet und kracht. Und es regnet von einem Augenblick zum anderen so heftig, dass regnen ein viel zu sanftes Wort für das ist, was vor meinen Augen geschieht.

Der verspätete Gast am Flughafen berichtet von einer ungemütlichen Landung. Die Spannung von draußen hat sich ins Innere übertragen: Flüge fallen aus, Menschen stehen ratlos herum oder hasten ziellos umher. Es ist, als seien wir in solchen Lagen ganz Natur.

Das Thermometer ist auf Herbstniveau gefallen – und sinkt weiter. Später nur noch zwei Grad. Nachts hält der Winter Einzug. Grasbüschel schimmern raureifüberzogen. Ungläubig erlebe ich diese wilde Hochzeit der Jahreszeiten.

Am nächsten Morgen herrscht wieder spätsommerliches Licht, die Dächer sind zart silbrig überhaucht. Ich höre leises Kratzen beim Nachbarn, der wohl etwas Eis von der Autoscheibe schiebt – vermutlich nachdem er erst mal den Kratzer gesucht hat.

Ich bin wie atemlos von dieser stürmischen Begegnung zwischen Sommer und Winter. Nun sind wir gewarnt: Die Zeit der nackten Beine ist vorüber. Die ersten warmen Jacken sind zu sehen. Aber noch weigere ich mich, an Heizung, Wintermantel und Schal zu denken. Ja, ich weiß: Niemand kann sagen, ich habe nicht damit gerechnet. Und ich erinnere mich an eine Meise, die am Vortag kritisch den leeren Starenkasten betrachtete – als erwäge sie schon mal, ob er sich als Quartier für kalte Nächte eignen könnte. Für mich heißt das auch, in all dem Sonnenschein langsam die Futterstellen für den Winter vorzubereiten.

Ich habe verstanden. Herbst und Winter sind auf dem Weg. In den Bergen hat es geschneit, meldet die Zeitung.

Der Kaiser ist nackt

Noch immer hält das Spätsommer-Frühherbst-Wunder an. Jeden Morgen schimmern die Netze der Räderspinnen im aufsteigenden Sonnenlicht; ihre filigranen Fäden erinnern an feinstes Glas. Auch sie gehören zu den stillen Fingerzeigen im Garten, die mir stets aufs Neue beweisen, wie stark uraltes Wissen und Fühlen in uns eingewebt sind, wie die Taktgeber Licht und Temperatur uns bestimmen – trotz Lichtflut, gedämmter Häuser und trotz des Rund-um-die-Uhr der Smartphones und der schlaflosen Digitalwelt. Wir sind uralte Wesen, die sich notdürftig als Menschen des 21. Jahrhunderts verkleidet haben. Der Garten in seinen großen und kleinen Jahreszeiten-Strukturen erinnert uns daran, jedes Jahr anders, aber immer in einem inneren klaren Rhythmus – wenn wir denn hinschauen und hinhören.

Nehmen wir zum Beispiel den Obsthype des zurückliegenden Jahres. In meinem Garten vor allem mit Äpfeln und nochmals Äpfeln (nein, ich habe keine Streuobstwiese, nur zwei Bäume), dann aber auch Trauben, Walnüsse (zum ersten Mal), Mispeln (dazu mehr im Monat Dezember), Schlehen, Bucheckern. Die Herausforderung Äpfel nahm dann wild entschlossen der Freund meiner Tochter an (die mit den Kirschen), im Normleben ein tougher Manager, und hielt sich nicht lange mit Gerätschaften zum Pflücken auf. Begeistert kletterte er in den großen Baum und freute sich über jeden rotwangigen Apfel (»Man kann sehen, wie sie in der Sonne rot geworden sind!«), den er aus der aufragenden Spitze holen konnte. Die Früchte bewahren in ihrer Färbung den Weg des Lichts: von oben nach unten, von Rot zu Grün, von groß zu klein. Der Junge von einst hatte im Apfelbaum für einen Augenblick die Oberhand gewonnen. Verschüttete Sehnsucht war spürbar.

Klar kann man sagen, wie banal. Aber dahinter wird ein gefährliches Phänomen sichtbar. Wer klettert heute noch auf Bäume, wer rennt über abgeerntete Stoppelfelder, läuft im Regen barfuß über Wiesen, pflückt Wiesenschaumkraut oder steckt Löwenzahn-Kränzchen zusammen? Weder Kinder noch Erwachsene. Dies festzuhalten, hat nichts, gar nichts mit Romantik zu tun. Es ist harter Realismus. Und der ist das einzige Korrektiv, die letzte Orientierung, die Indizienkette für brutalen Verlust. Und der ist überlebensgefährlich; denn wir verlieren nicht nur die Glücksgefühle all dieses Erlebens, wir verlieren die Naturbasis, die dies alles selbstverständlich sein ließ. Wir verlieren uns. Denn die Natur ist nicht, wie die landläufige Vorstellung immer noch suggeriert, unser Diener. Es existiert keine Trennung zwischen ihr und uns. Wir müssen begreifen, »dass es nichts anderes als Natur gibt« (Emanuele Coccia). Naturschutz ist Selbstschutz. Es geht also um alles.

Und wenn wir genau hinschauen, sehen wir dies in all den Surrogaten bestätigt, die man uns als Ersatz, verkleidet als aufregende Errungenschaft, anbietet: Klettergärten (nur mit Sturzhelm), Landlust nur auf Papier und bunten Bildern, Drachenflug nur auf ausgewiesenen Vergnügungsflächen, weil die normale Wiese eine überdüngte, bisweilen eklige Grünfläche ist und der Bauer das Betreten gleich ahndet, Barfußlaufen nur in Erfahrungsfeldern der Sinne, Wildwasserfahren, Rafting, immer gleiche Wegwerftrampoline statt Mauerbalancieren und Baumhaus, Blumenselbstpflückfelder (gegen Bezahlung) statt blühender Wiesen, Outdoor statt »ich geh dann mal raus«, Ausstellungen mit exotischen Schmetterlingen statt gaukelnder Falter im eigenen Garten usw. usf.

Nichts gegen all das. Aber sind es nicht Armutszeugnisse der Deprivation unserer Sinne, unseres sicheren Gespürs für das, was schön, wild, prickelnd, manchmal auch verboten ist? Was ohne Planung, ohne Geld, ohne Kontrolle, ohne Ratgeber, ohne Coach absichtslos glücklich macht? So wie Csíkszentmihályi es im Flow beschrieben hat. Wir haben selbstverständliches Erleben durch Events ersetzt, weil wir uns nichts mehr trauen, weil wir blind, taub, verhärtet sind, uns feige hinter Metallzäunen in Steingärten verstecken. Weil wir den falschen Versprechen nachlaufen, weil wir Zerstörung für Fortschritt halten. Weil wir an des Kaisers neue Kleider glauben wollen. Doch dieser Kaiser ist nackt.

Und die Desensibilisierung geht weiter. Je weniger wir spüren, umso stärker müssen die Reize werden. Am Ende steht auch hier der totale Verlust. Die Eventisierung des Lebendigen ist wie die Baumarktisierung der Natur – alles geldwert, alles kontrolliert, alles versichert. Und das immer. Doch in Wahrheit ist das eine einzige große Täuschung. Wer nicht mehr auf Bäume klettert, schult seine Balance nicht, gewinnt kein Gefühl dafür, wo Gefahr lauert und ob er diese bewältigen kann. Ein vielfach erforschtes Phänomen.

Das Pferd, das vorsichtig nur auf ebenem Untergrund geführt wird, stolpert leichter als jenes, das auf allen Untergründen und mit Hindernissen läuft; Kinder, denen alles aus dem Weg geräumt wird, werden nicht sicherer, sondern unsicherer. »Ihnen fehlt das harmlose Fallen, das Klettern an der Grenze der Komfortzone, um die Welt und ihre Risiken sinnvoll einschätzen zu können. Wer die Welt für Kinder immer sicherer macht, macht sie zugleich immer kleiner. Denn Fehler sind Grenzerfahrungen; sie zeigen uns: bis hierher und nicht weiter« (Jürgen Schaefer). Genauso wie die Tatsache, dass wir uns gegen alles abzusichern glauben und dabei immer mehr Angst haben. Mit all den beunruhigenden gesellschaftlichen Konsequenzen, die wir beobachten.

Blicke ich in den Garten zurück, sehe ich das Gleiche: Kontrolle ist Illusion und Gefahr. Gift, Überdüngung, Rasenroboter. Steine, steriles Immergrün, Grünfläche. Das alles zieht das Insekten- und Artensterben nach sich, schädigt Boden und Grundwasser, entfremdet (ja, das große Wort der alten Revolutionäre hat wieder einen guten Klang) die Menschen nicht nur von der Natur, sondern von sich, von ihren Gefühlen, Sehnsüchten und ihrem inneren Vermögen. Denn das Draußen ist unser (Dr)Innen. »Müsset im Naturbetrachten, immer eins wie alles achten: Nichts ist drinnen, nichts ist draußen; denn was innen, das ist außen«, schrieb dazu schon Johann Wolfgang von Goethe.

Und schauen wir auf die umgebende Land(wirt)schaft, sehen wir nochmals das Gleiche, nur um ein Vielfaches gefährlicher. Der Boden, der durch immer mehr Dünger fruchtbarer, also produktiver werden soll, stirbt, Hunderte von Giften zerstören alle potenziellen Feinde und Konkurrenten der wenigen Monokulturpflanzen und mit ihnen ein über Jahrmillionen entstandenes Gleichgewicht. Aber was noch schlimmer ist, wir sind nicht damit zufrieden zu vernichten, was da ist; wir vernichten auch, was als Möglichkeit angelegt ist. Das mögliche Bodenlebewesen, der mögliche Samen, die mögliche Antwort einer Natur, die in ihrem Erfindungsreichtum unserem so unendlich weit überlegen ist, auf Probleme, Entwicklungen, die wir nicht voraussehen können – und die uns egal zu sein scheinen. Und auch das zeugt von lebensgefährlicher Dummheit.

Der Umweltexperte und Rechtsgelehrte David Boyd mahnt, dass wir endlich erkennen müssen, wie zerstörerisch unser Denken in Getrenntsein – der Mensch als Herr über die Erde, die Natur als Gegenstand – ist, mit dem wir unsere Lebensgrundlagen vernichten: »Die Vorstellung, dass die Natur lediglich eine Sammlung von Dingen ist, die den Menschen zur Verfügung stehen, ist eine der akzeptiertesten der menschlichen Gesellschaft. Wenn man einmal darüber nachdenkt, ist unsere Arroganz atemberaubend.«

Unter der Grünfläche die blühende Wiese?

Wie aus dem Nichts stromert unbekümmert ein Trupp Stare über mich hinweg und unterbricht meinen erneut aufkeimenden Zorn. Im lustig unordentlichen Formationsflug erinnern sie mich an Halbwüchsige, die alles können, aber nichts müssen. Die große Freiheit, bevor sie den lebensgefährlichen Weg in ihre Zehntausende Kilometer entfernten Winterquartiere antreten. (Erst kürzlich las ich, dass Tausende von in Europa sorgsam gehüteten Schreiadlern über dem Libanon abgeschossen werden.) Wie nah doch auch bei ihnen glücklich anmutendes Dasein und Gefährdung sind, Aufbruch und Abschied. Sie gehören zu den Späteren, die wegziehen; lange haben sie auf den Drähten der alten Überlandleitungen gesessen und sich zwitschernd ihrer Gesellschaft vergewissert.

Dazu fällt mir in jedem Herbst eine treffliche Beschreibung dieser bunt schillernden Vogelschönheiten aus einem alten Gartenbuch ein: »Sie gleiten knapp über die Dachkante, dann ziehen sie eine steile Kurve, so hoch hinauf, dass sie nur noch ein Fleck am Himmel sind, fallen wieder herunter, ziehen noch eine

Kurve und schließlich ein fächerförmiger Flug über die Dächer des Dorfes … Plötzlich landen alle zusammen. Dann schwatzen sie ununterbrochen, in einer Mischung aus Pfeifen, Kichern und Glucksen. Eine erdgebundenere, nüchternere Bande kann man sich kaum vorstellen.« (René Nebehay)

Hin und wieder gesellen sich Wacholderdrosseln hinzu, die keck und lässig den Kirschbaum in der südlichen Mitte des Gartens besetzen, dort geräuschvoll hin und her flattern und zu inspizieren scheinen, welche Leckereien noch zu entdecken sind. Wenn ich sie heranrauschen sehe, hoffe ich selbstsüchtig, dass sie die verbliebenen Weintrauben nicht entdecken. Wenn doch, sind diese innerhalb von Minuten geplündert. Die Wacholderdrosseln sind wenig kleiner als unsere Amseln, aber schwerer und bunter gefärbt; auffällig vor allem die dunklen Striche an der Brust. Sie brüten in meiner Gegend nicht, kommen nur im September/Oktober vorbei, auf der Durchreise Richtung Südeuropa und Mittelmeer. Sie mögen es in ihren Brutrevieren im nördlichen und östlichen Europa etwas kühler. Ihr Name lässt vermuten, dass sie Wacholder schmackhaft finden. Laut vogelkundigen Menschen fressen sie im Frühjahr und Sommer vor allem Regenwürmer und Wirbellose, später im Jahr dann Früchte. Es hat eine Weile gedauert, bis ich die geselligen Vögel, die plötzlich bei Herbstbeginn im Garten auftauchten, zuordnen konnte. Bei zugegeben oberflächlicher Lektüre passte zu ihrem vergnüglich wirkenden Kurzbesuch, dass sie sich während der Brutzeit, die sie oft gesellig verbringen, hungrige Eindringlinge wie etwa Greifvögel mittels »Kotbomben« vom Leib und von der Brut halten. Amüsiert las ich, dass also durch »gemeinschaftliches Bekacken« (Wikipedia) Störenfriede flugunfähig gemacht werden.

Von den Fern- und Durchreisenden kehre ich noch einmal zurück zu den schwindenden Bildern absichtslosen Draußenseins, Ährenkauens, Bucheckernessens, Handschmeichelnde-Steine-Sammelns, Dämme-in-seichten-Bächen-Bauens – die Liste lässt sich beliebig verlängern. Wir sind eben weiterhin Jäger und Sammler. Und deshalb bricht sich immer wieder Sehnsucht Bahn – nach dem unmittelbaren Fühlen, dem Sichfühlen, dem eigenen Vermögen, der Kraft und Geschicklichkeit, die einst Überlebensgarantie waren. Wir legen Vorräte an aus dem, was die Natur uns in ihrer unfassbaren Großzügigkeit und Produktivität schenkt (500 Kilogramm Äpfel von einem Baum!). Die Speisekammer wird zur duftenden Schatzkammer. Und wieder diese Erkenntnis: Wir sind Menschen des 21. Jahrhunderts, aber uns sind uralte Regeln eingeschrieben. Und hier liegt für mich all den Schrecknissen um mich herum zum Trotz eine Spur des eigensinnigen (Über-)Lebens, verläuft der schmale Grat der Zuversicht.

Ja, vielleicht liegt unter dem Pflaster der Strand, wie der alte Spontispruch hoffte, oder eine blühende Wiese – als Versprechen. Und immer wieder Empörung würde uns schon gut zu Gesicht stehen, Augenblicke der Erschütterung, auch radikaler Trauer. Um etwas aufzubrechen, sei es Pflaster, sei es Grünfläche, sei es unsere hilflose Resignation. Nein, das zeugt nicht von Gelassenheit, von vornehmer Zurückhaltung und coolem Kriegen-wir-schon-hin. Denn wir sind auch Empfindsamkeit, Angst, Sehnsucht. Dieser Sehnsucht, an die für mich der September so unüberhörbar gemahnt, gilt es ohne Scheu Ausdruck zu verleihen und Raum in den öffentlichen Debatten zu geben. Und das sollten wir keinesfalls der Gefühligkeitsdiktatur selbst ernannter Populisten überlassen. »Nur die Aussicht auf Veränderung erzeugt Begeisterung« (Navid Kermani).

Als ich diesen Gedanken schreibe, ich sitze in meinem wieder nutzbaren Apfelbaumbüro, plumpst etwas auf meine Tastatur – vor Überraschung erkenne ich den kleinen Kerl nicht und vergesse kurzzeitig meine aufrührerischen Gedanken. Da auch er für einen Augenblick verwirrt scheint und sich wohl orientieren muss, kann ich ihn anschauen. Na klar, ein Laubfrosch. Den habe ich als stimmstarken Bewohner meines Gartens bereits vorgestellt. Er, sein grünes Äußeres weist ihn übrigens nicht unbedingt als männlich aus, eher schon seine Größe, da die Weibchen größer sind, muss Laubfrosch-untypisch den Halt irgendwo über mir verloren haben. Ich liebe diese kleinen Kerle und Mädels mit ihren großen Füßen sehr. Sie versöhnen mich mit vielem, für eine Weile. Ihre zarte Gestalt, ihre unglaubliche Kletterkunst und ihre laute Stimme, die selbst Nachbars Rasenmäher übertönt. Als könne nichts und niemand sie zum Schweigen bringen. Und wenn ich an das winzige mumifizierte Laubfroschkind denke, dass ich sehr hüte, verbindet sich auch darin das Erleben von Anfang und Ende, von Begegnung, Abschied und Wiederkehr. Den Laubfrosch vor mir kümmert solch tiefschürfendes Nachsinnen kein bisschen; er tut, was er bestens kann, er hüpft mit einem, gemessen an seiner Körpergröße, gewaltigen Satz von der Tastatur auf den Boden und ist blitzschnell verschwunden. Nur ein winziger feuchter Fleck auf dem A bleibt zurück.

Herbstzeitlose und andere Widerspenstige

Langsam haben sich die Äste des Apfelbaums über mir, befreit von Last, gehoben, und er hat seine Schirmgestalt zurückgewonnen. Nur noch wenige Wochen, und er wird sich auch der Blätter entledigt haben und in seiner puren Gestalt zu sehen sein, die von erhabener Schönheit ist. Und die eine Art stille und anmutige Zufriedenheit ausstrahlt.

Ganz anders die kleinen Herbstzeitlosen, die plötzlich eine benachbarte Wiese mit fröhlich bunten Tupfen übersäen. Seltenes Mähen hat ein Wiesenkleinod entstehen lassen. Leise und kaum bemerkt. Im Sommer findet sich dort ein kaum noch zu erlebender Artenreichtum an Blühpflanzen. Die Herbstzeitlosen aber haben nun, ab Ende September, die Bühne für sich allein. Denn sie kehren widerborstig den Rhythmus von Blühen und Aussamen um: Ihre zartrosa bis hellfliederfarbenen Blüten, die den Krokussen ähneln, erscheinen eben im Herbst, ihre tulpenähnlichen Blätter erscheinen im Frühjahr, die Samenkapseln im Juni. Ihre Giftigkeit entspricht übrigens ihrer in früher Dämmerung leuchtenden Schönheit, die mich an das schimmernde Wiesenschaumkraut des Frühsommers erinnert.

Ansonsten haben ja die Gelbtöne noch ein Weilchen das Sagen, als hätten sie das Sonnenlicht des Juli und August herübergerettet in den herbstlichen Garten. Vor meinem Bürofenster macht sich der Rainfarn breit, an der tiefsten Stelle, wo ich noch immer von einem Teich träume, aber bisher nur drei große Kübel aus Gummi und Zinkblech (deren Hässlichkeit habe ich mit Baum- und Strauchzweigen, mit Rosenholz und Fundstücken hinter einem bizarren Totholzwall versteckt) als Wasserstellen eingerichtet habe, die inzwischen ein eigenes Gleichgewicht im Jahreslauf entwickeln. Sie sind nie leer, obgleich ich kein Wasser nachfülle, sind Trink- und Badeplatz für Vögel und Insekten, die auf dem bis ans Wasser reichenden Totholz einen sicheren »Ansitz«-Platz finden.

Manchmal beobachte ich dort elegante Wasserläufer oder lasse mir vorführen, was der Begriff Oberflächenspannung bedeutet, wenn ein wespenähnliches langbeiniges Insekt – inzwischen weiß ich, dass es eine Feldwespe vielleicht aus dem Fensternest ist – staksig auf dem Wasser geht und vorsichtig nippt. Vermutlich findet hier auch der Laubfrosch das, was ihm das Leben angenehm macht, ihn verführt, Nachwuchs in die Welt zu setzen, ihn vergnügt und lautstark quaken lässt.

Apropos Totholz. Hier und da habe ich diese Ansammlung von abgesägten, abgefallenen, abgeschnittenen Zweigen, Ästen oder Stammstücken im Garten empfohlen. Dabei ist mir die Widersinnigkeit des Wortes nie aufgefallen. Erst durch ein Interview mit dem Biologen David G. Haskell ist mir bewusst geworden, aus welch einseitiger Perspektive der Begriff resultiert. Totholz beschreibt die Sicht der Wald- und Forstwirtschaft, die Holz, das nur herumliegt und verrottet, als verschwendet betrachtet. Aus der Sicht eines Spechts oder einer Assel oder auch eines viel gescholtenen Borkenkäfers ist das Nahrung. »Die Hälfte aller Tierarten im Wald ist auf irgendeine Weise mit umgefallenen Bäumen assoziiert. Und das hat seinen Grund: Holz ist aus langkettigen

Zuckermolekülen aufgebaut. Da liegt ein Kuchen, der vor sich hin rottet« (David Haskell).

Zum Rainfarn, einem Korbblütler ohne Korb, der mich an schmutzig gelbe Smarties erinnert und an Hosenknöpfe, haben sich zwischenzeitlich einige Wildrosen gesellt, die wahrscheinlich irgendwann zu groß sein werden oder vor dem stark nach ätherischen Ölen riechenden Nachbarn Reißaus nehmen. Genauso wie in früheren Jahrhunderten Kartoffelkäfer, Kopfläuse oder Darmwürmer, denen man mit der Heil- und Färbepflanze Rainfarn zu Leibe rückte. Hingezogen fühlen sich augenscheinlich Wildbienen und Falter sowie deren Nachkommenschaft.

Außerdem ist da noch der heimische Dost, manchmal auch wilder Oregano (weil botanisch Origanum) genannt, der meinen Garten so heftig liebt, dass ich ihm immer wieder energisch ans Leder, sprich an die Stiele muss. Andererseits ist die aromatisch duftende, zartlila blühende Pflanze aus der Familie der Lippenblütler in den Sommermonaten ein solcher Insektenmagnet, dass ich mich auf dem kleinen Sitzplatz vor meinem Bürofenster wie in einem vielstimmigen Summkonzert fühle und den verschiedenen Wildbienen sehr nah bin bei ihren manchmal akrobatisch anmutenden Blütenbesuchen.

Im September spielen diese Rolle auch noch die benachbarten Goldruten. Diese viel geschmähte Einwanderin, die zum Beispiel Bahndämme überzieht und als ebenso anspruchslos wie durchsetzungsstark gilt, wird von Schwebfliegen, Wildbienen und einigen Faltern geliebt. Vielleicht ist der Besuch der Letztgenannten auch Zufall, weil in der Nähe ein Schmetterlingsflieder steht – der allerdings in den zurückliegenden Jahren von immer weniger Schmetterlingen besucht wird.

Mit Blick auf die Goldrute geht mir die Diskussion um die sogenannten Neophyten, also die Neubürger in Flora und Fauna, durch den Kopf, die ich an anderer Stelle ein wenig ausführe. Viele Pflanzen, die wir als heimisch empfinden, sind es ursprünglich nicht. So ist etwa die Geranie, Musterpflanze deutschen Balkonschmucks, ursprünglich eine Afrikanerin. Deshalb hat die Aversion gegen *Global Player* aus Pflanzen- und Tierreich für mich einen bitteren Beigeschmack. Intoleranz gegenüber Fremdem ist in diesem Zusammenhang weniger folgenschwer, aber doch mit geschärfter Wahrnehmung zu betrachten. Unter Hinweis auf die beliebte, aber auch nicht heimische Ringelblume spottete mein liebster gärtnerischer Gewährsmann Jürgen Dahl bereits vor fast dreißig Jahren über »die bärbeißige Unerbittlichkeit der Strenggläubigen, die selbst die Lage des Komposthaufens noch zu einer Glaubensfrage machen … und gegen die Anpflanzung fremdländischer Gewächse wettern«. Eiferer sind mir in jedem Zusammenhang unangenehm – und den (Über-)Lebensprinzipien der Natur fremd.

Der Siebte, der eigentlich der Neunte ist und Altweibersommer heißt

Hier will ich kurz innehalten und ein wenig Wissen über den September sammeln. Wieso heißt er eigentlich so? Die Antwort ist ernüchternd: Er heißt nach dem lateinischen *septimus*, also der Siebte. Was ja nicht mal stimmt. Aber hier ist dann doch eine Spur verborgen, die weit in die Geschichte zurückreicht. Im Hin und Her der jahrtausendelangen Zeiterfassung hatte der römische Kalender zunächst nur zehn Monate für das Jahr, von März bis Dezember, und insgesamt 304 Tage. Das konnte natürlich nicht lange gut gehen. Um das Chaos eines kalendarischen Frühlings im Winter und weiterer Unstimmigkeiten zu beheben, wurden zwei Wintermonate hinzugefügt. So kam man auf 355 Tage – immer noch keine überzeugende Systematik für die komplexen Gesetzmäßigkeiten am Himmel und auf der Erde. Erst im Jahr 45 v. Chr. kopierte Caesar den ägyptischen Sonnenkalender und schuf damit die Grundlage unseres heutigen Jahresablaufs.

In der Vergangenheit haben immer wieder mehr oder weniger bedeutende Menschen versucht, sich im Kalender zu verewigen. Der September hat allen Versuchen widerstanden. So wollte

Karl der Große ihn Herbstmonat nennen, was dem Jahreszeitenempfinden der Menschen durchaus entsprach. In alten Sprachvarianten des Deutschen gibt es den Namen Fulmonat oder Vulmant, was auf die Zeit der Ernte, der Fülle hinweist. Auch Holzmonat war zum Teil gebräuchlich, weil man mit dem Holzeinschlag begann, eine Tradition, die zwar dem alten Wissen um die sich ändernde Beschaffenheit von Holz im Jahreslauf Rechnung trägt, aber in der industriellen Bewirtschaftung von Wald weitgehend bedeutungslos geworden ist. Hier und da stößt man auch auf den Begriff Scheiding, in dem sich die Tagundnachtgleiche manifestiert.

Und dann sei der Altweibersommer nicht vergessen, der bekanntlich nichts mit alten Weibern zu tun hat. Er gehört zu den meteorologischen Besonderheiten wie die Eisheiligen oder der Siebenschläfer. Hier schlagen sich lange Erfahrungswerte mit regelmäßig wiederkehrenden Witterungen nieder, die wiederum von großen Wetterlagen rund um die Erde abhängen – und sich mit dem Klimawandel folgenschwer verschieben könnten. Im Namen Altweibersommer mit seinen oft stabilen Hochdrucklagen ist wohl das althochdeutsche *weiben* für weben bewahrt, was sich auf die im Morgenlicht schimmernden Spinnennetze bezieht, die oft durch Tautropfen glitzern wie Diamanten, in denen sich Licht zu einem winzigen Regenbogen bricht.

Schauen wir kurz über unseren europäischen Tellerrand, so ist auch in den Traditionen der östlichen Philosophie und Lebenskunst der September eine Zeit der Wandlung. Das Yang, die aufsteigende männliche Energie, kommt zur Ruhe, das weibliche Yin, der bewahrende und schützende Aspekt des Lebens, erwacht. Das Element Erde wird als prägend betrachtet.

Lichtzauberin für eine Nacht

Eines Abends liegt für einen Moment der Geruch von Schnee in der Luft. Einbildung? Die Umsetzung eines winterlichen Sehnsuchtsbildes, weil die Berge am Horizont ein erstes Schneekleid tragen?

An einigen Plätzen im Garten und auf der Terrasse halten späte Nachtkerzen-Blüten dagegen. Von wegen Schnee! Und als sicherten sie sich und mir schon mal energisch zu, dass der nächste Sommer bereits in Arbeit ist, haben sie an vielen Stellen – manche davon sind geradezu hungerkünstlerisch mager – wunderschöne Blattrosetten gebildet. Sie sind aus einer Vielzahl in mehreren Schichten angeordneten Lanzettblättern gebaut und bekommen im fortschreitenden Herbst eine zartrote Färbung, die sich im nächsten Jahr in der Hülle der Blütenknospen wiederholen wird und die sich beim Kochen auch in der Wurzel wiederfindet. Diese zarte Verbindung eines hellsonnigen Gelbs mit einem Rot, dem man die Gelbanteile changierend ansieht, gehört in meinem Garten der Nachtkerze allein. Vielleicht tröstet sie damit uns Tagesgeschöpfe, dass die unversehrte Schönheit ihrer Blüten der Nacht vorbehalten ist. Denn die Nachtkerze öffnet ihre Blüten nach Sonnenuntergang nur für eine Nacht, am Morgen sind sie zwar noch da, aber Spuren schnellen Welkens sind unübersehbar. Das Öffnen der Blüte erfolgt innerhalb weniger Minuten in einer fließenden Bewegung. Die Schnelligkeit dieses Aufblühens lässt sich bei keiner in Mitteleuropa beheimateten Pflanzen beobachten, was die Nachtkerze als eine von mir behauptete Bewegungskünstlerin ausweist. Ihr zartgelbes Licht und ihr Duft, der sich erst etwa eine halbe Stunde nach Aufblühen entfaltet, locken nachtfliegende Insekten an.

Bei mir hat sich diese ursprünglich in den Tropen beheimatete Einwanderin ohne mein Zutun eingefunden. Auf der Terrasse im Topf zwischen Thymian und Rosmarin oder zwischen Holzboden und Topfrand, in direkter Nachbarschaft zur grüngrauhaarigen Rosette der Königskerze. Anspruchslos bis zur Kargheit. Oder auf offenen Kies- und Sandstellen, aber auch hier und da an einer Stelle in Beet oder Wiese. Und sie zeigt sich immer wieder als Einzelgängerin, große Gesellschaften bildet sie bei mir nie, obwohl sie Tausende von Samen entwickelt – sehr zum Vergnügen kletterfreudiger Meisen, die turnend dieses Winterfutter genießen. Mag sein, dass der Magerkünstlerin einige Gartenteile zu fett sind. Immer wieder unerwartet zeigt sich ihre Blattrosette und kündigt die auf bis zu einem Meter hohen Blütenstiele fürs kommende Jahr an, die dann bis weit in den Herbst hinein Blüten hervorbringen. Diese Prinzessin meiner Gartennächte ist nicht nur bezaubernd, sondern auch heilsam. Sie ist in allen Teilen essbar, und besonders ihr Öl gilt als hochwertig, wird in Naturkosmetik verarbeitet und bei Hauterkrankungen eingesetzt.

Für mich passen ihre schwebende Grazie und ihr zauberhaftes Licht zum September (obgleich sie mindestens von Juli bis November blüht), wenn die Nächte länger und die Übergänge schärfer werden. Sie verbindet Tag und Nacht, Ende und Neubeginn in den fließenden Übergängen einer einzigartigen Bewegung.

Damenkränzchen-Blumen

Schaue ich mich in der zweiten Septemberhälfte in meinem Garten um, kehrt Ruhe ins Blühspektakel ein. Selbst die letzten starken Farben der Astern verblassen zusehends. Zartheit gewinnt im sanften Licht des Spätsommers die Oberhand. Entspannung für Augen und Nase.

Dagegen steht die vergiftende, dauernde Unzufriedenheit stiftende Üppigkeit überdüngter Wegwerfpflanzen. Immer noch muss es heftig blühen, damit wir zufrieden sind, dass es »schön« aussieht. Die Baumarktisierung unseres Empfindens hat uns vom Rhythmus der uns umgebenden Natur abgekoppelt. Was uns damit verloren geht, wird erst der November unübersehbar machen. Schon im September zeigt der Garten, dass nachlassendes Blühen ebenso wie der Lebensrhythmus der Blätter bei Laubbäumen und Büschen die Zeit des Ruhens einleitet, des Atemholens, des Abschließens.

Mit diesem Atemholen wird gleichwohl überall Kraft geschöpft für Kommendes, denn das winzige Samenkorn der Nachtkerze, der Hagebutte oder des Weißdorns ist eine Art Versprechen, dass der nächste Sommer im Keim bereits geborgen ist. Ende und Anfang begegnen sich auch hier, so wie sich Sommer und Winter in diesem Monat manchmal sehr nahe kommen können.

Nein, ich habe sie nicht vergessen, und nein, ich habe nichts gegen das vom Aussterben bedrohte Damenkränzchen. Sicher ist nicht schwer zu erraten, dass ich von Dahlien spreche. Oder ist das nur meine persönliche Wahrnehmung? In Gartenzeitschriften und -büchern erklingt ein Loblied auf die bunte Schönheit des herbstlichen Gartens, auf ihre Vieltausenden züchterischen Varianten. Für mich sind sie Relikte einer vergangenen Gartenzeit – und ich bin unsicher, ob ich das bedauere. Vielleicht haben Züchter ihr keinen Dienst erwiesen mit all den vorlauten Farbtönen und geschmacklosen Kombinationen, oder sie haben ihr exotisch-apartes Gesicht, das sie als Straßenkind aus ihrer südamerikanischen Heimat mitbrachte, so grell überschminkt, dass zumindest mir unbehaglich ist. Man hat sie damit – und das ist wieder mein Eindruck – zu nah an all jene Mastpflanzen gerückt, die zu bunt, zu einfältig vor Super- und Baumärkten ein verzweifelt-käufliches Dasein fristen.

Wem in meiner Gegend Dahlienblüten gelingen, der hat entweder ein geheimes Abkommen mit den Schnecken getroffen oder beherzt in den Giftschrank gegriffen. Ein Dahlienliebhaber alter Schule versammelte seine Schätze auf einem alten Ladewagen und schützte so die blühende Pracht vor gefräßigen Schneckenmäulern. Ich habe mich nach ein paar lange zurückliegenden Versuchen den Schnecken ergeben und Dahlien Dahlien sein lassen. Wenn, wie gesehen, Schneckenfraß auch ein Indikator für geschwächte Pflanzen ist, sind meine Dahlien vielleicht nicht heimisch geworden oder haben meine Damenkränzchen-Vorbehalte gespürt. Dabei haben sie zumindest eine abenteuerliche Biografie, die bis ins 18. Jahrhundert zurückreicht (in ihrer mexikanischen

Heimat vermutlich viel weiter) und ihr Begegnungen mit berühmten Menschen wie Alexander von Humboldt bescherten. Aus zwei Dahlienarten, die um 1800 nach Spanien kamen, wurde eine unüberschaubare Vielzahl an Sorten. Wer sich dem Dahlienrausch hingeben möchte, könnte sich mit ungefüllt blühenden Sorten um die Insektenwelt verdient machen, denn im September versiegen deren Nahrungsquellen in vielen Gärten.

Vielleicht ist das Damenkränzchen genauso sympathisch altmodisch wie die Dahlie, und vielleicht gehört sie im Schatzkästchen des Gartens zu den Nachhaltigen und in Erinnerung an ihre schlichte Herkunft zu den bewahrenswerten Gästen aus fernen Ländern. Denn ihre Pflege ist aufwendig, nicht nur wegen der Schnecken, und braucht Zeit; wie eine empfindsame Zugereiste ist sie dem hiesigen Winter nicht gewachsen. Ihre Knollen müssen ausgegraben und vorsichtig frostfrei, aber nicht warm gelagert werden. Meine Großmutter wartete im Frühjahr mindestens so sehnsüchtig auf die ersten Anzeichen von Austrieben wie auf die ersten Schwalben. Aber wer nimmt sich heute noch die Zeit, nach etwas so Nutzlosem wie den Austrieben von Dahlien zu schauen? Neu kaufen geht, wenn es denn schon sein soll, schneller. Ja, und wer hat in unseren gedämmten, warmen Häusern noch einen Platz, der kühl und ein wenig feucht ist?

Scheinbar lag ich mit dem Damenkränzchen doch richtig …

Der König des Windes

Ein typischer Ruf lässt mich aufschauen. Ich erkenne ihn sofort. Der Rotmilan kreist über mir. Mein Garten gehört zu seinem Fluggebiet, das er regelmäßig durchmisst. Natürlich hätte ich auch im Sommer über ihn schreiben können. Ab Mai kehrt er verlässlich in unsere Gegend zurück, in manchen Jahren früher. Wenn ich im Sommer, auf der Wiese liegend, in den Himmel schaue, schwebt er manchmal still über mir, ohne Flügelschlag. Nur der geschlitzte rötliche Schwanz steuert mit winzigen Bewegungen und hält ihn auf Kurs. Oft in einer Höhe, dass ich seine dunklen Augen auf mir ruhen zu sehen glaube. Immer wieder habe ich mich gefragt, was er wohl wahrnimmt. Vermutlich gehöre ich für ihn nur ins Muster seines Reviers. Wie Bäume und Wiesen. Spannend sind für ihn lediglich Mäuse und Co., die sein Beutemuster bedienen. Manchmal aber schraubt er sich unvermittelt in solche Höhen, dass ich ihm kaum mit den Augen folgen kann und mir ein wenig schwindlig wird. Während er dieses spielerische Aufsteigen in verlockende Weiten übermütig zu genießen scheint, komme ich mir wie eine plumpe Erdenbewohnerin vor. Im selben Augenblick lässt er sich kippen und rast in einem spiralförmigen Sturzflug immer um die eigene Achse in die Tiefe, fängt sich kurz oberhalb der Krone meiner Buche ab und schwebt entspannt davon. Kein Wunder, dass manche Autoren diesen Flugkünstler für einen der elegantesten und schönsten Greifvögel der Erde halten.

Der Rotmilan ist also ein Sommergast in unseren Breiten, wenn auch ein prägender; denn er ist Europäer mit eindeutiger Präferenz. Ab April/Mai sind etwa 60 Prozent der gesamten Bestände in Deutschland zu finden. Insgesamt ist sein Lebensraum auf Europa beschränkt. Den Winter verbringen hiesige Rotmilane meist in Spanien, teilweise auch in Nordafrika. Wobei mit den wärmeren Wintern Milane immer häufiger nicht mehr ziehen. Wenn ich zum ersten Mal nach der Winterpause seinen etwas klagend klingenden Ruf höre, durchströmt mich ein Glücksgefühl. Ich weiß nicht, ob es seine auffällige Schönheit ist, seine königlich anmutende Grazie im Flug, das scheinbar regungslose Schweben in perfekter Anpassung an Luftströmung und Wind, seine imposante Größe (die Flügelspannweite erreicht bis zu einen Meter siebzig), die ihn nach dem Adler zur stattlichsten Erscheinung unter den hiesigen Greifvögeln macht. Nie sieht man ihn ansitzen wie andere Greifvögel in der hiesigen Region. Er bevorzugt offene Landschaften und scheint mir ein geschickter Jäger der Lüfte. Dabei gilt er Vogelkundlern als durchaus handfester Jagdgeneralist, sprich: Er verschmäht weder Maus und Co. noch Fisch noch Vögel, Aas oder Abfälle. Im Mittelalter soll er in Städten genistet und dort eine Rolle bei der Abfallbeseitigung gespielt haben. Beutetiere erkundet er im ruhigen Segelflug, greift überraschend an, ohne zu landen, und verfolgt seine Beute bei Misslingen seiner Attacke nicht. Eher seltener sehe ich ihn am Boden schreiten, wo er aber wohl immer wieder auch nach Insekten sucht.

Trotz seines weiten Nahrungsspektrums gilt der Rotmilan als gefährdet – und signalisiert uns damit eine weitere Kollision von Wachstum etwa im Bereich industrialisierter Landwirtschaft und Verlust an Artenvielfalt; wobei in Bezug auf den Rotmilan Deutschland mit mehr als der Hälfte der weltweit brütenden Tiere eine besondere Verantwortung für seinen Schutz trägt. Die Gefährdung des Rotmilans ist für mich ein anschauliches Beispiel für den verheerenden Dominoeffekt, der überall zu beobachten ist. Einst war der Feldhamster, der mit seinen massenhaften Beständen als Anbauschädling galt, die Leibspeise des Milans. Heute ist der Feldhamster so selten geworden, dass die Entdeckung einer Population große Bauprojekte verhindern kann. Und somit musste der Rotmilan seinen Speisezettel ändern, ist aber nun den gleichen Gefährdungen ausgesetzt wie sein liebstes Beutetier.

Im klaren Septemberlicht fügt sich der Rotmilan mit seinen akrobatischen Flugkünsten und seinem schwerelos anmutenden Schweben ein in mein Sehnsuchtsbild. Er verkörpert für mich Leichtigkeit und Wagemut, Kommen und Gehen, Kraft und Unbeschwertheit.

Welcher Zynismus, dass er in seinem Hoheitsgebiet, den Weiten des Himmels, auf eine tödliche Gefahr trifft, der er nichts entgegenzusetzen hat: den Windkraftanlagen. Im erbitterten Streit über die besonders unter den Milanen hohen Verluste haben Naturschutzorganisationen Konzepte entwickelt, die eine Koexistenz von Windkraft und Rotmilan (sowie auch anderer Greifvögel) verbessern, indem sie das Jagdverhalten der Vögel berücksichtigen und den Betrieb der Anlagen sowie die Bewirtschaftung der umgebenden Flächen darauf abstimmen.

Eine unsinnige Frage und Des Mönchs Begierde

Was ist im September zu tun? Die beliebteste Frage aller Gartenratgeber und Gartenzeitschriften, die jeden Monat wiederkehrt, und eigentlich die unsinnigste, wenn ich es mir recht überlege. Denn diese Frage muss ich mir gar nicht stellen. Mein Garten gibt da unmissverständlich Auskunft. Der rotzweigige Hartriegel an der Nordseite etwa tut so, als habe ich mir nicht erst im Frühjahr Blasen beim Sägen geholt. Und die Kletterrosen haben bereits so heftig an ihren Befestigungen gezerrt, dass kratzende Begegnungen mit ihnen vor dem ersten Schnee unerlässlich erscheinen. Meine Lieblingsbank bei den Eidechsen, versteckt in der hintersten südlichen Ecke, ist von Liguster, Wildrose und Flieder erobert, die es in die Schranken zu weisen gilt. Ein bisschen Hausrecht nehme ich mir da schon heraus und schicke insbesondere die Schnellwüchsigen auf ihren Platz. Denn bekanntlich ist Gärtnern mit der Natur kein Wildwuchs. Wie oft höre ich von Besuchern, dass so ein Garten wie meiner sicher wenig Arbeit mache. »Ein Naturgarten«!? Abgesehen davon, dass ich Arbeit nicht notwendig für eine negative Kategorie halte, schon gar nicht mit Blick auf Gärten, gilt es, in einem gelungenen Garten immer wieder die Balance zu finden zwischen Lassen und Eingreifen.

Was ist also zu tun? Diese Frage scheint allerdings viele Gartenbesitzer bereits zu Monatsbeginn unruhig zu machen. Die ganz Hartgesottenen fangen schon mal mit dem Aufräumen an. Endlich naht die Jahreszeit, in der ein Garten immer »ordentlich und sauber« aussehen kann. Oder zugerichtet? Jedenfalls kann er sich nicht wehren gegen Laubsauger und -bläser, Hausmeisterschnitt, millimeterkurze Grünfläche, nackte Erde, geköpfte Stauden und was der Grausamkeiten mehr sind. Klingt ungerecht? Kann sein. Aber überwinternde Vögel, die keine Samenstände finden und keinen Unterschlupf, Igel, die keinen Schutzraum für den Winterschlaf finden, Insekten, die keine trockenen Stängel finden für sich und ihre Nachkommen, und ein paar andere da draußen, die ebenfalls den Winter mit uns verbringen, nur ohne Heizung und Supermarkt, werden meine Ansicht teilen. Herumwerkeln ohne Aufräumen kann man im Übrigen genug. Dass auch Nichtstun zu den schönen und sinnvollen Qualitäten eines guten Gärtnerns gehört, wird uns der November nochmals zeigen.

Ernten ist im September die lustvolle Hauptforderung. Mal mehr, mal weniger. Und dann die Frage, was ich mit all dem Geernteten machen könnte/sollte. Die stellte sich übrigens allen Gartenbesitzern im zurückliegenden September mit einer Vehemenz, die manche zu Obstallergikern gemacht haben könnte. Mich nicht. Ich habe die Speisekammer vergnügt mit wohlsortierten Apfelkisten gefüllt, zum ersten Mal das Abenteuer eigenen, traditionell gepressten Apfelsafts erlebt (eigentlich mag ich keinen Apfelsaft) und mit Unterstützung meiner oft skeptischen, aber risikofreudigen Mutter verschiedenste Marmeladen gekocht, angefangen bei den dirndlroten Kornelkirschen (das ist der Busch, der in jedem Garten stehen sollte, weil er sehr früh im Februar den Frühaufstehern unter den Insekten lebensrettende Nahrung bietet), die ihre wunderbare Farbe auch im Glas behalten und mit ein wenig nach dem Kochen untergerührtem Kakao ihre bemerkenswerte Säure in Genuss verwandeln. Dabei ist festzuhalten: Ich bin eine mittelmäßige Köchin, eine schlechte Bäckerin – aber verrückte Marmeladen erfinden, das kann ich. Highlight ist »Des Mönchs Begierde« (ich gebe zu, ein ziemlich gewagter Name in diesen Zeiten), bei der selbst überzeugte Marmeladenverächter schwach werden.

Ernten, Sammeln und Essen sind also gute Stichworte für den September. Keineswegs nur für uns. Überall im Garten wird sichtbar oder unsichtbar an der Fettschicht und an den Vorräten gearbeitet. Wahrscheinlich haben auch wir Menschen im heraufziehenden Herbst nicht nur deshalb mehr Appetit, weil das Angebot so verlockend ist, sondern weil unser Ernährungsmuster aus der Steinzeit kommt und sich seither kaum verändert hat. Temperatur und Licht sind auch diesbezüglich uralte Zeitgeber, denen wir uns nicht entziehen können. Unsere Vorfahren wussten nie, wann es das nächste Mal etwas zu essen geben würde. Man vergleiche das für einen Moment mit dem Angebot eines gewöhnlichen Supermarktes. Diese unsere Supermarkt-Sozialisation ist jedoch nicht mehr als Firniss.

Auch Meisen, Mäuse oder Eichhörnchen (wussten Sie, dass Letztere gern mal Ihre sorgsam gesetzten Krokuszwiebeln ausgraben und sammeln?) spüren, dass harte Zeiten anbrechen, und fressen, was der Garten hergibt, sammeln an geheimen Orten, was nicht sofort in den Bauch passt.

Der Mut zum Liegenlassen sei hier abermals erwähnt. Das Zauberwort heißt Chaosordnung, denn das Chaos ist die Ordnung des Lebendigen. Was wir oft für Ordnung halten, ist nur ein ungemütliches Gemisch aus Reinlichkeit, Zurichtung und Zerstörung.

Der Aufräumwahn wird erst im Oktober mit aller Macht über meine UmWelt hereinbrechen.

September-Abenteuer

Kehren wir zum Beginn meiner September-Impressionen zurück. Dieser Monat am Übergang zum Herbst bleibt für mich ein Sehnsuchtsmonat, mit all den Facetten, die sich mit ihm verbinden. In vielerlei Hinsicht ist er eine Zwischenzeit. Das Vergehen kündigt sich an, das Neue ist noch fern. Der Bogen von Verlust und Hoffnung ist gespannt, von dem Robert Macfarlane, unermüdlicher Wanderer durch die Welt der Verluste, der verlorenen Wege wie der verlorenen Worte, so nüchtern, zornig und empathisch erzählt. »Wer die Welt nicht hört, schmeckt und berührt, verliert die Bodenhaftung.« Ihn zu lesen, ihn zu hören gibt dem Verlorenen und Gefährdeten für Augenblicke seinen Duft, seinen Klang, seine Schönheit und damit Erinnerung zurück.

Plötzlich denke ich an Günter Grass, der sich einst im ›Toten Holz‹ sitzend zeichnete und mich vor vielen Jahren in seinen Garten einließ, einem Schutzraum für einen Mann, der sich selbst im Zusammenhang mit Schnecken verletzlich nannte. Dem

Waldsterben begegnete er damals zeichnend und wortkarg. Hinschauen, festhalten, was er sah und was bald verschwunden sein könnte. Schmerz, Trauer und Widerstand, so war er überzeugt, setzen Sehen, Riechen, Hören, Fühlen voraus. Bei ihm schienen die Bäume um Erbarmen zu bitten, doch Erbarmen ist ein altmodisches Wort. Und Grass dachte die Dimensionen der Verluste ähnlich weitsichtig wie Robert Macfarlane, für den mit der leuchtend blauen Glockenblume mehr verschwindet als eine betörende Pflanzenschönheit. Mit Blick auf den gefährdeten Wald erinnerte Grass daran, dass ohne ihn die Märchen umgeschrieben werden müssten, dass sowohl die Vorstellung von Zuflucht und Schutz als auch von Dunkel und Hell ihre Dimensionen verlieren würde, dass nicht nur Sprichwörter ihren Sinn einbüßen würden, sondern auch Wörter. Denn ohne Wald keine Lichtung.

Beide scheinen mir überzeugt: Wenn man beginnt, genau hinzusehen, ergibt sich daraus eine gesellschaftspolitische Konsequenz. Ich würde ergänzen: Die Frage nach dem Warum drängt sich auf. Und in dieser Frage steckt jene Sehnsucht, die Hoffnung nährt und Veränderung heraufbeschwört. Und damit wären wir wieder bei jener zarten Verbindung zwischen Verlust und Hoffnung, die ich mir vorstelle wie jenes Lasso der Gartenkreuzspinne, das sie dem Wind anvertraut. Der lässt den feinen Spinnfaden irgendwo andocken, vorsichtig überquert die Spinne die neu entstandene Verbindung und verstärkt den Faden, bis er tragfähig genug ist für ihr Netz. Dieses stets gefährdete Wunderwerk des Möglichen ist für mich im September geborgen.

Und so bewahren die warmen Tage die Erinnerung an einen Sommer, der in seiner Einzigartigkeit nie wiederkehren wird. Die samtigen Nächte mit ihrer Andeutung von Kühle lassen den Wandel erahnen. Meine Sehnsucht ist durchmischt mit Wehmut und Dankbarkeit, mit Demut und Hoffnung, mit Trauer und Zorn. Aber auch mit der Freude auf den Rausch des fortschreitenden Herbstes und die pure Schönheit des Winters. Ja, und ich hoffe, es wieder Frühling werden zu sehen.

Es sind Abschiede, die nachdenklich stimmen. Und so habe ich mir in diesem September von einem befreundeten Töpfer ein tief himmelblaues Gefäß mit einem mattgoldenen Deckel in vollendeter Harmonie gestalten lassen. Mir kommt es vor, als sei Sternenstaub auf die Erde gefallen. Dieses Himmelsgefäß steht nun auf meinem Schreibtisch.

Es würde sich gut als Urne eignen. Wenn die Zeit gekommen ist.

Zum ersten Mal reden wir gegen Ende dieses Monats von Holzholen, vom Plätzchenbacken, von Besuchen zu Weihnachten – und die tief stehende Sonne zeigt nebenbei, dass ein Herbstputz den Fenstern guttun würde. Die Abende, die sich nun nicht mehr zum Draußensitzen eignen, strahlen Ruhe aus. Noch empfinde ich die früher einsetzende Dunkelheit als angenehm, wie eine leichte Decke, die ausreicht, um die Kühle im Haus auszugleichen. Manchmal lädt die Herbststimmung ein, Feuer zu machen oder nach einem Rezept für die ersten Bratäpfel zu schauen.

Zwischenzeit also. Ein Bild, das ich bei Michel de Montaigne, dem Landedelmann aus dem 16. Jahrhundert, der alle Dinge in der Welt ohne Unterlass schaukeln, sich also ausbalancieren sah, und seinem Biografen Mathias Greffrath gefunden habe und das mich seit Jahren begleitet. »Zwischenzeit: In solchen Zeiten kommt es eher darauf an, was viele Einzelne tun.« Zwischen dem einzelnen Menschen und den Sternen »war für eine Weile alles offen, schien alles möglich, wurde fast alles geglaubt. War nichts gewiss.«

Das Bild solcher Zwischenzeit hat für mich etwas Schwebendes wie der Flug des Milan, etwas Lichtes wie die Blüte der Nachtkerze. Und es enthält alles, was auch Sehnsucht ausmacht: das Wissen um das Vergehende mit dessen noch sichtbaren Spuren, Erinnerung an Verlorenes und hoffende Zuversicht, auch Freude auf Kommendes, das manchmal bange Wissen um das Wagnis und die ermutigende Kraft. Diese Zwischenzeit enthält das Versprechen auf immer wieder Glück genauso wie die Ahnung von Gefährdung. Wenn uns das September-Gefühl, das September-Denken gelingt, halten wir das alles aus, halten Balance, sind gewappnet für Unbilden, Zweifel und Herausforderung, für Möglichkeiten, Aufbruch und Glück. Und für das Abenteuer, das wir Leben nennen.

OKTOBER

Anderweltwurzler lauscht Wintersänger

Esche und Zaunkönig

»Vielleicht gibt es am Ende nur eins zu tun,
wenn man die Menschen liebt:
sie über die Wahrheit zum Lachen bringen,
die Wahrheit zum Lachen bringen.«

Umberto Eco

Der Oktober ist Rausch. Eine Zeit des Sichverlierens im Farbenrausch, Ernterausch, Lichtrausch – immer das Ende vor Augen. Oft schenkt dieser erste ernsthafte Herbstmonat überwältigende Bilder. Empfindungen und Eindrücke von Bäumen, Nebel, Licht verzaubern mich, lassen mich verharren, als hielte die Welt immer wieder für Augenblicke still.

Dabei kann man das, was im Oktober in den Gärten und den Wäldern, über den Landschaften und am Himmel geschieht, noch einmal als wildes Spektakel erleben. Ein lebensfrohes Spiel dessen, was möglich ist, ein übermütiges Lachen im Wissen, dass bald Schweigen heraufzieht, Kargheit und puristische Reduzierung auf Struktur, dass die Zeit des Schmeichelnden, der spätsommerlichen Zärtlichkeit zu Ende geht, dass Pflanzen und Tiere um uns herum sich zurückziehen, das Außen nach innen kehren und sich aufs Überleben konzentrieren. Ein letzter Tanz, der uns mitnimmt und verwöhnt – bis wir ermüdet und melancholisch durch welke Blätter gehen und den späten Zugvögeln nachschauen.

Der phänomenologische Kalender spricht von Vollherbst, wenn die Laubfärbung einsetzt, was meist auf den Oktober zutrifft, und wenn die Kartoffelernte anläuft, was heute, da der Kartoffelacker nicht mehr zu jedem Bauernhof gehört, es keine Kartoffelfeuer oder Kartoffelferien mehr gibt, kaum noch augenfällig ist.

Das Spiel der Farben beginnt. Rosa Wellenkämme am Himmel vor unwirklichem Türkisblau am Morgen. Traumblauer Himmel mit orangerosalilaroten Wolkenbildern am Abend. Lichtfluten in der schon tiefer stehenden Sonne.

Nebelschlösser verzögern immer häufiger die morgendliche Dämmerung. Am frühen Morgen und am heraufziehenden Abend verbinden sich noch einmal Duft, Licht und leichte Kühle mit sommerlichen Erinnerungen. Hier und da scheinen sie herbstlich überhaucht, etwa wenn ich unter dem Walnussbaum dessen herbes Aroma rieche oder die abgemähten Dostpflanzen eine Weile ihren würzigen Duft verströmen.

Der Oktober gehört in weiten Teilen zu den herbstlichen Vorbereitungsmonaten; in ihm begegnen sich Licht und Nebel, Kälte und Wärme, Trockenheit und Nässe, dunkle Äcker und farbbesoffene Wälder, Welk-Morbides und Schönheitsfülle, Großzügigkeit und Rückzug – wenn auch längst nicht mehr in solch aufregender Weise wie im Vormonat.

So ist denn der Oktober auf besondere Weise zwischen Himmel und Erde angesiedelt: »Ergreifend hell und zart … Die Bäume, diese verkaterten Strohwitwer mit ihrem zerzausten, struppigen Laub; die mit Misteln besetzten Pappeln gleichen federbuschgeschmückten Gespannen im Leichenzug. Die Wiesen im feierlichen, klaren Licht« (Sándor Márai).

Farbseliger Totentanz

Ein erstes vielfarbiges Ahornblatt weht vor mir her. Licht- und Farbrausch greifen ineinander. Das Feuerwerk an Farben zünden vor allem Bäume und Büsche; sie übernehmen den letzten großen Auftritt im Jahreslauf mit einer unbegrenzt anmutenden Vielfalt an Farbtönen. Manche verbreiten nach meiner Beobachtung ein besonderes Leuchten in ihrem Grün, bevor das Spiel in Bunt beginnt.

Meine Favoritin ist die Felsenbirne. Ihr Indian Summer reicht von Schwefelgelb über leuchtend Orange bis zu Feuerrot und fast Violett in so vielen Schattierungen, als trüge jedes Blättchen einen eigenen (Farb-)Ton zur Symphonie bei. In meinem Garten eines der schönsten Beispiele für den Einfallsreichtum der Natur im herbstlichen Potpourri. Einen rostbraun schimmernden Beitrag liefert die Buche und bietet damit einen Vorgeschmack auf die überwältigende Farbkraft in den umgebenden Buchenwäldern. Dort färbt sich das einfallende Licht orange und badet mich in Wohlbehagen. Die Birke im Nachbargarten, ihre botanischen Schwestern in meiner Hainbuchenhecke im Süden und der wieder erstarkte Feldahorn im Westen steuern ein solch helles Gelb bei, als hätten die Blätter Sonnenlicht gespeichert, das sie noch einmal strahlen lassen.

An sonnigen Tagen gegen Ende des Monats fahren die Autos an manchen Stellen durch einen Farbteppich von Laub und ziehen einen rötlich goldenen Schleier auffliegender Blätter hinter sich her. Dem Wanderer versinken die Füße in rotem Blattgold.

Natürlich gibt es unter den Bäumen auch die Nüchternen, die, unbeeindruckt vom Farbenwettbewerb um sie herum, ihre Blätter sang- und klanglos grün fallen lassen. Wie ein Stoßseufzer. Endlich mal Ruhe.

Im Zentrum alles Dichtens über Herbstschönheit steht der Oktober, der dann gern als golden verklärt wird. Ich habe das Schwärmen vom goldenen Oktober stets ein wenig kitschig und weinselig empfunden. Ohne dass ich einen Grund dafür nennen könnte. Es scheint mir, als lege man eine zwar golden glänzende, aber künstliche Decke der Vereinfachung über die Vielfalt, über das nicht greifbare Kaleidoskop von Farben und Licht, in dem sich die Natur um uns herum gefällt. Denn dieses Spiel gilt ja nicht uns; mir kommt es vor, als spiele ein selbstvergessenes Kind. So erinnert mich der Oktober an den verspielten April, nur mit dem Unterschied, dass wir nun schon neun Jahresmonate im Rücken haben.

Im Oktober-Spiel entfaltet sich eine unvergleichliche Schönheit des Vergehens. Eigentlich vollzieht sich ein großes Sterben, das sich im November vollendet. Und wenn man es streng nüchtern betrachtet, ist es reine Chemie, die uns diesen Totentanz beschwert. Denn die Herbstfärbung läutet die Ruhezeit der Pflanzen ein und trägt vor allem dem Wassermangel im Winter vorsorglich Rechnung. Der Prozess, in dem mithilfe des grünen Blattfarbstoffes Chlorophyll Lichtenergie in biochemische Substanzen wie Traubenzucker umgesetzt und dabei Sauerstoff freigesetzt wird, kommt zum Erliegen. Soweit man heute weiß, entsteht, ausgelöst von abnehmendem Licht und sinkenden Temperaturen, im Blattstiel ein Trenngewebe, das die Wasserversorgung kappt. Schließlich fällt das Blatt herunter; die »Wunde« wird durch eine korkartige Substanz schützend verschlossen. Der Blattabwurf hat weitere Vorteile für den Baum: Stoffwechselabfälle und eingelagerte Umweltgifte werden entsorgt, Schneelast wird durch weniger Auflagefläche entschärft, und Knospen bekommen im zeitigen Frühjahr mehr Licht.

Auch das Farbenspiel ist Resultat einer Sparmaßnahme, die bereits das kommende Frühjahr im Blick hat; der Baum spaltet das für die Photosynthese unverzichtbare Chlorophyll zur leichteren Speicherung in Ästen, Stamm oder Wurzeln auf. Damit überlagert der grüne Farbstoff nicht länger die anderen Pigmente der Blätter, und die rotorangenen Karotinoide etwa entfalten ihre Farbkraft. Das Farbspektakel in Garten und Landschaft ist umso intensiver, je größer die Temperaturdifferenz zwischen warmen sonnigen Herbsttagen und kühlen Nächten ist.

Ein paar Unermüdliche

Farben wetteifern allenthalben um Aufmerksamkeit, sicher nicht um meine; aber Vögel, Eichhörnchen oder Mäuse sind ganz Auge bei der Suche nach Winterreserven. Weißdornbeeren und die Früchte der Sternmagnolie leuchten kirschrot. Purpurrot schimmern letzte Brombeeren in der Hecke, rubinrote Hagebutten der *Rosa multiflora* hängen wie Liebesperlen an den Zweigen. Die schon erwähnten Pfaffenhütchen verbinden ein Granatapfelrot mit einem hellen Orange zu einem kunstvollen Gebilde. Und die lackschwarzen Beeren des Ligusters bilden einen aparten Kontrast. Das Feuerwerk der Farben haben also die Bäume nicht für sich allein.

Einen rotverliebten Beitrag zum Oktober-Gemälde leisten zu meinen Füßen die Storchschnäbel. An vielen Stellen im Garten weben die verschiedenen Sorten an einem Teppich, dessen Vielfalt an Rottönen meine verbale Farbpalette überfordert.

Die von mir sehr geschätzten Wiesenmalven, deren Bestände in jedem Sommer wachsen, blühen unermüdlich und lassen sich von zausenden Oktober-Winden nicht irritieren. Inzwischen sind sie übersät von ihren ungemein hübschen Samenständen, die sich parallel zu immer neuen Blüten entwickeln. Die Herbstanemonen vor dem noch jungen Weinstock einer hellen Traubensorte, links der Terrasse, blühen in schönstem Rosa, mit einigen weißen Einsprengseln, das mit den Malven und der dauerblühenden kleinen Rose The Fairy harmoniert.

Auf der Holzterrasse finde ich an immer neuen Plätzen Königskerzen-Nachwuchs. Anschmiegsam pelzige Rosetten, in von hellem Flaum überzogen, stumpfem Aloe-Vera-Grün. Wie jeden Herbst stelle ich mir die Frage, ob sie den Winter überleben werden, um im kommenden Jahr ihre vielblütige Kerze hervorzubringen. Trockene Fröste und zu viel Nässe scheinen die Verluste zu begünstigen. Kräuter, Lavendel und Nachtkerzen haben weiterhin Bestand. Die Krankenstation habe ich aufgelöst und dabei einige schreckhafte Asseln aufgestöbert. Die Wiese ist abgemäht, wobei ich Bereiche, wo ich Insektennachwuchs vermute, stehen lasse. Immer noch sonnt sich hier und da ein Schmetterling, lassen sich Hummeln und Bienen sehen. In den Beeten blühen einige Sonnenbräute und Goldruten, Strahlastern setzen ein paar lilafarbene, weiße und karminrote Punkte. An der Ostseite behauptet sich eine Fetthenne mit ihrem winzigen Nachwuchs.

Büsche schneiden und wie jeden Herbst den Rosenbogen, der sich bereits (und keineswegs zu meinem Missfallen) an der Laterne zu schaffen macht, wäre noch ein Programmpunkt. Oft verschiebe ich so lange, bis der erste Frost mir ein gutes Argument liefert, erst mal abzuwarten.

Manche Oktobertage sind wie ein Lichttraum, milde Sonne, sanft wärmend, hell, ohne scharfe Konturen zu zeichnen. Nur die Abende bringen Kühle und zeitige Dunkelheit. In klaren Nächten erscheinen mir die Sterne wie silberne Blüten in schwarzer Unendlichkeit.

Immer mal wieder sitze ich auf meiner Lieblingsbank und lasse das Jahr Revue passieren. Vor mir die skurrile Mispel, deren weiße Blütensterne nun zu kräftigen Früchten geworden sind, die der erste Frost genießbar machen wird; hinter mir ein schützender Liguster, dessen feine Blütenrispen des Sommers sich nun zu besagten schwarzen Beeren entwickelt haben. Die Hundsrose bildet ein lichtdurchlässiges Dach, das sich rechts von mir mit einem Flieder verbindet und links ein paar Kartoffelrosen berührt. Die einfachen rosa Blüten der einen haben sich in Minihagebutten verwandelt, die weißen der anderen in tiefrote fast kastaniengroße Früchte. Dazwischen wuselt eine dauerblühende Mozart-Rose.

Am Ende macht der erste Herbststurm Schluss mit all den Saumseligkeiten. Blätter werden hinweggefegt. Die Farben sind verblasst, wie sie nun als Blattteppich auf meiner Wiese, auf Wegen und Felder liegen. Ich nehme die wärmere Jacke und hole den Rechen zum ersten Mal aus dem Schuppen. Irgendwo lärmt ein Laubbläser, dieser noch lebensfeindlichere Bruder des Rasenroboters.

Samenstände bilden sich aus, sehr zur Freude der Vögel, die im Winter hierbleiben werden. Darüber wird im Dezember genauer zu berichten sein.

Sammeln und Ernten des September gehen weiter: Die goldgelben Apfelquitten verlieren ihre pelzige Schutzschicht und schimmern in der Sonne. Sobald sie sich leicht vom Zweig drehen lassen, sind sie erntereif. Wie keine andere Frucht in meinem Garten sind reife Quitten mein Dufterlebnis des Herbstes. Unentwegt könnte ich meine Nase daran reiben, bis die Riechzellen abgefüllt sind. Auch die Hände nehmen das unverwechselbare Aroma an.

Die restlichen Äpfel gesellen sich zu den vielen Kisten in der Speisekammer. Nach langer Pause trägt das Birnenspalier vier Birnen. Ziemlich überschaubar, aber vielleicht regen die neu gepflanzte Sorte und die Bienen in den kommenden Jahren zu ein paar mehr des von mir sehr geschätzten Obstes an. Auch die Walnüsse gehören zu den Früchten des Abwartens. Pflückt man sie mit ihrer grünen stacheligen Schale, bleiben sie unreif. Sie müssen erst braun werden, vom Baum fallen (viele platzen dann auf) und können aufgesammelt werden. Eine ziemlich mühevolle Aufgabe, die bei Tausenden von Nüssen eine Art Oktober-Training mit sich bringt.

Meine Weinstöcke, zwei dunkle Muskatellersorten, zieren zuverlässig in jedem Herbst so viele Trauben, dass wir bis zum ersten starken Frost ständig Weintrauben essen, schließlich Muse und Marmeladen kochen, die, solange man Schalen und Kerne mitkocht, ihr intensives Dunkelrot im Glas bewahren. Und mit verschiedenen Gewürzen abgeschmeckt, in jeder Partie andere Geschmacksvariationen entwickeln.

Zwischendrin wird Quittenmus gekocht und goldenes Quittenbrot nach einem sehr langwierigen Produktionsprozess für mindestens vier Wochen zum Trocknen gelegt. Mit jedem Tag schimmert dieses Quittenextrakt, das mit Brot keine Ähnlichkeit hat, stärker und ist der Hingucker zum Weihnachtsfest, der auch noch wunderbar schmeckt.

Wir lernen bei alldem vor allem eines: uns zu gedulden. Quitten sind Entschleunigungspflanzen wie die Mispel. Ohne Geduld erschließen sich ihre Qualitäten nicht. Wahrscheinlich sind beide deshalb immer seltener in den Gärten anzutreffen.

In Jahren der Fülle ist übrigens die alte und heute wieder unter dem Begriff Sharing angesagte Fähigkeit des Abgebens, des Teilens zu üben. Im Apfeljahr 2018 habe ich mit großem Vergnügen die Schätze meines Gartens unter all jenen verschenkt, die keine Obstbäume ihr Eigen nennen.

Die Aufräumer rücken an

Hier ist nun von einem anderen Rausch zu reden, der kein bisschen poetisch, empfindsam oder naturverbunden ist. Ich rede vom großen Aufräumen, vom Machtrausch des zurichtenden Schneidens, des Unter-Kontrolle-Bringens, das so viele Gärten spätestens im Oktober entstellt. Jetzt beginnt – leider immer noch und wider besseres Wissen –, was sich hier und da im September bereits ankündigte: die Hochzeit der Aufräumer und Ausräumer. Es wird begradigt, ausgerissen, abrasiert, gesteinigt, weggeschnitten. Die ›sauberen‹ Gärten sind Herrschaftsräume – und das Todesurteil für viele ihrer Bewohner; endlich Macht über die unberechenbare Natur, selbst wenn diese Macht nur eingebildet ist, endlich das Gefühl des inneren und äußeren Ausgeliefertseins wegschneiden, wegmähen, wegräumen. Nein, ich glaube nicht, dass diese Diagnose meiner Neigung zur Küchenpsychologie entspringt, und erinnere an den wegweisenden Befund von David Boyd im Vormonat: »Die Vorstellung, dass die Natur lediglich eine Sammlung von Dingen ist, die den Menschen zur Verfügung stehen, ist eine der akzeptiertesten der menschlichen Gesellschaft. Wenn man einmal darüber nachdenkt, ist unsere Arroganz atemberaubend.«

Im Oktober wird jeder Hoffnungszipfel ergriffen, endlich mal alles im Griff zu haben und mit der Gartenschere zu zeigen, wo es langgeht. Ein Angstmuster, das mich schwanken lässt zwischen Mitleid, Verzweiflung – und dem schwer zu bändigen Bedürfnis, gegen so manchen Gartenzaun zu treten.

Viele Gärten spiegeln von April (Eröffnung der Rasenwahn-Saison) bis Oktober (Alles muss raus!) Kontroll- und Ordnungsbedürfnisse. Pflegeleichte Immergrüne, die keinen ›Dreck‹ machen, im frühen Herbst bis in die hintersten Winkel kürzest geschnittene Rasenflächen. Jede Art von ungeplantem Bewuchs (Unkraut) wird gnadenlos verfolgt. Die leidigen Kiesflächen greifen um sich – gern farbig – sowie Rindenmulch oder Unkrautvernichtung (Glyphosat). Da vergeht vielen Lebewesen der Appetit. Und obwohl sich mehr Menschen mit Artensterben, nitratbelastetem Grundwasser oder Klimawandel befassen, lässt sich besonders in Neubaugebieten Naturferne, gebündelt mit Unwissenheit, beobachten.

Und dann sind da die ›Gärten der Grausamkeit‹. Dort wird auch noch der letzte Rest von Leben zu steinigen versucht. Dass diese Gärten, die nichts mit Alpin- oder Steingärten als Magerrefugium gemeinsam haben, zu einem Trend werden konnten, spiegelt für mich weniger das Bedürfnis nach pflegeleicht als beunruhigende Befindlichkeiten, die sich an anderer Stelle in der Gesellschaft ebenfalls beobachten lassen. Verschiedene Symptome einer Schieflage. Schaue ich die vielen Beispiele solcher Gärten im Netz an, ist mir zum Lachen und zum Weinen. Der Erfinder der dazu passenden Internetseite, ein Berliner Biologe, will »einen fragwürdigen Gartentrend mit Mitteln der Satire unmöglich machen. Ziel der Satire sind sterile, naturfeindliche Psychopathengärten« (Ulf Soltau).

Geröllgärten sind mehr als nur Steinansammlungen. Denn zu den Steinen kommt eine allseits umweltschädigende Anlage. Der Oberboden (Refugium allen Lebens unter unseren Füßen) muss abgenommen werden, dann werden Vliese oder Folien ausgebracht und Steine angeschüttet. Zur Vernichtung von Lebensräumen gesellt sich also auch noch eine Plastikflut. Natürlich sind nicht nur die Steinansammlungen ein Problem, an denen übrigens endlich wieder von der Gartenindustrie so richtig gut verdient wird. Sie empfiehlt ja nicht nur angeblich pflegearme Geröllhaufen, sondern auch martialische Gabionen, Metallzäune oder Plastikverkleidungen für Gartenzäune. Und damit kann ich nicht umhin, den Blick zu weiten, das schnelle Urteil zu befragen. Denn auch wir ›anderen‹ Gärtner sind an Zerstörung beteiligt; das beginnt mit den Primeln und endet noch nicht bei Plastiktöpfen, Wasserverschwendung oder Tulpenzwiebeln aus überdüngten Pflanzenzuchten. Der Zeigefinger Richtung Geröllgärten scheint mir zu einfach, sind doch viele unserer Gärten ebenfalls kein Hort der Vielfalt, ganz zu schweigen von den ausgeräumten Landschaften, den versiegelten Flächen und der industriellen Landwirtschaft, die weit gewichtigere Schädlinge sind. Wenn jetzt Kommunen überlegen, wie sie den Geröllhalden in ihren Neubaugebieten Einhalt gebieten können, ist das lobenswert, nur lenkt es von den vielen Quadratkilometern ›ordentlicher‹ Grünflächen im öffentlichen Raum und dem monotonen Straßenbegleitgrün ab, für die Kommunen, Kreise oder Bundesländer verantwortlich sind. Und wo vielfach dem Bundesnaturschutzgesetz zuwider gehandelt wird. Das nämlich verpflichtet öffentliche Eigentümer auf die Ziele des Naturschutzes und der Landschaftspflege. Mal abgesehen von dem Flächenfraß, den Straßen und Baugebiete verursachen. Provokant könnte man sagen: Da machen die paar Geröllhalden auch nichts mehr. Im Übrigen wird mancher Geröllbesitzer seine Graufläche bei 40 Grad im Juli 2019 verflucht haben. Denn die Schotterpisten machen nicht nur auf Dauer viel mehr Arbeit als versprochen, sie stauen Hitze, können Wasser nicht aufnehmen oder speichern und lassen Starkregen schlecht abfließen. Damit ist ihr Anforderungsprofil denkbar ungünstig in Zeiten des Klimawandels.

Die Wege von Un-Kraut, von Un-Geziefer bis zur Vernichtung sind kurz geworden. Überhaupt gewinne ich den Eindruck, dass wir mit den Un-Worten zu Massenvernichtern werden, um so Vielfalt durch (billige) massenhafte, aber einfältige Monotonie zu ersetzen. Wir haben der Vielfalt einen Un-Mantel übergeworfen, und darunter droht sie zu ersticken. Das Wissen um Zusammenhänge ist erschreckend schmal. Wir überziehen Gärten und Landschaften mit einem eindimensionalen Netzwerk der Kontrolle und übersehen, dass wir damit das Netzwerk des Lebens attackieren und das Reservepotenzial der Natur schwächen. Wir versuchen, einer vieldimensionalen Welt mit Eindimensionalität zu begegnen. Was nicht gut gehen kann – und nicht gut geht.

Wilde Ecken für die Welt von morgen

Es ist Anfang Oktober, und wieder mähen Nachbarn das bisschen nasse Gras – und tun es damit den Landwirten gleich, die noch die kleinsten Grasbüschel ins Silo bringen.

Ordnung heißt, nein, nicht das Zauberwort, sondern die Drohung, die alle da draußen gefährdet, deren Herausforderung für Monate Kälte, Futtermangel, Dunkelheit heißen. Die ordentlichen Gärtner zerstören. Ihnen ist bei ihrem rigorosen Buschschnitt egal, wie eine Weigelie, ein Hartriegel, eine Hasel oder ein Holunder gewachsen ist, was ihre/seine ureigene Form, ihre/seine Gestalt, ja ihr aller Wesentliches ist.

Der Busch wird oben geköpft, vorne und hinten, rechts und links wie ein Holzblock begradigt. Nicht zufällig spricht man von Hausmeisterschnitt. In öffentlichen ›Grünanlagen‹, ein Wort, das mich an Notdurftanlagen erinnert, kann man das Ergebnis solcher Schnitte sehen. Der vergewaltigte Busch treibt nicht aus der Basis, aus seiner Mitte neue kräftige Äste und Zweige, sondern wie verzweifelt an den viel zu vielen Schnittstellen viele kleine Zweige, die manchmal wie Fusselhaare aussehen. Diese Form der Gegenwehr bringt ein antiker Autor in einen so aktuellen wie anschaulichen Zusammenhang: »Wiederholte Bestrafungen brechen vielleicht den Hass von einigen wenigen, fachen aber den Hass von allen an … so wie gestutzte Bäume zahllose Triebe hervorbringen« (Seneca).

Oft sind die Büsche nach wenigen Jahren dieser Tortur so verwachsen, dass man sie komplett beseitigt und durch neue ersetzt, um das üble Spiel von vorn zu beginnen. In den privaten Gärten, wo ja nicht knapp bezahlte Hausmeister tätig sind, ist es nicht immer so arg, aber die Richtung ist auch dort unverkennbar.

Außerdem wird die Wiese für den Winter so kurz geschnitten, dass Graswurzeln bei Kahlfrost erfrieren, jeder Unterschlupf für winzige Insektenwesen beseitigt ist und die Bodenwelt unter der Oberfläche, die unser aller Leben sichert, schutzlos Regen und Frösten ausgesetzt ist. Alles, was geblüht und Samenstände gebildet hat oder als knorrige Stängel in Beeten steht, wird ausgerissen oder abgeschnitten. Je nackter der Boden, umso befriedigender, so scheint es mir. Dabei ist das zentrale Bestreben im Naturkreislauf, nackte Erde zu bewachsen und damit das komplexe und empfindliche Lebenssystem des Bodens vor schädigenden Außeneinflüssen zu schützen. Lange wurde das ›Winterfestmachen‹ in Gartenzeitschriften und -ratgebern propagiert. Inzwischen findet man hier und da zaghafte Hinweise, dass Samenstände für die Wintervögel überlebenswichtig sind, dass jeder stehen gelassene Stängel einer Königskerze oder einer anderen holzigen Pflanze für das Überleben von Insekten wichtiger ist als pompöse, jedoch vielfach nutzlose Insektenhotels. Die pflanzlichen Entwicklungen im Jahreslauf haben sich über Jahrmillionen der Evolution bewährt als ein komplexes Zusammenspiel. Es würde uns, als erst seit Kurzem hier ansässigen Erdenbewohnern mit Einfamilienhaus und Gärtchen, gut zu Gesicht stehen, wenn wir zunächst mit Respekt anschauen würden, was um uns herum geschieht, was die Natur uns dort vorschlägt – bevor wir zu Säge, Messer und Schere greifen oder die motorisierte Armada an den Start bringen, inklusive der aktuellen Trends für einen smarten Garten.

Ja, wir müssen unsere Ordnungs- und Schönheitsvorstellungen dringend überdenken. Begründungen dafür ziehen sich durchs Jahr. Sie sind keine Frage von Geschmack oder gärtnerischer Freiheit. Sie sind vielfach gefährlich und helfen dabei, an dem Ast zu sägen, auf dem wir sitzen. Denn wir verstehen die Ordnungen der Natur nicht. Und sind doch überzeugt, nur eine Antwort könne richtig sein, nur eine Lösung möglich. Und damit geben wir uns gern der Illusion hin, dass e i n e Ordnung existiert und dass wir wüssten, was diese Ordnung ausmacht. Betrachtet man die Verlustliste von Pflanzen, Insekten und Vögeln, scheinen aufgeräumte ordentliche Gärten nicht dazuzugehören. »Vielleicht sollten wir uns daran erinnern, dass in der Natur nichts geschnitten, nichts umgegraben wird, niemals Erde offen, unbedeckt bleibt, Laub nicht zum Sperrmüll kommt und auch nicht gegossen oder gedüngt werden muss. Die Natur macht alles aus sich heraus perfekt. Nehmen wir sie uns doch wieder mehr zum Vorbild für unsere gärtnerischen Tätigkeiten« (Ulrike Windsperger).

Grundsätzlich gilt, im Herbst so wenig wie möglich einzugreifen. Ein guter Gärtner, der im Dialog mit seinem Garten über die Jahre hören, sehen und spüren gelernt hat, weiß oft, wann zu tun und wann zu lassen ist. Natürlich ist er auch gefordert, sich weiterzubilden, alte Überzeugungen zu befragen, eigene Vorstellungen mit dem Wissen über natürliche Zusammenhänge abzugleichen, wie es zum Beispiel die schon mehrfach einbezogene Forschung zum Insekten- und Artensterben nahelegt.

Im Herbst ist also Lassen angesagt, will man all jenen helfen, die in der warmen Jahreszeit unsere gärtnerischen Mitbewohner sind und jetzt auf großzügiges Nichttun angewiesen sind. Matschiges kann entfernt, Laub von der Wiese unter Büsche oder auf Baumscheiben geharkt werden. Zum Stichwort Laub gehören – leider – Laubbläser und -sauger, die ich für genauso unverantwortlich halte wie Rasenroboter, nur lauter. (Ein Gärtner nannte sie Ohrenpest.) Sie vernichten unzählige Insekten. Inzwischen hat sich ein wenig herumgesprochen, wie schädlich der aufgewirbelte Staub für die Menschen hinter dem Gebläse ist – eine unappetitliche Mischung aus Tierkot, Schimmelpilzen und Feinstäuben. In manchen Städten müssen die Bediensteten von der Straßenreinigung Schutzmasken tragen. Solchen Schutz gibt es für all die Kleinlebewesen im Laub nicht. Sie werden rigoros aufgesaugt. Auch Amphibien und Kleinsäuger wie junge Igel sind gefährdet.

Was ich bei unseren in der Regel überschaubar großen (sprich kleinen) Gärten mindestens genauso bedauerlich finde, ist der

Verlust einer so beruhigenden, beinahe meditativen Tätigkeit wie das Laubharken. In meinem Garten entlauben sich zwei Kirschbäume, zwei Apfelbäume, eine Rotbuche, eine Ulme, eine Trauerweide, ein Walnussbaum, um die wirklich Großen zu nennen, und einiges an Buschwerk. Ich kann also über Laubaufkommen nicht klagen. Und in jedem Oktober und November – das Laub fällt ja nicht auf Knopfdruck – harke ich begeistert jedem Baum sein Laub zu Füßen. Es bilden sich mit der Zeit bauschige Laubkissen, die manchmal zentimeterhoch aufragen – und die Experten als ›Allrounder unter den Winterquartieren‹ bezeichnen. In den vielen Schattierungen sieht es für mich wunderschön aus. Und ich habe das sehr gute und beruhigende Gefühl, dem Baum seine empfindlichen ›Füße‹, sprich Wurzeln, zu wärmen und ihm bis zum Frühjahr das zurückzugeben, was er für das neue Wachsen braucht: seine Nährstoffe, die in den Blättern geborgen sind und durch Millionen Bodenlebewesen neu aufgeschlossen werden. Dieser faszinierende Prozess vollzieht sich für mich unsichtbar; nur das langsame Verschwinden der beachtlichen Laubmengen zeugt davon, was während der nur scheinbaren Winterruhe geschieht. Wenige Laubarten tun sich schwerer mit dem sogenannten Verrottungsprozess. Für Walnussbäume wird empfohlen, das Laub wegzuräumen. Das kann ich nicht bestätigen. Mein Walnusslaub verrottet in einem Winter – und ich liebe den herben Duft, den es bis weit in den Winter verströmt. Und den übrigens Mäuse nicht mögen. Und die Wühlmäuse?! Die halten sich bei mir nicht nur vom Walnussbaum fern. Auch die anderen Laubkissen scheinen keine besondere Attraktion zu sein.

Entgegen den Warnungen vor Schädlingsbefall im kommenden Frühjahr sollte ein wenig Fallobst unter den Bäumen liegen bleiben, was übrigens auf den alten Streuobstwiesen selbstverständlich war. In jeder Phase der Verrottung finden sich kleine und größere Nutznießer – bis hin zur winterlichen Tiefkühlkost. Mäuse, Eichhörnchen, Meisen, Schmetterlinge und andere Insekten wissen diese Nahrungsquellen zu schätzen, die vor allem den wichtigen Fruchtzucker liefern.

Das alles möchte ich als ein Plädoyer für ein wenig ungeordnetes Terrain und Nichtstun im Garten verstanden wissen. Für stille, immer übersehene Winkel hinter dem Kompost, wo vielleicht eine Erdkröte wohnt, den seit Jahren vergessenen Steinhaufen am äußersten Rand, wo vielleicht Ringelnattern verweilen, den verrottenden Baumstumpf, wo sich vielleicht ein Hirschkäfer versteckt, für den irgendwann übrig gebliebenen Sandhaufen, wo vielleicht eine Wildbiene Unterschlupf gefunden hat, den unachtsam unter dem Birnenspalier liegen gelassenen Tontopf, in dem vielleicht der Laubfrosch Mittagsschlaf hält, für die Brennnesseln, die sich unbemerkt in einer Beetecke ausgebreitet haben und nun zum Leckerbissen von Schmetterlingsraupen werden, oder den alten Balken, der längst hätte aufgeräumt werden sollen, aber nun leise vor sich hin rottet, zur Freude von … Das meiste, was in den wilden Ecken meines Garten schläft, frisst, sich vermehrt und stirbt, bleibt sein Geheimnis. Ich stelle mir vor, jeder Gärtner würde nur einige solcher Orte in seinem Garten sich selbst überlassen, sie nicht der gärtnerischen Kontrollillusion unterwerfen. Wir alle würden staunen, wer in solche Gärten einzieht und wie sich die eigene Wahrnehmung verändert. Wie alle Gartenmonate wird so auch der Oktober zu einem Abenteuer-Spielplatz, auf dem sich die Phantasie der Natur beobachten lässt.

Hüter der Unordnung

In meinem Garten gibt es eine Burg, die ein winziger König bewohnt. Er ist Nachfahre von Riesen, wird seit Jahrtausenden für seinen Mut und seine List bewundert. Er bringt gerade mal um die zehn Gramm Lebendgewicht auf die Waage und ist bei mir ein unbekümmerter Begleiter in den Winter, der heraufziehende Kälte und Dunkelheit mit Gesang und kokett aufgerichtetem Schwanz quittiert.

Die Rede ist vom Zaunkönig. Er gehört zu meinen liebsten Gartenbewohnern und ist ein Verfechter von Unordnung jeder Art. Er schätzt Haufen von Gartenschnitt und Reisig, dichte

Büsche und Bodenvegetation. Je undurchdringlicher, umso besser. Dort baut er mehrere kunstvoll-kugelige Nester. Er hält sich gern bedeckt und ist deshalb nach dem Laubfall besser zu beobachten, Insekten aller Art prägen seinen Speiseplan. Am auffälligsten ist, neben seinem aufgestellten kurzen Schwanz und seiner leicht wippenden Gangart, seine Stimme. Mit einer Lautstärke von bis zu 90 Dezibel (ein Presslufthammer erreicht 80) ist einer der kleinsten Vögel Europas 500 Meter weit zu hören. Da er als einziger Standvogel auch im Winter singt, nannte man ihn früher Schneekönig.

Man könnte also sagen, seine Aura ist gewaltig und zieht sich durch die Jahrtausende. Abgesehen davon, dass auch er zu den einzigen Nachfahren der Dinosaurier gehört (die heutigen Vögel gingen aus gefiederten, Eier legenden Raubsauriern hervor, die als Einzige ihrer Art das Sauriersterben überlebten), wird von seiner Schläue schon vor mehr als 2000 Jahren erzählt. In einer Fabel des Äsop überlistet er den Adler und wird König der Vögel. Seither durchzieht der Zaunkönig die Märchen und Mythen der Welt, bewegt Dichter und Philosophen. Heute gilt er als Indiz für eine vielgestaltige Umwelt.

Aufs Schönste hat ein Begründer der hiesigen Naturgartenbewegung das ideale Reich des »flinken Asthaufenvagabunden und Büschehuschers«, seine »Zauberwelt«, die ihm überleben hilft, beschrieben: »Am besten wäre, Sie wären leicht schusselig, vergesslich und im argen Maße unordentlich. Dann hätten Sie nämlich die richtige Mentalität für den Zaunköniggarten. Der darf schon etwas verwildert, vergessen, stellenweise verloren sein … Am meisten tun Sie manchmal, wenn Sie etwas lassen. Lassen Sie das Leben sein. Nehmen wir uns ein Beispiel am Zaunkönig. Lustig schon im Morgengrauen und überzeugend in seiner Stimme, dass es einem die Sprache verschlägt. Und nicht unterzukriegen« (Reinhard Witt).

Weltenbaum mit vielen Kindern

Nur auf den ersten Blick erscheint die riesige Esche als Kontrast zum winzigen Zaunkönig. Beide sind seit Jahrtausenden Charismatiker der Natur – durchsetzungsstark, eindrucksvoll, überlebensfähig. Und beide erscheinen mir, jeder in seinem Reich, als Hüter einer Schwelle, an der sich heute Zukünftiges entscheidet.

Ich habe keine Esche in meinem Garten, aber sie ist mit diversen Exemplaren in meiner näheren Umgebung vertreten, und diese versuchen unermüdlich, bei mir einzuziehen. Das besondere Rauschen dieser majestätischen Bäume, die leicht eine Höhe von vierzig Metern und einen Stammdurchmesser bis zu zwei Metern erreichen, damit zu den höchsten Laubbäumen Europas gehören, hat mich vor Jahren vom Nachbarhof in den Schlaf begleitet. Bis heute verbinde ich diesen Klang mit dem Rascheln von stofffülligen Tellerröcken aus altmodischem Taft.

Die Sämlinge der Eschen erscheinen in meinem Garten überall und sind schon im zarten Alter so fest verwurzelt, dass Ausreißen unmöglich ist. Ihr gerader Zentraltrieb steht unnachgiebig. Sie wirken auf mich etwas unwirsch, als schüttelten sie innerlich den Kopf, dass ich immer noch versuche, sie wegzuschneiden – obwohl ich zig Male erlebt habe, wie sie nach kurzer Zeit wieder austrieben. Mit jedem Schnitt scheinen sie sich entschlossener im Boden zu verankern. Die Voraussetzungen für einen Vermittler zwischen unten und oben scheint von Beginn angelegt.

Die Esche ist der Weltenbaum in der Menschheitsgeschichte. Sie durchzieht als Yggdrasil insbesondere die nordische Mythologie, gilt aber als Lebensbaum auch in asiatischen Ursprungsmythen. Immer ist sie begleitet von der Vorstellung, sie stehe im Zentrum der Welt und verbinde schützend Unterwelt, Menschenwelt und Oberwelt.

Die Bilder passen zur Esche. Sie ragt streng auf mit wenig schmeichelnd hängenden Zweigen – nur die gefiederten Blätter besänftigen diesen Eindruck von Strenge. Ihre mittlere Pfahlwurzel schiebt sich bis zu eineinhalb Meter senkrecht in die Tiefe, dann entwickelt sich ein weit ausgreifendes System von Seitenwurzeln, das mich wieder an mein Bild vom aufwirbelnden Tellerrock erinnert. Die schwarzen Knospen wirken wie eine schwarze Kappe, hart, dreieckig, spitz. Kein bisschen einladend oder sanft.

Übrigens ist die Gemeine Esche, die zu den Ölgewächsen gehört, nicht verwandt mit der Eberesche, die mit ihren orangefarbenen Früchten zu den von Vögeln geliebten Herbstschönheiten gehört, aber botanisch ein Rosengewächs ist.

Heute ist die Esche ein gefährdeter Baum wie so viele andere. Hitze und Trockenheit setzen den Wäldern im Zuge des Klimawandels so sehr zu, dass bereits vom Waldsterben 2.0 die Rede ist. Das sich ausbreitende Eschentriebsterben schwächt diesen weitverbreiteten Baum mit seinem wichtigen Laubnutzholz weiter und könnte ihn nach Jahrtausenden zum Verlierer machen. Forscher befürchten, dass die Esche verschwindet. Damit wird dieser Weltenbaum, den die Menschen einst als Stabilisator zwischen Oben und Unten sahen – man könnte modern vom ökologischen Gleichgewicht sprechen –, zum Symbol für dessen Gefährdung.

Geheimnis der schlafenden Augen

»There is a crack in everything / That's how the light gets in.« Diese Zeilen von Leonard Cohen passen für mich zum Oktober. Die Weichen werden auf Ende und Anfang gestellt, weil im Ende der Anfang geborgen ist. Und davon können die schlafenden Augen zeugen, die ich als Möglichkeitsfenster sehe, durch die jenes erweckende Licht einfallen kann.

Nehmen wir die Rosen; bei ihnen sind die schlafenden Augen am bekanntesten und ihre Bedeutung leicht zu beobachten. Schneidet man einen Rosenzweig oberhalb eines schlafenden Auges, also einer der vielen ruhenden Ansätze für neue Zweige, reicht dieser Reiz, vielleicht auch Stress, um das Auge zum Öffnen anzuregen. Ein neuer Austrieb wächst. Gleiches passiert, wenn ein Rosenzweig horizontal gebogen ist, damit seine potenziellen Fenster für Austriebe unmittelbar der Sonne zugewandt sind; so entstehen an jeder dieser Stellen neue Austriebe. Deshalb empfiehlt es sich bei Kletter- und Ramblerrosen, die Zweige horizontal zu führen. Mit diesem System des Möglichen ist die Rose, wie viele andere Pflanzen, für Überraschungen gewappnet und hat vielfältige Wachstumsoptionen. Sie minimiert Gefährdungen und stärkt ihre Überlebensstrategien.

Die Weinstöcke haben mir in diesem Zusammenhang eine verblüffende Lektion erteilt und mir einmal mehr die zentrale Bedeutung vielfältiger Optionen vor Augen geführt. Der schwere Hagel im Juni hatte sie in Teilen aller Blätter beraubt und nur wenige Traubenansätze verschont. Dieser extreme Stress durch den abrupten Verlust des lebenswichtigen Blattgrüns führte nicht dazu, dass sie kümmernd aufgaben. Im Gegenteil, sie schienen ein Vielfaches an Energie zu mobilisieren, und nach nur sechs Wochen waren viele neue, zum Teil besonders große Blätter gewachsen und einige neue Trauben. Wie ein Empowerment, ein trotziges ›Jetzt erst recht‹. Aufgeben ist keine Option. Auch der Weinstock scheint schlafende Augen zu haben, die in Zeiten großer Not und Bedrohung erwachen. Eine neue Chance, eine neue Antwort, wie sie in der Geschichte dieses Planeten seit Jahrmillionen Überleben garantiert. Und eine grandiose Kraft, die meine Zuversicht nährt und die uns Menschen doch zu Miniaturen im Gesamtgeschehen dessen macht, was wir Natur nennen. Diese Kräfte haben Menschen seit Jahrtausenden gespürt und sie mit mythischen Bildern zu erklären und auch zu bannen versucht. Der Weinstock etwa, der bis zu hundert Jahre alt werden kann, gewann zentrale Bedeutung um den christlichen Erlöser Jesus und erscheint mir als eine Art Hoffnungsträger unter den Pflanzen.

Im Garten lässt sich beobachten, wie Vielfalt an Pflanzen und Tieren, an unterschiedlichen Lebensräumen vielfältige Möglichkeiten sichert, also Optionen offenhält. Gute Gärten grenzen nicht aus; sie sind Refugien des Möglichen. Sie entscheiden immer wieder neu.

Mit der Zerstörung von Ökosystemen vernichten wir daher nicht nur das, was ist, sondern auch das, was sein könnte. Konkret: Der Klimawandel wird Pflanzen und Tiere, und damit uns, vor Herausforderungen stellen, für die wir in den Baukästen unseres Wissens bisher keine Lösungen finden. Lassen wir der Natur ihre Vielfalt, mit der sie unablässig experimentiert, entwickelt, verwirft, scheitert, wird sie Angebote machen, die neue Möglichkeiten eröffnen. Einen »Vielfaltsvorrat« nennt die Biologin Christine von Weizsäcker dieses Überlebensprinzip der Natur, das, wie im März gesehen, die gesamte Evolution prägt, »denn nur ein Reichtum an Optionen garantiert Antwortfähigkeit und Lernfähigkeit« (Jürgen Schaefer). Kurz gesagt: Vielfalt schützt, Verlust bedeutet Gefahr. Denn »das Wesen der Schöpfung ist Vielfalt« (Barbara von Wulffen).

Wir sind allerdings auf der Verluststraße bereits sehr weit vorangekommen. Obwohl die Natur mit unvorstellbaren Überschüssen arbeitet. Es ist dumm, alles, was wir gerade nicht zu benötigen glauben, totzuspritzen. Wir halten uns für Gewinner, aber wir haben auf extremes Risiko gesetzt. Nur dass uns beim Zusammenbruch des Systems niemand retten kann/wird. Wir sind nicht too big to fail, sondern too small to fail. Zu unbedeutend im Jahrmillionengedächtnis der Evolution.

Eine Lesart des 21. Jahrhunderts lässt dem Ungewissen, Unerwarteten und Möglichen ebenfalls produktiven Raum: »Einige Dinge profitieren von Erschütterungen; wenn sie instabilen, vom Zufalle geprägten, ungeordneten Bedingungen ausgesetzt sind, wachsen und gedeihen sie; sie lieben das Abenteuer, das Risiko und die Ungewissheit« (Nassim Nicholas Taleb). Meine Weinstöcke scheinen dazuzugehören. Und dass die Natur insgesamt eine Meisterin in diesem Fach ist, sehen wir täglich.

Gegen die hier waltenden Kräfte und Prozesse können wir nicht gewinnen; nur im Einklang mit ihnen haben wir eine Chance. Denn wir sind Natur, oder, wie Papst Franziskus es ausdrückte: »Wenn wir die Natur zerstören, wird sie uns zerstören.«

Die Natur liebt den Fehler

Im Oktober geht mir all das Misslungene, das Verlorene und gar nicht erst Versuchte, Verschobene durch den Kopf. Die ausgewanderten Stockrosen, die nicht gekeimten Phacelia, 25 frisch gepflanzte und verschollene Strahlastern, der nicht gepflanzte Eibisch, um nur wenige zu nennen. Nicht eingelöste Versprechen, Enttäuschungen, Schneckenopfer, Hagelverluste. Wurmige Äpfel, mickrige Stachelbeeren, verschwundene Levkojen, beleidigte Winterlinge. Gründe für diese Übersicht des Scheiterns erkenne ich meist nicht. Erzwingen geht allerdings auch nicht. Da sind die Gartengeschöpfe höflich unerbittlich. Aber sie machen ihrerseits Angebote: Die Christrosen breiten sich aus, die Malven haben in nur zwei Sommern Fuß gefasst, der Ehrenpreis vermehrt sich unerwartet schnell. Und manches erscheint mir geradezu als tröstlich, selbst wenn ich um die zärtliche Gleichgültigkeit der Natur weiß. Denn seit zwei Jahren kehren nach und nach die Verlorengeglaubten von jenem Schlachtfeld zurück, das im Dezember zu betreten sein wird: Feldahorn, Jasmin, Rosenweigelie.

Irrtum, Fehler, Scheitern sind nicht Ausnahme, sondern Regel. Irrwege, Überraschungen, Unvollkommenheit, ich könnte auch sagen: wilde Wiesen, unordentliche Ecken, vergessene Steinhaufen gehören zum Wesen der Natur. Sie ist »die beste Expertin für seltene Ereignisse; in den Jahrmilliarden ihrer Existenz hat sie es geschafft, fortzubestehen, ohne dass ihr ein von einer Berufungskommission nominierter Fachmann einer Elitehochschule Führungsanweisungen gegeben hätte … Sie zerstört und tauscht aus, selektiert, ordnet neu« (Nassim Nicholas Taleb). Und das ohne Unterlass.

Mit all unserem Aufräumen, Kontrollieren, Beseitigen können wir daran nichts ändern. Doch »wo früher Trampelpfade waren, bauen wir Autobahnen« (Christine von Weizsäcker). Es könnte daher sein, dass wir irgendwann zu den Aussortierten gehören. Wir reagieren auf diese Aussicht mit Weggucken, was etwa den gleichen Effekt hat wie das Pfeifen im Wald.

Herren im grauem Zwirn, Laubfrosch und Rennmäuse

Selbst wenn wir also auf der Verluststraße schnell vorankommen, will ich den Herbst nicht dafür büßen lassen, dass es Winter werden wird, wie Erich Kästner zum Oktober mahnte, sondern noch ein wenig von dessen Geschenken für magere Zeiten berichten.

Nach einem Nebelmorgen treffen die milden Sonnenstrahlen auf einen Goldammern-Schwarm, den ersten in diesem Herbst. Ihre eigentlich gelben Brustfedern blitzen auf. Sie sind ständig in Bewegung, wirken vergnügt, als hätten sie etwas vor, als sei der Sommer im Anflug. Doch es ist genau umgekehrt. Erst nach der Brutzeit finden sie sich zu Schwärmen zusammen und stromern über die Felder auf der Suche nach verbliebenen Samen. Sie überwintern in ihren Brutgebieten, und ihre Bestände gehen wie die aller Feldvögel zurück.

Überrascht hat mich im letzten Oktober der Ruf eines Laubfroschs, den ich später zufällig am Übergang von Boden zur Hausverblendung sitzen sah. Er hatte sich graubraun an den Kies angepasst und verharrte bewegungslos. Vielleicht hatten ihn die milden Temperaturen zu ein bisschen Spazierhüpfen verlockt. Ich hielt es trotzdem für angeraten, dass er bald einen Überwinterungsplatz aufsuchte. Doch das wird er besser wissen als ich.

Genauso verblüfft bremse ich an einem Oktober-Morgen für eine ungemein eilige Maus. Sie stürzt sich todesmutig (und das ist keineswegs metaphorisch gemeint) auf die aus Maussicht sehr breite Straße, um auf die andere Seite zu gelangen. Auch im Sommer sehe ich die um Kopf und Kragen rennenden Grauen gelegentlich. Doch im Herbst scheint in meiner Gegend eine Art Maussprint verbreitet zu sein. In den dunklen Monaten ist mein Fuß stets der Bremse näher als dem Gaspedal. Rehe, Füchse, Wildschweine sind liebes- oder sonst wie hungrig unterwegs. Aber diese Hasardeure auf vier zarten Pfoten erschrecken mich bei jeder Begegnung. Winzige Kerle, die den Verlockungen der anderen Seite anscheinend nicht widerstehen können. Gegen ihre

Beschleunigung erscheint mir ein Formel-1-Bolide gemächlich. Wenn eine solche Maus im Augenwinkel auftaucht, ist es längst zu spät für unser träges Reiz-Reaktions-System. Ich trete auf die Bremse, ohne nachzudenken. Bestimmt wäre es besser weiterzufahren in der Hoffnung, dass die Mäuse mit ihrem Tempo die Zwischenräume der Reifen erwischen – oder den ebenfalls hungrigen Krähen, Bussarden oder Füchsen maul- und schnabelgerecht serviert werden. Diese werden manchmal leider vom nächsten Auto erfasst. Wahrscheinlich folgen all die Tiere, die unsere Straßen queren, ihren alten Wanderwegen, deren Wegführung ihnen aus autofreien Zeiten eingeprägt ist.

Vertikal ist der Kleiber unterwegs, der zügig den Stamm der Trauerweide hinaufläuft. Ich hoffe, dem Baumschnitt sind nicht seine Vorratsäste zum Opfer gefallen. Denn Kleiber betreiben im Herbst eine aufwendige Beschaffung für den Winter. Sie verstecken in der Rinde von alten Bäumen Nüsse oder Samen und verschließen diese mit Moosen und Flechten. Ihren Vorratsbaum verteidigen sie energisch gegen Räuber. Nur die deutlich größeren Spechte haben eine Erfolgschance. In kalten Wintern erscheint der Kleiber manchmal an den Futterstellen auf der Terrasse. Dann klettert er an den verwitterten Holzstühlen herum, die ich wieder mal nicht in den Schuppen geräumt habe, und sucht nach versteckten Insekten.

Zum ersten Mal blühen in diesem Herbst die Efeupflanzen, die den Bereich unter der aufgeständerten Terrasse besiedeln. Irgendwo las ich, dass eine herbstliche Umfrage unter Insekten wohl beste Ergebnisse für den Efeu erbringen würde. Denn er blüht, wenn die meisten Nektarquellen bei uns versiegt sind.

Ein Wildbienen-Meeting auf Strahlastern scheint mir wie ein geschenktes Bild für magere Zeiten. Die Hummel hat sich derweil genervt zum Lavendel zurückgezogen.

Die eleganten Damen und Herren in grauem Zwirn stehen vermehrt in den Wiesen – Graureiher, die in Erwartung auf Beute zu den großen Stillstehern gehören, und das in einer Haltung, die schon beim Zuschauen Rückenbeschwerden assoziiert.

Und dann ist er wieder da, der geheimnisvolle Miniflieger, den ich schon einmal am Lavendel beobachtet habe. Etwa mückengroß, mit zarthellblauem Körper und fedrig gefransten weißen Flügeln. Aber ich weiß nicht, wer er ist …

Wäsche im Wind oder: Alt ist nicht alt

Auf meinen Gartenspaziergängen bin ich hier und da altmodischen Qualitäten begegnet. Manche Erfahrungen scheinen mir tauglich für heute, anderes der Erinnerung wert. Zum Beispiel eine alte Gewohnheit, der ich fast so gern nachgehe wie dem Laubharken: Wäsche in den Wind hängen.

Ich hänge Wäsche zu jeder Jahreszeit nach draußen in den Garten. Es ist ein ungemein befriedigendes Gefühl, sie im Wind flattern zu sehen. Wenn eben möglich, wasche ich nur bei Flatterwetter. Das mag nostalgisch klingen, scheint mir aber zukunftsweisend, denn ich verbinde Duft, Frische und Draußensein mit Energieeinsparung – und spüre für Augenblicke in diesem Tun eine Stimmigkeit, die weit über das rationale Argument hinausgeht. Dabei geht es mir weiterhin nicht um eine Beschwörung des besseren Gestern. Ich liebe das Wäscheaufhängen einfach, und die Zufriedenheit beim Falten duftender Wäsche, die den Wind mit ins Haus bringt, ist ein ebenso schlichtes wie schönes Gefühl. Dass ich damit Fremdenergie spare, zeigt mir die zukunftsweisende Qualität manch alter Erfahrungen.

Dass die fliegende Wäsche genauso wie das Schaukeln Bewegungsmuster anspricht, die unserem Körper eingeprägt sind – und in denen ich Ideen der Entschleunigungsforscherung zur Resonanz erkenne –, erklärte mir eine Freundin, die als Bewegungspädagogin arbeitet. Dabei geht es um das Zusammenspiel von äußeren und inneren Bildern, bei denen unser Gehirn keinen Unterschied macht. Fliegende Wäsche berührt Erinnerungen an Leichtigkeit und Schwung. Ohne nachzudenken, richten wir uns auf, atmen tiefer, fühlen uns leichter. Meine Wäsche im Wind ist also in jedem Fall dem Trockner vorzuziehen. Vielleicht schulen wir beim Wäscheaufhängen im Wind, beim Laubharken oder Schaukeln jene Balance, die uns in der Komplexität unserer Lebenswelt Orientierung schenkt.

Lachen oder: Der Winter kann kommen

Und dann das Lachen. Forscher haben ermittelt, dass wir immer weniger lachen. Zorn, Trauer und Verzweiflung erfassen auch mich manchmal beim Blick in Gärten und Welt. Wenn aber ein Laubfrosch auf meiner Tastatur landet, der Milan unbeschwert über mir schwebt oder es eine Rennmaus auf die andere Seite geschafft hat, denke ich mal wieder an jene Warnung, die Bert Brecht uns ›Nachgeborenen‹ mitgegeben hat: »Auch der Zorn über das Unrecht/Macht die Stimme heiser.« Und, so möchte ich hinzufügen, macht manchmal blind und selbstgerecht.

So scheint mir das Lachen ein guter Begleiter, denn dessen Quelle ist eine erhellende Satire ebenso wie die Kraft gelungenen Widerstands oder beglückende Zuversicht. Und nicht zu vergessen: Lachen signalisiert ein Stück innere Freiheit. Deshalb fürchten die Diktatoren dieser Welt das Lachen als subversives Element, hochspannend erzählt in Umberto Ecos Weltbestseller *Der Name der Rose*. Dort wird gemordet, nur um das geheime Buch des Aristoteles über die Komödie nicht in die Hände der Menschen gelangen zu lassen. Das Lachen, so die bis heute bedenkenswerte Quintessenz, stellt alles infrage, was mit einem absoluten Wahrheitsanspruch daherkommt. Im Oktober lehren uns die schlafenden Augen und eine Natur, die den Fehler liebt, dass es d i e Wahrheit nicht gibt. Vielfalt ist überall d a s Überlebensprinzip.

Wenn wir es also wagen, genau hinzuschauen, die Experimente des Lebens auszuhalten und über unser Scheitern zu lachen, erkennen wir andere Möglichkeiten, entwickeln neue Perspektiven und frischen Mut. Angst löst sich, Selbstbetrug weicht – und der Winter kann kommen.

NOVEMBER

(Un)Sterbliche trauen sich Freiheiten

Weide und Siebenschläfer

»Wer die Menschen das Sterben lehrte,
der lehrte sie das Leben.«

Michel de Montaigne

Der November ist Stille – und die Erinnerung an deren Verlust. Denn gerade in diesem Monat, der traditionell von stillem Gedenken an Verlorene(s) durchzogen ist, scheinen wir um größtmöglichen Lärm bemüht.

Wo Ruhe einkehrt, Langsamkeit und Augenblicke des Nichts zu spüren sind, verbreiten wir Hektik, halten mit To-do-Listen dagegen. Wo draußen Garten, Wald und Landschaft sich allen Zierrats entkleidet haben und sich des (Über-)Lebensnotwendigen vergewissern, ressourcensparend Kraft sammeln, lassen wir uns von grellbunten Weihnachtsmännern, zu zuckersüßen Lebkuchen und unbesinnlicher Konfektionsmusik zu besinnungslosem Konsum nötigen. Und das alles mit der Behauptung, das Weihnachtsfest stehe vor der Tür und es gelte, jetzt keine Zeit zu verlieren, um sich darauf vorzubereiten. Und das alles, damit nur ja keine Stille entsteht, keine Lücken in der Geschäftigkeit (im wahren Wortsinn), keine Mäßigung, keine Besinnung. Selbst die vorgefertigten Totengedenktage werden zum Wettlauf um immer mehr Deko, immer mehr Lichter.

Für mich ist der November der Monat des Nachsinnens, der Schönheit und Freiheit im Wenigen. Und das ist untrennbar mit dem verbunden, was sich im Draußen vollzieht. Auch hier gilt das Nichttun als bedenkenswerte Qualität.

Schönheit des Vergehens

Also halten wir hart dagegen – gegen das laute Bunt, die verzweifelte Maskerade, das Verdrängen im geschäftsmäßig inszenierten Gedenken. Und wir wissen all die da draußen auf unserer Seite. Denn im Garten ist fast alles entblättert, bis auf die klare Struktur entkleidet, der Farbigkeit beraubt, des Duftes entwöhnt. In aller Nacktheit erkennbar. Alles Schmeichelnde, Schmückende ist dahin. Das meiste scheint tot. Gleichwohl ist vieles unsichtbar, verborgen und damit auf geheimnisvolle Weise geborgen. Zumindest als Möglichkeit für Kommendes, wie der Oktober uns ahnen ließ.

»Die Besinnung auf den Tod ist Besinnung auf die Freiheit. Wer sterben gelernt hat, der hat das Dienen verlernt. Die Kunst zu sterben befreit uns von aller Unterwürfigkeit und allem Zwang«, schreibt Michel de Montaigne im 16. Jahrhundert. Für diesen Mann, der in einer Zwischenzeit lebte und dort begann, sich und seiner Welt, seinem Denken und dem Verlust von Gewissheiten zu stellen, war das Sterbenlernen ein Akt der Befreiung. Er geht dem Tod, vor dem er sich fürchtet, entgegen in seinen bis heute aktuellen »Essais«, seinen Versuchen; er versucht ihm möglichst nahe zu kommen und ihn zu demaskieren. Und aus der Erkenntnis, dass der Tod das Ende eines höchst individuellen und begrenzten Versuchs zu leben ist, zieht er die Konsequenz, »dass es nichts Wichtigeres gibt, als das eigene Leben zu leben« (Mathias Greffrath).

Mir scheint, auf seine Weise erinnert der Garten tagtäglich an den Kreislauf des Werdens und Vergehens, aus dem wir uns nicht heraussprengen können. Dort ist Sterben so sehr Alltag, wie wir den Tod aus unserem Alltag verbannt haben. Meine Fensterwespen – tot, die meisten Wildbienen – tot, Meisenkinder – gefressen, Ringelnatter – Elsternfutter, die Feldmaus – vom Milan überrascht.

Und das ist ja nur die Spitze des Eisberges von Fressen und Gefressenwerden. Über und unter der Erde wird massenhaft gestorben. Natürlich will ich den Regenwurm, der im Bauch des Maulwurfs landet, nicht direkt mit mir vergleichen. Und doch schadet uns ein wenig nüchterner Realismus bei diesem gefühlsüberlasteten Thema nicht. Er entkleidet uns unserer Selbstgefälligkeit und unseres Herrschaftsgebarens – für Augenblicke. Und erinnert einmal mehr daran, dass wir nicht im Besitz der Natur sind, sondern ihr Teil. Am Ende werden auch wir ressourcensparend verstoffwechselt. Und dieses Wissen schützt uns vielleicht vor der lärmigen Verdrängung, die uns suggeriert, wir könnten uns aus diesem Kreislauf freikaufen.

Stille in Klangwelten

Im Begreifen des Verlustes will ich mich meiner Stille in diesem Monat vergewissern. So dunkel der November auch erscheint, so sehr lehrt er schweigen und zuhören. Meine Stille ist die Stille unter der großen Buche, die die Südwestecke meines Gartens beschirmt. Wenn Gedanken mich belasten, empfinde ich sie als Beschützerin, die etwas in mir geraderückt. Wenn ich in ihr Ast- und Blattwerk schaue, weiß ich, dass sie hier noch stehen wird, wenn ich längst Vergangenheit bin. Gerne würde ich zu ihren Füßen begraben sein. Wenn der Wind schweigt, glaube ich für einen Moment nichts zu hören. Obgleich ich nicht weiß, ob es dieses Nichts überhaupt gibt. Lege ich ein Ohr an den westwärts von zarten Flechten und Moosen besiedelten Stamm, meine ich ein feines Rauschen zu vernehmen. Vielleicht ist es der Klang der verbindenden Elemente, der Kommunikation zwischen Wurzeln und Krone, vielleicht aber auch nur meine eigenen inneren Klänge wie beim Lauschen an einer Muschel. Wenn ich mich an sie lehne, glaube ich das Leben in ihr zu spüren.

Stille hat viele Dimensionen. Absolute Stille kann Menschen verrückt machen, ist in Verbindung mit der Abschottung von allen Sinneseindrücken Folter.

Erinnern wir uns hier kurz: Das menschliche Ohr nimmt immer das Ganze wahr, es blendet nicht aus. Aber es balanciert uns aus; in ihm liegt unser Gleichgewichtsorgan. Daher ist unser Hören so empfindsam und angreifbar, Menschen sind Kinder des Hörens. Im Hören konzentriert sich inneres und äußeres Gleichgewicht. Ständige Geräusche, Beschallung wirken diffus auf uns, schleifen unsere Aufmerksamkeit ab. Lärm trifft uns ungeschützt, verletzt uns, gefährdet unser Gleichgewicht. Heute weiß man, dass Lärm krank machen kann.

Und Klang ist mehr als Geräusch. Die Quelle aller Klänge ist der Kosmos, dessen Teil wir sind, als ein großes Ganzes. »Die Welt ist Klang« (Joachim Behrendt). Vom Wind, der in den Ursprungsmythen sich erhebt, über den Klang der Sterne bis zu unserem eigenen Körper ist alles Klang, Schwingung. Hier begegnen sich übrigens Mythologie und Teilchenphysik. Und mir geht ein Eichendorff-Gedicht durch den Kopf: »Schläft ein Lied in allen Dingen, / die da träumen fort und fort, / und die Welt hebt an zu singen, / triffst du nur das Zauberwort.«

Angelehnt an den Buchenstamm, lausche ich. Und je stiller es mir scheint, umso mehr feine Töne nehme ich wahr. Eine leise Vogelstimme, das kurze Knacken eines Astes, ein Windhauch. Stille ist relativ, manchmal ist sie beredt. Und sie kann beunruhigend sein, wenn ein gewisser Geräuschpegel als Norm wahrgenommen wird. So machte nächtliche Stille hier in Haus und Umgebung einen Besucher aus der Stadt schlaflos.

Glaubt man der Lärmforschung, verschwindet die Stille aus unserer Welt. Und Lärm bleibt für den Organismus immer Stress, denn das Gehör ist ein uraltes Warnsystem; deshalb gewöhnen sich Menschen nie an Lärmbelastung.

Geräusche werden auch zu Symptomen unseres gehetzten Lebens. »Es ist nie still, weil wir nie stillstehen« (Alard von Kittlitz). Eile kommt vielfach mit Lärm daher. Oder wie es der Gärtner ausdrückt: »Eile ist aus der Not geboren. Was ist das für eine Not, vor der die moderne Eiligkeit zu fliehen sucht? Es ist wohl, ganz am Ende, Todesnot, Flucht vor der Zeitlichkeit, vor dem unausweichlichen Ende« (Jürgen Dahl). Im Garten sind weder Eile noch Lärm zu Hause.

Ja, Stille. Nichts geschieht. Es ist diese November-Stille, die mich in meinem Garten, meinem Haus besonders berührt – und die ich vor lärmenden Übergriffen schützen möchte. Sie birgt Bilder vergangenen Erlebens. Nichts wird in gleicher Weise wiederkehren. Festhalten hilft nicht. Auch jene Menschen nicht, die ein Stück weit Begleiter waren, oder meine Mitbewohner auf vier Pfoten, deren Letzter in diesem Sommer gestorben ist. Ob ihnen am Südrand des Gartens, wo sie alle ihren Platz gefunden haben, wohl jetzt kalt ist?

Fernblick 6 – Einsamkeit am Ende Europas

Ein kantiger Stein, an zwei Seiten bedeckt mit Flechten, die feine, teils rosettenartige Muster bilden. Dieser Stein ist ein Geschenk, ein Gruß von einem der stillsten Flecken Europas: Kinnarodden, eine Felsspitze in Norwegen, am nördlichsten Punkt des europäischen Festlands. Um dorthin zu gelangen, sind zwei Tage Fußmarsch durch unwirtliches Gelände zu bewältigen. Mit Menschen ist nicht zu rechnen, dafür mit Stille, Nebel und Einsamkeit. Hin und wieder durchzogen von den Klängen des Windes und des Meeres. Wenn ich an diesem Stein vorbeigehe, der nun in der Fremde meines Hauses liegt, scheint er mich für Augenblicke mit einem Ort zu verbinden, den ich niemals betreten werde.

Da-Sein und Schlehenpurpur

Wie oft leben wir ohne Frage nach dem Kommenden oder dem eben nicht Kommenden. Wie gut! Unbekümmert sein im Augenblick ist auch ein großes Glück. Da-Sein heißt das alte Wort für Leben. Im November halte ich dieses Augenblicksschwerelosglück manchmal an. Erinnere mich, wie belanglos manche Kümmernisse sind. Wie zärtlich die Stille sein kann. Und wie geborgen ich mich fühle, während draußen der Wind rüttelt. Mir fallen die Laubkissen ein, die Vorsorge der Bäume, die ihren Lebenskern in die Wurzeln ziehen.

An einem der wolkigen Novembertage zog sich plötzlich eine scharfe Wolkenkante parallel zum Horizont über den Himmel. Im Vordergrund Wolken, dahinter strahlendes Blau. Später wurde vielfach über dieses seltsame Phänomen berichtet. Die Kante reichte von der Mitte Deutschlands bis nach Algerien und wurde von trockener Luft ausgelöst, die in Ausnahmefällen in niedrigere Luftschichten gelangt und dort die Wolkendecke auflöst. Dass sie dabei über Hunderte Kilometer schnurgerade verlief, war wohl ein schöner Zufall und schuf eine Art himmlische Verbindung zwischen Europa und Afrika.

Kühle Nächte bringen ersten leichten Frost und einen Sternenhimmel, der sich bis in die Tiefen des Alls zu öffnen scheint. Ein Sog, der mich an einem Ort, der fast lichtlos dunkel ist, so lange in den Himmel schauen lässt, bis mir schwindlig wird. Denn die Leoniden rasen über das samtig wirkende Firmament. Bei fast idealer Klarheit komme ich mit meinen Sternschnuppenwünschen kaum nach.

Tagsüber ein sanft blaues Pendant zum Nachthimmel, vor dem der wie Gold schimmernde Regen herabschwebender Lindenblätter mich in ein Traumlicht einzuhüllen scheint. Als stünde ich in einem sehr goldenen Bild von Gustav Klimt. Diese Empfindungen gleichen Glücksströmen, die sich den Worten verweigern. Gartengeschenke versüßen diesen Tag weiter: Ein kleiner Pfirsichbaum, im Tausch gegen einen Ableger des Winterschneeballs, lässt mich auf diese geliebte Sommerfrucht hoffen, die mir einige Jahre weiße Köstlichkeiten mit zarter Rotmaserung geschenkt hat – bevor irgendetwas dem Baum den Garaus machte. Nun also auf ein Neues.

Und dann der Seidelbast. Ein begeisterter Gärtner, den ich in meinem Lieblingscafé kennengelernt habe, hat einen Seidelbast auf seinen Waldspaziergängen gerettet und ihn mir gebracht. Eine jener magischen Pflanzen, von denen bereits die Rede war, ist bei mir eingezogen. Ich habe sie behutsam an der lichten Nordseite, nahe zum Hauseingang gepflanzt, ihr Laub auf die Füße gelegt und gehofft, den Pilz, der in Symbiose mit ihr lebt, nicht zerstört zu haben. Wenn ich aus dem Haus gehe, fällt mein Blick auf die kahlen Zweige – und unvermittelt entdecke ich die ersten Knospen. Kindliche Freude über die gelungene Ansiedlung durchströmt mich. Schon im Dezember werden sich vielleicht die lila Knospen dieses duftenden Winterblühers öffnen.

Das ist auch der Tag, an dem ich später ein paar profane Aktivitäten entfalte: Gartenschlauch entleeren und im Schuppen verstauen, Plastikkannen verräumen, Wasserzulauf absperren, Wasserhahn öffnen, Holz schichten. Herbstschutz nennt man das wohl. Auch ich treffe Vorsorge für Kommendes und gleiche damit dem Eichhörnchen, das eine Nuss in meinem Blumenkasten versteckt hat, oder der Made von was auch immer, die ich versehentlich aufschrecke, als ich den bei mir winterscheuen Rosmarin ausgrabe.

Plötzlicher Kälteeinbruch am nächsten Tag bei strahlendem Sonnenschein und schneidendem Ostwind, der auch von Hasel, Weißdorn und Gemeinem Schneeball, die den Garten nach Osten zum offenen Feld hin begrenzen, nur wenig gebremst wird. Wäsche und widerwillig aus dem Schrank geholte Wintermäntel stehen fast waagerecht an der Wäscheleine.

Am Abend nach einem spektakulären Sonnenuntergang ist unvermittelt das Wintergefühl da. Ich suche nach Kerzen, lausche dem Wind, ziehe flauschige Bettwäsche auf, schaue ins Feuer und fühle mich behütet von all den Bäumen um mich herum, die ihr Holz für mein Zuhause beigesteuert haben. Und frage mich, ob ich genügend getan oder gelassen habe, um den Mitbewohnern des Gartens schützenden Unterschlupf zu bieten. Ziemlich sentimental, das alles. Vielleicht auch nur dem Realismus einer gerade der Steinzeit entwachsenen Höhlenbewohnerin geschuldet.

Der Frost hat endlich die beachtliche Bitterkeit der Schlehen gemildert. Das Geduldsspiel des Pflückens kann beginnen. Die dunkelblauen, etwas mehr als erbsengroßen Kugelfrüchte sitzen einzeln an den Ästen, machen also viele Griffe nötig, um eine Schüssel zu füllen. Sie sind übrigens nicht zu verwechseln mit den ebenfalls jetzt reifen, traubenartig aufgereihten lackschwarzen Perlen des Ligusters. Wahrlich keine Hilfe beim Schlehenpflücken sind die langen Dornen des Busches, der ja eigentlich ein Schwarzdorn (auch Schlehdorn) ist und übrigens wie Äpfel oder eben Rosen zur großen Familie der Rosengewächse gehört. Die Schlehenfrüchte sind ein uraltes Nahrungs- und Heilmittel. Bei Ausgrabungen frühzeitlicher Siedlungen fanden sich getrocknete Schlehenfrüchte und Kerne, und auch Ötzi trug Schlehen bei sich. Heutige Zwetschgen, Mirabellen und Pflaumen sind Züchtungen aus dem ursprünglichen Schlehdorn.

Beim Pflücken, wozu wir auf das bepflanzte Dach des Carports klettern müssen, träume ich mich von den klammkalten Händen weg in den zeitigen Frühling, wenn die jetzt mit ihrer sehr dunklen, fast schwarzen Rinde abweisend wirkenden Schlehenbüsche sich mit einem Schleier hauchfeiner, ein wenig nach Mandeln duftender weißer Blüten überziehen. Sie werden von ersten Insekten besucht und bilden eine wichtige Nahrungsquelle für Wildbienen und Schmetterlinge, wenn Nektar und Pollen noch rar sind. Aber auch für Käfer, Schmetterlingsraupen und Vögel bietet die Schlehe Nahrung, Kinderstube und Unterschlupf. Sie gilt daher als einer der wichtigsten hiesigen Wildsträucher.

Wie bei allem Wildobst ist auch die Verarbeitung der Schlehen zu einem feinherben Mus aufwendig, lehrt Geduld und Langsamkeit; aber am Ende trage ich einige wenige Gläser dieser spektakulär purpurroten Kostbarkeit in die Speisekammer. Jeden Morgen während der Wintermonate esse ich eine kleine Portion des Wildobstgemisches aus Schlehen, Mispeln und Sanddorn. Ein nicht käuflicher, bei mir gewachsener Vitaminlieferant – und guter Geist aus meinem Garten.

Der Wind, der Wind – das himmlische Kind

Stürme erwischen uns häufiger, heißt es, werden stärker in unseren gemäßigten Breiten. Noch ist der Wind hier vor allem ein Kind des Herbstes. Nicht von ungefähr steigen ab Oktober die Drachen, wenn auch viel seltener. Im November also macht der Wind ernst, weht manchmal tagelang so heftig, dass nicht nur Blätter mitgerissen werden, sondern Zweige, Äste, ein vergessener Stuhl, meine letzte Gießkanne an der Wasserstelle. Die restlichen Tomaten müssen nun gepflückt werden; reif oder nicht reif, ist nicht mehr die Frage. Die Spatzen, die sich jeden Tag auf der Terrasse um Futter streiten, werden bei Landeversuchen abgetrieben; zu viel Wind unter den Flügeln. Überhaupt lassen sich verblüffende Flugmanöver bei starkem Wind beobachten. Wer, wenn nicht die fliegenden Federwesen sollten es mit diesem unberechenbaren Element aufnehmen. Denn zwar hat der Wind viele Namen, durchweht als Naturgewalt, Schmeichler und Poesie die Menschheitsgeschichte, doch das Wissen über ihn ist begrenzt.

Wind reizt die Menschen seit Jahrtausenden; in Schöpfungsmythen ist er das himmlische Kind oder wird geboren aus dem gewaltigen Tanz der Titanen. Er macht Menschen Angst, macht sie zornig. »Ein wütender Sturm hingegen greift (den Menschen) an wie ein persönlicher Feind, versucht ihn zu packen, bemächtigt sich seiner Gedanken und trachtet, ihm die Seele aus dem Leib zu reißen« (Joseph Conrad). Doch er verbindet Not und Geschenk. Denn er wird gefürchtet und ersehnt, bringt Kälte und Hitze, ist Hauch und Hurrikan, erfrischt und glüht, rast und streichelt, peitscht und säuselt, zerstört und spendet Leben. Er ist der Herrscher dessen, was wir Wetter und Klima nennen. Dass der Herbst bei uns seine Jahreszeit ist, hängt mit einer Verschiebung der Luftmassen zusammen, wobei sich die sogenannte Polarfront mit kalter Luft nach Süden schiebt. An dieser Front wehen starke Winde, die mit den Temperaturunterschieden heftiger werden.

Die Wissenschaft vom Wind hat seine Geheimnisse längst nicht alle gelüftet. Doch heute sind ihre Erkenntnisse mehr denn je gefragt. Ohne ihr Wissen spielen Windkraftanlagen verrückt, schwanken Hochhäuser so sehr, dass Menschen in den oberen Etagen übel wird, pfeifen Windböen durch Straßen und werfen Passanten um, kühlen Städte nachts nicht ab. »Windblind« nennen das die Windingenieure. Doch vom Verständnis des Windes, einem alten Menschheitstraum, sind auch sie weit entfernt.

Wenn der Wind am Haus rüttelt und die Sturmkräfte bündelt, denke ich nicht an Windblindheit, sondern an die Bäume, die lebenslang Erfahrungen mit diesem wilden Gesellen gesammelt haben, bevor sie mein Zuhause geworden sind – und ich fürchte mich nicht.

Verkannte Schätze? Chrysanthemen

Mein gespaltenes Verhältnis zu Dahlien habe ich bereits eingestanden. Nicht viel besser ergeht es mir mit Chrysanthemen. Wenn ich an ihren Namen denke, sehe ich steril wirkende Schnittblumen vor mir, die in der Vase schnell schlecht riechen. Zufällig entdeckte ich einen Dichter, der meine Abneigung schon vor einem Dreivierteljahrhundert teilte: »Die Chrysantheme ist eine zeremonielle und großköpfige, eine kalte und prachtstrotzende Blume … Sie duften nicht. Eine kühle Schönheit, wie eine sehr schöne, eine sehr vornehme, frisch gebadete und gepflegte dreißigjährige Frau, die vom Leben alles bekommen hat, nur nicht das Glück« (Sandór Márai).

Auch den Chrysanthemen sind die züchterischen Zurichtungen nicht bekommen, das immer Größere und immer Lautere; die massenhafte Billigproduktion, die spätestens ab Anfang November die Supermärkte und Gartencenter flutet, ebenfalls nicht. Grellgelbe Blütenmonster, die vor Haustüren dahinvegetieren müssen und nur wenige Wochen überleben, lassen nichts von ihrer ehrwürdigen Herkunft erahnen. Denn Gartenchrysanthemen blühten in ihrer asiatischen Heimat bereits vor zwei Jahrtausenden. In China waren die Korbblütler Symbol des Herbstes und eines langen Lebens. Sie beginnen erst zu blühen, wenn die meisten anderen Blütenpflanzen sich zurückgezogen haben. In Japan ist die Chrysantheme das Symbol des Kaisers, dessen Thron nach ihr benannt ist, und gleichzeitig Nationalblume.

Inzwischen finden sich in kleinen Staudengärtnereien wieder Sorten, die bei uns winterhart und ihren ursprünglichen Schwestern ähnlich sind. Vielleicht mache ich im kommenden Jahr einen Versuch mit ihnen und überprüfe meine Abneigung.

Nussspiel mit Krähe und andere November-Späße

Keinesfalls macht der November nur melancholisch. Er beschenkt, wenn auch nicht mehr so verschwenderisch, und allenthalben entdecke ich Vergnügliches. Hühner, die sich bei Regen unterstellen (»Weicheier«, kommentiert die Bäuerin lakonisch), Pferde, die alle ihr Hinterteil dem Wind zudrehen und eine lustige Po-Phalanx bilden, eine nachdenkliche Elster, die unter dem Apfelbaum prüfend die Wiese betrachtet, langsam mit dem Schnabel ein Blatt anhebt – und nur knapp von einem der letzten vom Baum fallenden Äpfel verfehlt wird. Verständlich, dass sie flatternd das Weite sucht.

Der November bringt ein Wiedersehen mit alten Bekannten. Mit den ersten schwarzbraunen Hügeln auf der Nachbarwiese buddelt sich Herr Maulwurf in Erinnerung. Anscheinend hat er den Sommer gut überstanden und ist bei Kräften, wie die schnell wachsende Anzahl seiner Miniberge zeigt.

Nicht sehr weit entfernt schreiten drei Silberreiher durchs Gras. Aus der Ferne habe ich sie oft für, bei uns nur gelegentlich rastende, Störche gehalten. Nein, diese Gäste kommen wohl meist aus ihren Brutgebieten in Osteuropa und weichen vor der dortigen Winterkälte in unseren ›Süden‹ aus. Besonders auffällig finde ich die bei einigen noch sichtbaren weißen Schmuckfedern, die beinahe für das Aussterben der eleganten Vögel gesorgt hätten. Sie waren zu Beginn des 20. Jahrhunderts als Hutschmuck begehrt. Das erste Auftreten der Silberreiher in Deutschland galt als Sensation, und bis heute verzeichnen Naturschutzorganisationen hier nur wenige Brutplätze. Die Silberreiher haben wie ihre graue Verwandtschaft ihre Speisekarte um Mäuse erweitert und damit neue Lebensräume erschlossen.

Am liebsten aber spiele ich das Nussspiel mit den Krähen. Das funktioniert oft auch schon im zeitigen Herbst und im Winter. Das Spiel geht so: Man braucht eine Straße, Bäume, auf denen sich Krähen eingefunden haben, ein Auto. Und natürlich Nüsse oder andere hartschalige Früchte. Die Krähen sammeln unermüdlich solche Leckerbissen, die sich allerdings nur mit Mühe und Schnabelkraft öffnen lassen. Keine Ahnung, wer auf die Idee gekommen ist, Autos als Nussknacker zu benutzen. Die »rabenschwarzen Intelligenzen«, wie Josef Reichholf die Rabenvögel, die übrigens trotz Krächzstimme zur Familie der Singvögel gehören, bewundernd nennt, platzieren die Nuss auf der Straße und warten hüpfend (Ungeduld oder Vorfreude?) am Straßenrand, dass ein Auto drüberfährt. Und schon ist der aufgebrochene Leckerbissen schnell zu erreichen – nur auf das nächste Auto müssen die Krähen achtgeben. Ich fahre häufig an einem Standort mit hohen Straßenbäumen vorbei, wo sich die schwarzen Gesellen in den kalten Monaten in großen Gruppen einfinden, und schaue, ob vor mir etwas auf der Straße liegt und einige der hungrigen Kerle (und Damen) das Ganze aus der Nähe beobachten; wenn ja, lenke ich, sofern möglich, so, dass ich als fahrender Nussknacker funktioniere. Die Lernfähigkeit der Rabenvögel ist bemerkenswert – genauso wie ihre Treue. Mir ist diesbezüglich ein anrührendes Bild in Erinnerung geblieben. Am Straßenrand sah ich eine tote Krähe liegen; eine Zweite hielt sich in der Nähe auf, hüpfte immer wieder hin und schaute. Im Laufe mehrerer Tage habe ich diese Szene mehrfach beobachtet. Augenscheinlich trauerte dort eine Krähe um den verlorenen Partner. Denn die Paare bleiben lebenslang zusammen. Kurz zuvor beobachtete ich einen angefahrenen Buchfinken, neben dem ein ratlos wirkender Partner saß, und dann lag noch ein toter Spatz vor der Haustür – dreimal Tod in wenigen Tagen. Vielleicht lässt mich die November-Stimmung besonders aufmerksam das viele Sterben wahrnehmen?

Ende November legt der erste Schnee eine zarte Spitzendecke über den Garten. Die harten gezackten Blätter der Mahonie haben einen kristallinen Rand, der an Cocktailgläser mit Zuckerkante erinnert und ihnen ein edles Outfit verleiht. Die Meisengesellschaft, das lustig wippende Rotkehlchen, der Zaunkönig – sie alle haben den heranziehenden Schnee bereits seit zwei Tagen angekündigt, indem sie sich von den Futterplätzen auf Terrasse und im Garten kaum noch wegbewegt haben, um sich fressend für Kälte und Co. zu wappnen.

Kleiner Tod oder: Überleben will gelernt sein

Nein, ich spiele in dieser Überschrift nicht mit der erotisch gefärbten Bedeutung des *petite mort*. Alles, was die Forschung heute über den Winterschlaf und verwandte Formen des Ruhens im Winter weiß, lässt mich unter mehreren Aspekten an Todesnähe denken. Vielleicht weil diese Form des Ressourcensparens und Krisenzeitenüberdauerns für uns unerreichbar ist.

Die Nächte werden nun länger, das Wetter ungemütlicher, und an manchen Tagen erkenne ich die ersten Züge des Winters in meinem Garten. Wenn der Wind die Bäume draußen durchrüttelt, Dunkelheit den Tag beherrscht und unter meiner Lampe eine zartgrüne, fast durchsichtige Florfliege schwebt, wundere ich mich mal wieder, wo und wie all diese empfindlichen Wesen die kalte Jahreszeit überstehen, ohne Heizung und ohne sich mit Fressen aus aller Welt zu versorgen. Hinter dieser etwas naiv zugespitzten Frage öffnen sich verborgene Dimensionen meines Gartens. Denn der allseits bekannte Winterschlaf ist nur eine der vielen Überlebensstrategien hiesiger Säugetiere, Insekten und Amphibien; diese von der Evolution erdachten Mechanismen zeugen für mich von einem ressourcensparenden Prinzip umfassender Nachhaltigkeit und nötigen mir gewaltigen Respekt ab. Außerdem kommen sie mir vor wie eine – von uns bisher wenig erschlossene – Schatzkammer der Natur. Denn äußere und innere Auslöser, genaue

Mechanismen und physiologische Steuerung sind nur teilweise durchschaut.

Winterschläfer haben sich eine dicke Fettschicht angefressen, senken die Körpertemperatur stark ab, Atmung und Herzschlag sind stark verlangsamt. Sie brauchen ein schützendes, möglichst störungsfreies Quartier. Winterschlaf bedeutet nicht Tiefschlaf für ein halbes Jahr oder mehr; es gibt kurze Aufwachphasen, in denen die Tiere etwa ihre Position wechseln. Neben den Siebenschläfern, die übrigens innerhalb von zwölf Stunden in den Schlafmodus schalten, sind Igel, Fledermäuse und Murmeltiere Winterschläfer. Jede Störung kann für sie lebensgefährlich sein, da die Energiereserven stark angegriffen, aber nicht aufgefüllt werden können.

Winterruhe ist eine abgeschwächte Form des Winterschlafs; dabei wird die Körpertemperatur nicht so stark abgesenkt, die Schläfer wachen ab und zu auf und suchen nach Nahrung. Dazu gehören in meiner Gegend Eichhörnchen und Dachse. Beide Überwinterungsarten basieren darauf, dass Energiereserven im Körper eingelagert werden.

Die meisten Säuger bleiben allerdings wach, müssen also anders für Zeiten von Nahrungsmangel und Kälte vorsorgen. Eine verblüffende Lösung haben Spitzmäuse gefunden, die trotz ihres Namens nicht zu den Mäusen gehören und mit dem Maulwurf verwandt sind. Sie schrumpfen im Winter um bis zu 20 Prozent mit Schwerpunkt um den Schädelknochen, aber auch an den inneren Organen. Damit stellt sich der Insektenfresser auf das geringere Nahrungsangebot ein. Und das Erstaunlichste ist, dass im Frühling sich der Prozess umkehrt, die Maus wächst wieder.

Eine weitverbreitete Strategie sind Vorratskammern oder sonstige Reservoire. Der Feldhamster braucht zwei Kilogramm Samen pro Winter, lagert aber sicherheitshalber bis zum Fünffachen ein. Ein Biber hortet bis zu zwei Tonnen Äste und Zweige nahe seiner Burg. Der Eichelhäher versteckt bis zu 6000 Nüsse und findet fast alle wieder – und dazu noch die seines Eichhörnchennachbarn. Dessen Erinnerungsvermögen ist etwas weniger ausgeprägt, was er mit mehr Sammelleidenschaft wettmacht; bis zu 10 000 Haselnüsse, Bucheckern und Eicheln versteckt ein Eichhörnchen im Herbst. Meister im Auffinden von verräumten Vorräten sind die Krähen; sie fliegen diese noch Monate später und unter Schnee treffsicher wieder an, ohne dass wir eine Idee haben, wie ihnen das gelingt. Forscher mutmaßen, dass sie über eine Art eingebautes Navi verfügen.

Wer all das nicht kann, legt sich ein Winterfell zu, frisst, was der Herbst hergibt, und hält im Winter unermüdlich nach Futter Ausschau. Oder er macht es wie die Ameisen und verlegt seinen Wohnraum metertief in die Erde; der Hügel dient nur noch als Wärmeschutz. Überhaupt die Insekten. Wie gesehen, leben viele nur eine Saison; ihre Nachkommen überwintern als Eier, Larven oder Puppen. Andere wie etwa Hummel- oder Wespenköniginnen verstecken sich in der Erde oder hinter meiner Holzfassade. Einige Schmetterlinge, zum Beispiel Zitronenfalter oder Tagpfauenauge, haben vor uns Autofahrern den Frostschutz erfunden und lassen sich nach Belieben, besser gesagt, nach Temperatur und Sonnenschein, einfrieren oder auftauen. In diesem Zusammenhang ist es ein Irrglaube, dass Insekten meistens der Kälte zum Opfer fallen; tödlich sind vielmehr milde feuchte Frühjahre, wenn Pilze und Bakterien ihnen zusetzen. Auch Zecken überleben leider in harten Wintern besonders gut, da sie in eine Starre fallen; bei milden Temperaturen bleiben sie wach und verhungern eher. Die Schlangen, Kröten und Eidechsen verbuddeln sich und fallen ebenfalls in Kältestarre. Besagte Florfliegen überwintern übrigens in Schuppen, Laubhaufen oder eben in meinem Haus.

Angesichts solch komplexer Herbst- und Wintermanöver wandert mein Blick in den Garten. Wo mögen Vorratskammern, Verstecke, Schlafplätze sein? In der Burg des Zaunkönigs? Im dicken Pflanzenkissen unter dem Miscanthus-Gras? In den Tonhöhlen am Wassertrog? In den diversen Totholz- und Steinhaufen? In verholzten Stielen der Nacht- und Königskerzen? Ich weiß es nicht und werde es auch nicht erfahren. Aber durch herbstliches Lassen ist vielleicht das eine oder andere passende Refugium gesichert.

Siebenschläfer als Beschützer oder böses Omen?

Einer unserer winterlichen Langschläfer ist der Siebenschläfer. Er gehört zu den Bilchen, die auch Schlafmäuse genannt werden, und hat bei uns kleinere Verwandte, den Gartenschläfer oder die Haselmaus. Siebenschläfer sind nachtaktiv und klein wie eine Maus, doch schon Einzelne können so laut sein wie eine ganze Horde. Dank seiner feuchten Füße gelangt er fast überallhin. Der Einwand ist naheliegend: Tag des Siebenschläfers ist nicht im November, sondern am 27. Juni. Aber die verbreitete Annahme, dass beide unmittelbar zusammenhängen, ist falsch. Der Siebenschläfertag hat nur mittelbar mit dem Siebenschläfer zu tun. Ersterer bezieht sich auf die Legende der sieben Schläfer von Ephesus und ist einer der sogenannten Lostage. ›Los‹ meint in diesem Zusammenhang Geschick. Die Lostage waren mit alten Wetterregeln verbunden und boten Orientierung im bäuerlichen Alltag.

Meteorologisch gehört der Siebenschläfertag zu den Singularitäten wie etwa die Eisheiligen mit wiederkehrenden Großwetterlagen, an die sich etliche Bauernregeln knüpfen. Das Nagetier Siebenschläfer hat seinen Namen der ebenfalls falschen Annahme zu verdanken, er schlafe sieben Monate – er schläft wesentlich länger, nämlich von September bis Mai. Man vermutet allerdings, dass sein Name im Umkehrschluss mit den sieben Schläfern von Ephesus verbunden wurde.

Im Volksglauben findet man Hinweise, dass die Anwesenheit von Siebenschläfern als böses Omen galt. Heute sind sie europaweit geschützt. Die geschickten Kletterer, für die senkrechte Wände kein Hindernis sind, verfügen über einen ausgeprägten Tast- und Geruchssinn sowie ein exzellentes Gehör. Faszinierend finde ich immer wieder die Fähigkeit des Schwanzabwerfens, was ich bei Zauneidechsen schon beobachtet habe; auch Siebenschläfer sind dazu im Falle eines Angriffs in der Lage, doch trennt sich nur die Schwanzhaut ab; später beißt er den vertrockneten Rest ab, danach wächst ein neuer. Sie können ein für solch kleine Tiere erstaunliches Alter von neun Jahren erreichen. Im Herbst verdoppeln sie ihr Gewicht, um den langen Winterschlaf zu überstehen. Den halten sie in gut gepolsterten Erdhöhlen, alten Nistkästen, Baumhöhlen oder hinter Holzverschalungen.

Leider habe ich weder in Garten noch Schuppen oder Haus bisher Siebenschläfer bemerkt. Ihre Lebensbedürfnisse entsprechen aber denen vieler tierischer Mitbewohner im Garten, und ihre Überlebenschancen wachsen mit einem vielfältigen, unausgeräumten Lebensraum. Schaue ich in meinen November-Garten mit seinen geheimen Verstecken und selten betretenen Ecken, bin ich nicht sicher, ob diese von Siebenschläfer unentdeckt geblieben sind.

November-Spaziergang

Selbst in diesem Monat der Kargheit, der Zurückgezogenheit, des Versteckens, Einbuddelns, Überdauerns und was der Überlebensstrategien mehr sind, stehen allenthalben bunte Wegwerfblumen herum. Schnell verderbliche Maskerade? Billiger Trost? Aber wofür? Oder bestätigt sich hier eine Entwicklung, die ich im gesamten Jahr sehe? Je geringer die Vielfalt in unseren Gärten, umso mehr Zierrat macht sich breit. Das Geschäft mit rostigen Eisenfiguren, Blumenkugeln, Fähnchen boomt. Keine Tiere, aber künstliche Enten, keine abwechslungsreichen Hecken, aber Steingabionen.

Allen, die in diesen Gärten überleben, droht Erstickungstod unter Rindenmulch oder bunt gefärbten (Kunst-)Kieseln. Hinzu kommen als grelles Make-up die bereits bekannten Massenblüher aus dem Vorratsraum der Chemieindustrie. Im kargen November werden die Kontraste besonders deutlich: Wir verhässlichen unsere Welt, monotonisieren unsere Gärten und versuchen verzweifelt, mit Surrogaten wieder aufzuhübschen, die käufliche Schönheit vorgaukeln. Je mehr der Garten mit seinen Kräften haushaltet und gegen Ende des Monats unerbittlich auf Sparmodus schaltet, umso mehr wird dekoriert. Nicht ein Fratzenkürbis, sondern zehn, nicht eine buntblättrige Winterpflanze wie das Purpurglöckchen, sondern fette überdüngte Chrysanthemen, die im Regen schnell zu braunem Matsch werden. Es geht um Ersatz, um Verschleierung und um Verdrängung. Wir ertragen das ungeschönt Vergängliche nicht.

Für mich gilt vielmehr, das Dunkle, das ›Arme‹, das Reduzierte nicht nur auszuhalten, sondern mutig zu erkunden – auch im Sinne des Überprüfens eigener Schönheitsvorstellungen. Wir bekommen hier die Chance, wieder zu lernen, was den Rhythmus der Natur, unseren Rhythmus ausmacht. Und welchen Preis wir für das Immer-alles-haben-Wollen zahlen. Das gilt auch für das Blühbedürfnis, das wir im Winter fast nur durch weite Transportwege, schlechte Arbeitsbedingungen und hohen Pestizid- sowie Düngereinsatz befriedigen können.

Im November-Garten können wir der Schönheit des Weniger, der Mäßigung begegnen. Eine Sensibilisierung, die der Reizüberflutung entgegenwirken kann, uns ruhiger macht und den Blick schärft. Schauen wir also genau hin.

Beim Hauseingang im Norden kommt keine düstere Stimmung auf. Storchschnäbel haben ein wenig von ihrer roten Robe des Oktobers bewahrt, zwei Purpurglöckchen parieren rot- und grünlaubig die heraufziehenden Brauntöne. Diverse Gräser bilden ihre Rispen aus und lenken von den dunkelbraunen Farnresten am Boden ab. Die hohlen Stängel des Waldgeißbart werden als willkommenes Winterquartier für Insekten stehen bleiben. Die Kletterhortensie hat zügig ihre großen Blätter abgeworfen und bildet die erste Schicht der Blätterdecke, die gegen Ende des Monats die gesamte Fläche der Nordseite überzieht und bis weit in den Winter nicht nur den Boden schützt, sondern auch einen schönen Anblick bietet. Nach dem Blattabwurf ist die Struktur der Kletterhortensie zu erkennen, die sich wie ein verzweigtes Gitter vor die Hausfassade legt, ohne diese zu durchdringen. Ihre Rinde erinnert mich an eine sich häutende Schlange. Ein paar Blütenakzente setzt bis in den Frost die Rose Parkdirektor Riggers; darüber schweben die Hagebutten der beiden Wildrosen und harmonieren mit den roten Zweigen des ebenfalls entlaubten Hartriegels. Auffällig ist, dass selbst an der Nordseite einige Rosen erst bei schärfstem Frost ihre Blätter abwerfen.

Im Osten ist der Wall aus Schnitt, Reisern, Pflanzenresten, der sich am Grundstücksrand mittlerweile auf etwa sechs Meter erstreckt, bei einer Höhe von über einem Meter, sicher von Gartengeschöpfen als Winterquartier bezogen. Das Laub von Haseln, Weißdorn und Esskastanie, die ihn überdachen, bildet eine abschließende Schutzschicht. Einige der abgeschnittenen Weidenstämmchen habe ich zur Beschwerung verteilt; ihre Schnittflächen haben sich inzwischen rötlich verfärbt.

Die Kletterrosen an der Ostwand sind weitgehend entblättert und teilweise von den hübschen Samenständen der Clematis verziert. Die Himbeerruten habe ich heruntergeschnitten; Storchschnäbel lassen auch hier ein paar Rotelemente aufblitzen. Nach Süden schließen sich verblühte Goldruten, Schmetterlingsflieder, Malven, Brandkraut und Phloxe an, deren Samenstände später Frost und Reif zu bizarren Hinguckern schmücken werden.

Diesen winterlichen Strukturen biete ich nur Raum, wenn ich im Herbst nicht abräume. Sie ergänzen die Baum- und Buscharchitektur, die überfrierende Nebel als grafische Kunstwerke gestalten.

Besonders spannend ist es, im November einmal auf Rindentour durch den Garten zu gehen. Ähnlich den Schlangenschuppen der Kletterhortensie zeigt sich die Rinde der Mispel pergamentartig blätternd, was zu ihrem wilden Buschaufbau passt, der mich an die sich windenden Schlangen des Laokoon denken lässt. Eher borkig fühlt sich die Apfelbaumhaut an, ein wenig wie eine runzelige Stirn, während der Kirschbaum längs aufgerissene Flusstäler zeigt, die mir wie ausgeprägte Schwangerschaftsstreifen erscheinen, mit denen der Baum sein Stammwachstum ausgleicht.

Die meisten meiner Bäume und Büsche haben feine Rindenhaut mit manchmal kunstvoller Maserung; die Hasel seidig glatt, die Felsenbirne mit zartem Jacquardmuster, die Ulme mit feiner

Struktur. Bemerkenswert ist auch die große Buche, deren Rinde mich an eine Elefantenhaut erinnert und die an der Westseite mit einer graubraunen Mooslandschaft bewachsen ist. Verschiedene filigrane Flechten schmücken vor allem die Apfel- und Kirschbäume.

Neben den erholsam kargen Strukturen bringen sich bereits die ersten Winterblüher in Stellung, einige Magier unter den Pflanzen, vor allem der Seidelbast oder die Herbstzeitlosen, nutzen die Gunst der Stunde, und ein paar erzählen immer noch vom Sommer, darunter die kleine weiße Rose an der Nordseite und der schon erwähnte Parkdirektor Riggers mit einigen hellrosa Rosentellerchen; sie halten den heraufziehenden Winden stur ihre Schönheit entgegen.

Hoffnung auf Wiedergeburt – unsterbliche Weidenkraft

In meinem Garten halten Weiden an Nord- und Südseite Wache: eine mehr als haushohe Trauerweide und eine Salweide, die sich dort selbst eingefunden hat und die ich bereits mehrfach bis zur Erde heruntergesägt habe, weil sie eigentlich zwischen Buchenhecke und Wildrosen keinen Platz findet. Aus dem Stumpf, den ich als Ausguck für Vögel habe stehen lassen, sind längst wieder starke Äste gewachsen, die im zeitigen Frühjahr früh aufstehende Wildbienen anlocken.

Die Geschichte meiner Trauerweide ist ähnlich verlaufen. Auch sie kam mehr oder weniger ungefragt zu mir. Als kaum kniehohes Überbleibsel einer früheren Nachbarin, die sie nicht wegwerfen wollte. Mir war klar, dass dieser Sprössling schnell wachsen würde, aber nicht, wie schnell. Einige Jahre konnte ich sie schneidend im Zaum halten, aber dann lenkten mich Lebensumstände zwei, drei Herbste ab – und schon war sie mir entwachsen. Einmal noch wagte ich, in sie hineinzuklettern und einen starken Teilstamm abzusägen. Wie war das mit den Gartenunfällen?, dachte ich beim Heruntersteigen. Der abgesägte Stamm trieb übrigens noch mehrere Jahre kleine Äste. Danach ließ ich der Weide den Willen zum Wachsen – bis im Sommer ein armdicker Ast aus ihrer Krone brach und auf die Straße stürzte. Er war nur mit zwei Menschen wegzutragen. Ich mochte nicht daran denken, was er hätte anrichten können, und vertraute einem kletternden Baumschneider die Entscheidung an, ob sie fallen sollte. Sicher hätten Buntspecht, Kleiber, Amseln und Elstern, die regelmäßig bis in die höchsten Spitzen anzutreffen sind, den Verlust sehr bedauert. Aber die Weide blieb; sie erhielt einen sorgfältigen Schnitt, der ihre Persönlichkeit nicht zerstörte und sie von Lasten befreite. Sicher wird sie schon im kommenden Frühjahr unverdrossen weiterwachsen und mich in wenigen Jahren erneut vor die Entscheidung stellen. Bleiben? Sie wird bleiben, egal, wie ich entscheide. Denn Weiden gelten nicht zufällig als (fast) unsterblich. Es wird berichtet, dass sie selbst aus Baumscheiben noch austreiben.

Aber die Weide ist nicht nur unsterblich; sie ist die Erfinderin der Salicylsäure, also des Wirkstoffes gegen Schmerz im Aspirin, der sicher zu den erfolgreichsten überhaupt gehört.

Aufgrund ihrer guten Verwurzelung werden Weiden zur Befestigung von Hängen eingesetzt, sind also Haltgeber, auch am Übergang von Ufer zu Gewässer. In dieser Eigenschaft spiegelt sich ihre mythologische Bedeutung als Schwellenbaum an der Grenze von Leben und Tod, Festland und Wasser, Ober- und Unterwelt. Als Frühblüherin stand sie für die Hoffnung auf Wiedergeburt der Natur und war Zeugnis der Fruchtbarkeit. In christlicher Tradition werden Weidenkätzchen in die Palmbuschen am Sonntag vor Ostern gebunden.

Weltliebe und die längsten Nächte

Wie keine andere Zeit im Jahr lädt der November zum Nachdenken ein. Er verbindet Ruhe und Kargheit mit Ausharren und Konzentration. Es gilt, die Dunkelheit anzunehmen und Lichtes in ihr wahrzunehmen. November ist Stille, schrieb ich zu Beginn.

Erschöpfung schwingt mit, verknüpft mit dem Gefühl, etwas ist vollbracht. Wenn die Erregung des Sommers nur mehr Erinnerung und die Sinfonie des Herbstes verklungen ist. Wenn selbst die ›winterharten‹ Vögel still werden und ihre Ressourcen schonen, wo doch niemand weiß, was der Winter ihnen abverlangen wird. Wenn sich Bäume und Büsche des schmückenden Blattwerks entledigt haben und in ihrer Nacktheit eine andere Art von Schönheit entfalten. Vielleicht empfinde ich deshalb den voreiligen Auftritt der Lebkuchen, Nikoläuse und Weihnachtssterne als Überfall. Als lauten Beleg für die Ignoranz, mit der wir dem Hinsehen aus dem Weg zu gehen versuchen. Als Angriff auf die Stille dieses Monats mit seinen Möglichkeiten und Mahnungen für uns. Diese sind leise. Ich will ihnen jetzt zuhören dürfen.

Das Müssen und Sollen legt eine Pause ein. Ich gehe durch den Garten, und alles fühlt sich stimmig an. Ein paar Zweige liegen unter dem Apfelbaum, wo nur noch der verwaiste Tisch an mein Apfelbaumbüro erinnert. Ich sammle sie als Knabbergeschenk ein für die Pferde, die langsam die abgefressenen Koppeln verlassen. Auch für sie heißt es stiller werden, Kräfte sammeln, letzte ›Hand‹ an das Winterfell legen, denn die kalten Nächte mit bis zu minus 20 Grad werden kommen und ihnen im offenen Stall eine gute Wärmedecke abverlangen. Auch sie sind Überlebenskünstler, wenn wir sie lassen.

Im November schließen sich für einen Augenblick Kreise. Das Gartenjahr ist hier aufgehoben. Mit seinen Grausamkeiten und seiner Schönheit, seinem Leid und seiner Freude. Blütenträume und Matsch, Erntesegen und Hagelschlag, Leben und Sterben. In den längsten Nächten des Jahres ist für mich Liebe aufgehoben, die Liebe zu meinem Garten und zu meiner Welt. Und damit bin ich wieder bei Michel de Montaigne angekommen. Er war überzeugt, dass nur aus der Akzeptanz des Sterbens die Liebe zum Leben erwachsen kann. »Nur wer die Welt liebt, kann ihr helfen; und welche als diese könnte man lieben?« (Mathias Greffrath) Und damit bin ich mir sogar mit einem Weltskeptiker wie Friedrich Nietzsche einig, der über den Weltfreund Montaigne dachte: »Dass ein solcher Mensch geschrieben hat, dadurch ist wahrlich die Lust, auf dieser Erde zu leben, vermehrt worden … Mit ihm würde ich es halten, wenn die Aufgabe gestellt wäre, es sich auf der Erde heimisch zu machen.«

DEZEMBER

Wagemutiger neckt Straßenrowdy

Winterschneeball und Amsel

»Ich bin ins Gelingen verliebt.«
Ernst Bloch

Der Dezember ist Anfang, auch wenn er als letzter Kalendermonat des Jahres eigentlich fürs Ende steht. Hier erklingt der Dreiklang allen Werdens: Wachsen, Welken, Wiederkehren. Man kann auch sagen: Vergangenheit, Gegenwart, Zukunft. Dieser ewige Kreislauf prägt Natur, prägt das Universum, prägt uns. Der Dezember, in dem die längste Nacht an der Nahtstelle zum November-Herbst gleichzeitig Umkehr signalisiert, ist das Versprechen von Wiederkehr und Erneuerung. In der tiefsten Nacht des Dezember wissen wir, dass der Umkehrpunkt erreicht ist: Die Tage werden wieder länger. Auch wenn kalendarisch der Winter erst beginnt, haben Geschöpfe draußen und drinnen die dunkelsten Monate geschafft.

Die Wintersonnenwende signalisiert seit Jahrtausenden Neubeginn und lässt die Menschen Hoffnung schöpfen. Wir genießen das Kerzenlicht des Advents – auch ohne religiöse Orientierung. Beide erinnern an ein Ankommen, an einen Anfang. Etwas Neues entsteht aus dem Alten. In der römisch-katholischen Kirche beginnt mit dem ersten Advent das neue Kirchenjahr. Anfang auch hier.

Und schließlich das Weihnachtsfest, das wohl im Zusammenhang mit dem Geburtstag des römischen Reichsgottes Sol invictus entstanden ist; am selben Tag des Jahres soll auch die Geburt des Mithras gefeiert worden sein. Hierzu passen Vergleiche von Christus und der Sonne und die Tatsache, dass der Kult des Sonnengottes und die Geburt Christi zeitweilig parallel gefeiert wurden. Hier wurzelt die Vorstellung von Christus als wahrem »Sol invictus«, des Siegers über den Tod.

Mythen und Traditionen bestärken also mein Bild vom Dezember als Monat des Anfangs.

Der winterblühende Schneeball ist mir deshalb zartrosafarbener und intensiv duftender Begleiter. Und die Amsel, Frühlingsvogel aus dem Kinderlied, die es irgendwann wagte, den Winter mit uns zu verbringen (und ist damit vielleicht auch ein Bote des Klimawandels), möchte ich als Zeugin des Wandels sehen.

Der Raub der Persephone

Das Geheimnis der ewigen Wiederkehr erzählten sich die Menschen vor langer Zeit in der uralten Geschichte vom Raub der Persephone.

Demeter, eine der zwölf olympischen Götter, ist in der Mythologie die Hüterin der irdischen Fruchtbarkeit. Kore (griechisch für Mädchen), ihre Tochter, wird beim Blumenpflücken von Hades, Bruder des Zeus und der Demeter, Herr der Unterwelt, in sein Reich entführt. Demeter sucht überall nach ihrer Tochter, schließlich erfährt sie, was geschehen ist. Außer sich vor Schmerz und Zorn über den Verlust der Tochter, lässt Demeter alle Vegetation auf der Erde verdorren, verbietet den Tieren, sich zu vermehren. Eine Hungersnot droht unter den Menschen. Zeus versucht Demeter zu beschwichtigen, doch diese bleibt unerbittlich. Nur wenn ihre Tochter auf die Erde zurückkehrt, wird sie wieder etwas wachsen lassen.

Schließlich verhandelt der Götterbote Hermes mit Hades, und der willigt auf Druck der anderen Götter ein, dass Kore, die nun

Hades' Gattin Persephone ist, auf die Erde zurückkehrt. Doch da sie bereits von der Totenspeise, dem Granatapfel, gegessen hat, kann sie dies nicht für immer. Künftig wird sie ein Drittel des Jahres als Königin der Unterwelt bei Hades leben. Während dieser Zeit ist die Erde unfruchtbar.

Demeter ist versöhnt, und Persephone kehrt zurück. Ein neuer Frühling beginnt. Persephone bleibt einen Teil des Jahres im Reich der Schatten. Zum Prozess des Werdens, zum Reifen gehört diese dunkle Phase, das Unsichtbare. Nach der Verausgabung in der Fülle muss Kraft gesammelt und der richtige Zeitpunkt abgewartet werden. Neues Wachstum und neue Möglichkeiten werden im Winter vorbereitet. Mit der Erzählung um Persephone erklärten sich die Menschen der Antike den Wechsel der Jahreszeiten.

Im Herbst und Winter vollzieht sich ein Abstieg von Energie und Nährstoffen in eine weitgehend unsichtbare Dimension. Die Rückkehr in die Dunkelheit wird zur Quelle neuen Lebens. In der dunklen Jahreszeit müssen wir uns gedulden, müssen vertrauen und zuversichtlich sein. Denn für eine Weile ist das, was in Samen, Knospen und Wurzeln geschieht, verborgen, unserem Einfluss entzogen.

Verlorenes Paradies

Bereits im Oktober beginnt sich mein Blick im Garten mehr und mehr zu heben. Das fallende Laub gibt Sichtachsen frei, die ich schätze – und weniger schätze. Der Garten öffnet sich, wirkt weiter und macht teilweise sichtbar, was ich lieber nicht sehen will. Wahrscheinlich ist der Herbst jene Zeit, in der Gartenbesitzer, die gemischte Hecken ihr Eigen nennen, für Momente mit Immergrünen liebäugeln. Ist schließlich im Dezember, nach frostigen Nächten und Herbststurm, schlagartig fast alles kahl, blicke ich grübelnd auf all die Lücken besonders in der Westhecke.

Gedanken über Durchsichten waren mir bis vor wenigen Jahren fremd. Selbstgefällig habe ich über Thujen und sonstige Schutzwälle um Einfamilienburgen gespottet. Ich lebte in einem fast paradiesischen Zustand: großer Garten, Dorfrand, bei gutem Wetter Blick auf die Berge von Zugspitze bis Allgäuer Alpen im Süden, im Westen Blick auf den Kirchberg des Ortes (Klein Notre-Dame); im Westen ein Wiesenweg, im Süden Acker, im Osten Acker, im Norden die kleine Zufahrtsstraße und dahinter der letzte Nachbar. Nachts Stille und Dunkelheit mit immer wieder grandiosem Sternenhimmel. Kein Zaun, nur eine gemischte Hecke im Westen als Windschutz und lockere Busch- und Baumbepflanzung im Osten. Alles über fast 20 Jahre eingewachsen. In vielerlei Hinsicht ein Refugium – wenn mir auch intensive Landwirtschaft mit all ihren zerstörerischen Folgen und vielen Eingriffe zum Schaden des dörflichen Umfelds gegenwärtig waren und ich in einer Initiative gegen Artensterben arbeitete. Paradies ist also auch hier ein Sehnsuchtswort.

Doch das Ende kam, und es hatte einen Namen: Baugebiet. Eine artenreiche Wiese, auf der im Sommer ein paar Rinder standen, und der darunterliegende, als unverbaubar geltende Moränenhang, der in Teilen beim Pfingsthochwasser 1999 ins Rutschen geriet, wurden Bauland. Die Hintergründe waren, wie so oft, für ›Zugereiste‹ unklar, nur dass dem damaligen Bürgermeister dort Land gehörte, fanden manche bemerkenswert.

Während ich dies schreibe – und schon spüre, wie Trauer aufsteigt –, geht eine Straßenlaterne an. Ich rutsche ein wenig auf meinem Stuhl nach links und dränge sie aus meinem Blickfeld. Ich weiß, ich muss mich jetzt hüten, auf hohem Niveau zu klagen. Und doch will ich die Veränderungen in meinem persönlichen Umfeld benennen, weil sie typisch sind dafür, was im ländlichen Raum geschieht und welche fortschreitenden Verluste zu verzeichnen sind.

Der Wiesenweg wurde brutal weggerissen – der anschmiegsame Spazierweg, auf dem die Kreuzotter eines Sommernachmittags direkt hinter meiner Ferse zischelte. Der kleine Abhang, in dem Ringelnattern brüteten, verschwand unter Baggerschaufeln. Büsche, die Vögeln und Insekten Quartier geboten hatten, in Minuten mit Motorkraft weggesägt. Als der lichte Feldahorn umfiel, konnte ich den Anblick nicht mehr ertragen und habe alle Beteiligten mit wilden Flüchen verwünscht. An der Westseite klafften offene Wunden. Der Schmerz war heftig und blieb über lange Zeit. Noch heute, wo zumindest im Sommer die Wunden verwachsen sind, wird mir bei den Gedanken der Hals eng. Zerstörung hautnah.

Hier wurde nicht erschlossen, sondern verschlossen. Mit Pressluftgewalt verdichtet und zerstört.

Es geht um mehr als um persönlichen Verlust, den täglich Menschen erleben; es geht um Flächenfraß, Vernichtung letzter extensiver Wiesen, um Verlust von Blickschneisen, die allen offen sein sollten – hier über das Flusstal, das dem Ort in diesem »gletschergeborenen Land« (Anton Micheler) seine Struktur gibt. Naturschönheit und einmalige Landschaften werden entwertet. Wenn ich heute vom Fluss nach oben schaue, ist die Hangstruktur ihrer Höhe durch Häuser beraubt und weitgehend verloren.

Und ich? Auch wir haben hier vor 25 Jahren ein Haus gebaut, am Ende eines relativ alten Siedlungsgebietes am Dorfrand. Mir war damals bewusst, dass wir Fläche versiegeln; deshalb gibt es keine Pflasterung, das Regenwasser vom Dach wird für Toilette und Garten genutzt (damals übrigens eine Absonderlichkeit), Schuppen und Carport für nur ein Auto haben ein Gründach.

Natürlich habe ich keinen Anspruch auf ein Stück Paradies. Münchner Freunde kommentierten meine Trauer nüchtern: »Sei froh, dass du nicht am Mittleren Ring wohnst.«

Grenzen und die Rückkehr der Geschundenen

Nach wenigen Jahren kehrten die Abgeholzten langsam zurück. Eigensinnig beharrten sie auf ihrem Platz. Die Botschaft an mich heißt: Wir lassen uns nicht vertreiben. Ein Trotzdem-Augenblick meiner Gartenjahre. Ihre Wiederkehr aus Wurzelresten oder ich weiß nicht, was, berührt mich bis heute. Der Feldahorn hat inzwischen fast seine alte Größe erreicht, auch die Wuchsform ähnelt dem Vorgänger. Als der umstürzte, schlugen fast archaische Gefühle über mir zusammen. Es war ein Schlachtfeld, und am Ende klafften an der gesamten Westseite auf 30 Metern tiefe Verheerungen. Der erste Winter war grässlich. Nur schwer konnte ich mich von dem drängenden Bedürfnis befreien, hektisch nachzupflanzen, und kaufte sogar ein Stück Schilf als Sichtschutz, um den Westblick und meinen Abendsitzplatz etwas zu schützen.

Der Jasmin brauchte vier Jahre, um wiederzukommen, das Pfaffenhütchen hat – vielleicht sicherheitshalber – gleich vier neue kleine Büsche gebildet. Die brutal umgepflanzte Rosendeutzie – wenigstens einen Versuch der Rettung wollten wir unternehmen – hat sich nach drei Jahren etwas erholt. Auch zwei Wildrosen aus der alten Hecke haben überlebt und schützen wie ihre Vorfahren den Hag vor Straße und Autos.

Unabhängig von diesen Erfahrungen beschäftigt mich die Doppelgesichtigkeit von Zäunen und Grenzen, die Widersprüchlichkeit meines Bedürfnisses nach einem Blick von den durchlässigen Rändern des Gartens in die Welt einerseits und dem nach Schutz, Allein- und Ungesehensein andererseits. Wenn ich durch Siedlungen gehe, scheint mir allerdings das unbedingte Bedürfnis nach Abschottung längst die Sehnsucht nach Weite und Offenheit überflügelt zu haben. Vielleicht weil die Gärten immer kleiner, alles immer enger wird. Auch in der Gesellschaft wächst der Drang zur Abgrenzung in einer scheinbar grenzenlosen Welt. Transparenz und Offenheit sind ein hohes Gut. Doch lässt sich das Schutzbedürfnis, der Wunsch nach Geborgenheit und Für-sich-Sein im Garten und anderswo nicht wegreden. Und ein Garten ohne Verborgenes, ohne Geheimnisse nach außen wie nach innen scheint mir genauso wenig lebbar wie allseitige Abgrenzung. »Anders, wenn die Grenze verläuft zwischen dem Eigenen und dem ihm gemäßen, komplementären Anderen. Hüben und drüben sind dann über die Grenze hinweg aufeinander bezogen, und das bedeutet zweierlei: Sie begrenzen und mäßigen sich wechselseitig, wenn nämlich an der Grenze das Eigene auf das Andere trifft und umgekehrt. Die Grenze ist eine wirkliche Trennlinie. Sie hat aber ihre Wirksamkeit dadurch, dass sie durchlässig ist ... Das Geheimnis der Grenze liegt darin, dass sie gleichzeitig beides kann: trennen und verbinden« (Marianne Gronemeyer).

Die Natur macht für diese Wechselwirkung einen Vorschlag, den Menschen in den Kulturlandschaften der vergangenen Jahrhunderte aufgegriffen haben: lebende Hecken, die in ihrer Vielfalt Schutzbedürfnis und Offenheit für Böden, Pflanzen, Tiere und Menschen verbinden.

Samen, Knospen, Wurzeln – Geburtsstätten des Frühlings

Wer etwas von Kreativität und Spiellust der Natur erahnen will, sollte sich ihre Samenentwürfe anschauen. Verrückt und simpel, klobig und filigran, dick und hauchfein; da wird verwickelt, geklebt, gehüpft und ausgekackt; Samen sind Fallschirmspringer, Weitsprungweltmeister und Stubenhocker. Mit nicht endender Begeisterung hat der schon erwähnte Maurice Maeterlinck diese Wunderwelt mit ihren Erfindungen beschrieben, die nur dem einen Zweck dienen: »dem furchtbaren Gesetz der völligen Unbeweglichkeit« zu entkommen und möglichst weit in einen neuen Lebensraum zu gelangen. Von Luftschrauben, Flügelschrauben oder Schwebschirmen bis zu Sprungfedern, Spritzballen oder Wollhaken finden sich phantastische Ideen und eigenwillige Konstruktionen. »Das drückende Gesetz zu übertreten und seiner zu spotten, sich freizumachen und die enge Sphäre zu zerbrechen, sich Flügel zu erfinden oder sie anzulocken, den Raum zu besiegen, worin das Schicksal sie gefangen hält ... gibt die Pflanze dem Menschen ein wundersames Beispiel der Unbotmäßigkeit, des Mutes, der Beharrlichkeit und Empfindsamkeit.«

Wie auch immer die Samen sich in der Welt ausbreiten, stets sind sie Magazine des Lebens und speichern die Rezeptur eines Pflanzenwesens mit all seinen Möglichkeiten – von der zierlichsten Glockenblume bis zur riesigen Eiche. Sie sind erste Speicher fürs Überleben, bis eigene Wurzeln die Versorgung des Keimlings sichern und der Spross zu wachsen beginnt.

Eine kleine Samensammlung ergibt ein breites Spektrum von Gartenphantasie. Beginnend bei den beliebten schwarzen Winzlingen der Nachtkerze, die sich in Tütchen drängeln, von Vögeln herausgeangelt oder vom Wind mitgenommen werden. Ein wenig ähnlich sind die Zipfelmützen des Wiesenstorchschnabels, die nur wenige Samenkapseln hüten. Natürlich sind jene unübersehbar, die fast wie Früchte wirken, also Nüsse, Eicheln, Bucheckern; auch Früchte sind eigentlich nur Hüter der Vermehrungsstrategien, indem sie, im Unterschied zu den meist nach Ausreifung trockenen Samen/des Saatguts, die Samen so lange umhüllen und schützen, bis die zu keimen beginnen. Wiesenmalven, die bis zum Frost einen rosa Sommerhauch bewahren, sind übersät mit viereckigen geschlossenen Samenkapseln, die mich an Falttechniken erinnern, deren Geheimnis sich mir nie erschlossen hat. Mohnkapseln, die am oberen Rand winzige Löcher haben, enthalten ebenfalls feine Samen; wenn der Wind die Kapseln wie kleine Salzstreuer rüttelt, fliegen sie davon. Die schwarz-hell gestreiften Sonnenblumenkerne werden von Meise & Co. mit energischen Schnabelhieben von ihrer Schale befreit und verspeist. Viele Kräuter überlassen ihre runden oder länglichen Samenkörnchen dem Wind, wenn sie nicht eingesammelt werden, genauso wie der benachbarte Ahorn seine geflügelten Samen, die beim Landeanflug wie Propeller rotieren. Als Leichtflieger könnte man Löwenzahn oder Bocksbart bezeichnen; ihre Ultralight-Schirmchenkonstruktion nötigt Ingenieuren Respekt ab.

In meinem Garten sind die auffälligsten Samenstände die der Strauchpfingstrosen, die als bohnengroße braune Knubbel in holzigen Taschen sitzen, die wiederum einer doppelten Bonaparte-Mütze gleichen. Ähnlich ausdrucksvoll sind die großen wabenartigen Samenstände des Brandkrauts, die bis zum Frühjahr ungemein dekorativ wirken. Die mehr als zehn Zentimeter langen Schoten des Blauregens schaukeln im Wind, die mit Gespinst umgebene Samenkapsel der Jungfer im Grünen gehört zu den Herbstschönheiten genauso wie die Lampionblume, die ihre roten Samen mit einem papierenen Lampion umgibt. Sehr attraktiv sind auch die fedrigen Samenstände der blauen Clematis, die den Winter über die Ostwand zieren und sich zu schönem Herbstschmuck binden lassen, genauso wie ihre wilden Schwestern, die ganze Bäume umschweben. Die mir manchmal zu üppige Fülle des Mädesüß ist nach dem Insektenglück nun mit seinen gut gefüllten Samendolden bei Vögeln begehrt. Gleiches gilt für die Samenbüschel der Goldrute, die kerzenförmigen Samenstände des Ehrenpreis oder die Körbchen des Rainfarn. Die besten Springer sind einige Storchschnäbel, die bis zu zwei Meter überwinden. Sie und viele andere sind nicht nur wichtige Überlebenshilfe für die Wintervögel und Schlafstätte für Insektennachwuchs, sondern vielfach auch ein Zierde des Gartens, insbesondere wenn Nebelreif oder scharfer Frost ihre Pflanzenstrukturen hervorheben. Neben Wind, Vögeln und Sprungkraft sind Ameisen, Käfer oder kleine Säuger für die Verbreitung eingespannt. Natürlich werden auch mir im Vorbeistreifen Samen angeklebt und angeklettet.

Eine kleine Knospenexkursion zeigt, dass auch sie wahre Kunststücke aus den Werkstätten des Gartens sind. Knospen als spielerische Phantasie des schon begonnenen neuen Lebens, denn sie sind winzige Sprosse, die bereits im Hochsommer oder Herbst ausgebildet werden, bis zum Frühling ruhen und in gestauchter Form bereits Blüte oder Blatt enthalten. Sie sind von einer schützenden Hülle oder Schuppen umgeben, Blüten- und Blattknospen unterscheiden sich. Dass schon alles für den Frühling vorbereitet ist, zeigen die sogenannten Barbarazweige, die am 4. Dezember von Kirsch- oder Apfelbäumen geschnitten und ins Warme geholt werden. Oft blühen sie bis zum Weihnachtsfest. Die Knospen werden also aufgeweckt und zeigen, was draußen schlafend auf den Frühling wartet.

Apfelknospen sind klein und rundlich; sie drängen sich zu Grüppchen zusammen und erinnern mich an Reptilienzehen; die zierliche Schneeforsythie, eine sehr frühe, eher zurückhaltende

Blüherin, trägt winzige dunkelrote Knospen, die Buche elegant wirkende lang gestreckte, eher kupfrige, die den glatten braunen Hüllen der Birnenknospen ähneln. Während die Knospen der Kornelkirsche pralle Kügelchen bilden und die der Kletterhortensie wie sehr kleine, fest zusammengepresste Bäumchen wirken. Stars in meinem Garten sind jedoch unangefochten die pelztragenden Damen der Sternmagnolie.

Wurzeln werden unterschätzt, nur weil wir sie in der Regel nicht sehen. Dabei sind sie im Wortsinn das Fundament und der Lebensgarant für alle(s). Unter ihnen finden sich skurrile Skulpturen, geheimnisvolle Netzwerker und unverzichtbare Vorratskammern. Sie können knollig sein, stark oder zart – nicht zu reden von den gigantischen Wurzelwerken uralter Baumriesen. Sie wachsen gerade in die Tiefe oder schmiegen sich ins Erdreich. Manche verknäulen sich, andere bilden Netze oder nährstoffreiche Körper. Ihr Wuchstempo unterscheidet sich sehr. Einige sind ungeduldig und wachsen binnen Tagen schon in einer Vase zu verschlungenen Schnüren, andere lassen sich bitten oder winken ab. Ihre Lebensenergie reicht von jenen, die wie die Zaunwinde oder der Giersch nur ein winzige Stückchen benötigen, um die Basis für eine neue Pflanze zu legen, bis zu jenen, die jahrelang schmollen, wenn sie ihren Platz wechseln mussten, so etwa die Pfingstrosen. Dass Wurzeln ein unterirdisches Eigenleben mit einem ausgefeilten Stoffwechsel, fein abgestimmten Bakterienkulturen und komplexen Kommunikationsstrukturen führen, dass dort ein Netzwerk des Lebens existiert, zu dem wir keinen Zugang haben, wird heute vermutet (Peter Wohlleben). Manche Forscher sprechen in diesem Zusammenhang vom Gehirn der Pflanzen. In seiner Bedeutung weitgehend unerschlossen ist die Kooperation zwischen Wurzeln und Pilzen. Diese über Jahrmillionen entstandene Symbiose könnte das Erfolgsgeheimnis sein für die Erschließung der Erde durch Pflanzen. Pilze werden von ihrem grünen Partner mit Zucker, also Kohlehydraten, versorgt und liefern dafür Mineralstoffe aus dem Boden, die die Pflanze sich sonst nicht erschließen könnte. Dieses Wechselspiel scheint durch Regeln und auch Sanktionen geprägt, »ein Kampfgleichgewicht« (Patrick Blume). Das Ausmaß dieser Pilznetzwerke im Boden kann riesig sein; Wissenschaftler sprechen gar von einem Superorganismus.

Dichtern und Philosophen gelten Pflanzen längst als die Magier des Lebens. »Allein schon durch ihre Existenz verändern Pflanzen ganz global die Welt, ohne sich dabei auch nur zu bewegen, ohne überhaupt zu handeln« (Emanuele Coccia).

Winterschneeball oder: Licht und Sackleinen

Im fahlen Dezemberlicht ist die Birke meiner Nachbarin ein Hingucker. Ihre weiße Rinde hält dem Grau mancher Tage ihren Schimmer entgegen, und mir scheint, sie spottet damit ein wenig über die große Eiche auf der gegenüberliegenden Seite, die ins Sackleinen ihrer festsitzenden trockenen Blätter gekleidet ist. Sicher hat es irgendeinen Vorteil, die Blätter erst im Frühjahr abzuwerfen, aber attraktiver ist die helle Birke ohne alte Blätter allemal.

Der Winterschneeball erinnert auf seine Weise an die farbenfrohe Zeit des Jahres und ist für mich ein Mittler zwischen den großen Jahreszeiten. Wenn die dunkelsten Nächte erreicht sind, kündet er als Erster vom Anfang. Und dabei spreche ich nicht von ein paar zaghaften Blüten, sondern von einer zauberhaften Fülle. Dieser harmonisch wachsende Busch ist der erste Winterblüher, der bei mir im Dezember in voller Blüte steht und einen solchen Duft verströmt, dass selbst in der Ferne Vorbeigehende schnuppernd den Schritt verlangsamen. Denn Duft ist bei uns keine Dezember-Qualität. Mit pflanzlichem Wagemut scheint er Kälte, Dunkelheit und Schnee mit Blüten und Wohlgeruch gegenzuhalten.

Mein Winterschneeball, der heute die Westseite der Holzterrasse fast komplett ausfüllt, ist ein Findelkind. Er war ebenfalls Opfer eines Bauvorhabens. Unachtsam hatte man den kleinen Busch mit der Humusschicht abgeschoben. Mit etwas Glück war er nicht unter die Räder von Bagger und Lastwagen geraten, sondern kümmerte halb liegend am Rand der Baustelle. Mehrmals kam ich an der Stelle vorbei und fragte mich schließlich, was das für ein Busch sein könnte, ob jemand Besitzansprüche stellen würde oder ich ihn retten könnte. Alle Fragen blieben zunächst offen. Aber eines Abends prüfte ich, ob sein Wurzelwerk noch intakt und er für mich tragbar war. Leicht ließ er sich aus dem Boden lösen und begleitete mich in ein Übergangsquartier – mein Garten war noch Zukunftsmusik. Er erholte sich, und lange hielt ich ihn für eine Fliedersorte, bis mich jemand aufklärte, dass ich einen seltenen Fund gemacht hätte. Einen Winterblüher. Nach einem weiteren Umzug steht er seither am endgültigen Platz und hat seine Größe vervielfacht. Das Findelkind ist heute der Sonnenschein meines Wintergartens.

Und schon bald werden sich andere dazugesellen, etwa die an zwei Stellen neu gepflanzte Wohlriechende Heckenkirsche, auf deren Blüten ich gespannt warte, oder die Zaubernuss, die auch zu den Neuen gehört. Schneeforsythie, Winterjasmin und die vielen Christrosen werden folgen. »Wintertröster« hat Jürgen Dahl sie liebevoll genannt und legt sie den Gärtnern als herrliche Geschenke anderer Weltgegenden ans Herz.

Liebeserklärung an die Wehrhaften

Eselsdistel und wilde Karde – Namen, die das Störrische, Wehrhafte warnend ankündigen. In Wiesen und Gärten finden sich einige stachelige und dornige Schönheiten, wenn man sie denn lässt. Unsere hiesigen wilden Distelarten werden als Kratz- und Gänsedisteln bezeichnet, hinzu kommen Edeldisteln speziell für den Garten. Manche wachsen dicht am Boden und haben silbrige Blütenköpfe, andere ragen hoch auf und blühen lila bis blau. Besondere Attraktionen nicht nur für Menschen sind die Karden, deren schönste für mich die Wilde Karde mit ihren zylindrischen lilafarbenen Blütenköpfen ist. Alle sind wahre Insektenmagneten. Im Herbst und Winter locken die nährstoffreichen Samenstände Vögel an und zieren darüber hinaus den Garten als aufragende Skulpturen. Bei mir sind sie alle bislang Mangelware, weil ich weder Schönheit noch Bedeutung recht zu würdigen wusste. Eine einsame Kugeldistel hat sich davongemacht. Aber eine kleine Karde hält seit zwei Jahren in Gesellschaft von Nacht- und Königskerzen aus. Sehr zum Vergnügen von Stieglitzen, die im zurückliegenden Winter erstmals zu Gast waren. Eine Freundin hat mir Ableger von Wilden Karden zugesagt.

Wenn die Blätter gefallen sind und die Sicht auf Äste und Zweige frei ist, lassen sich weitere Wehrhafte ausmachen. Dabei sind Stacheln von Dornen zu unterscheiden und werden oft verwechselt. So haben Rosen, unsere häufigsten pflanzlichen Kratzbürsten, keine Dornen, sondern Stacheln. Letztere sind spitze Auswüchse an der Oberfläche der Pflanzenhaut, die sich leicht abstreifen lassen, Dornen jedoch sind als umgewandelte Blätter oder Sprosse fest mit dem Holz verwachsen. Die schon erwähnten Bedornten in meinem Garten sind der Schwarzdorn (Schlehe) und der Weißdorn, wobei die Dornen der Schlehe erst aus der Nähe, etwa beim Schlehenpflücken, ihre beachtliche Größe sehen lassen. Aufgrund ihrer ans Holz angepassten Farbe bemerkt man sie erst, wenn sie blutende Spuren auf Händen und Armen hinterlassen.

Besonders spitz kommen die Dornen der Berberitze (Sauerdorn) daher; deshalb warnen Gärtner oft davor, diesen wunderschönen Strauch zu pflanzen, mindestens werden dicke Handschuhe empfohlen. Dabei verbindet er schöne Blüten mit bunten Herbstfarben und Früchten, die sich ebenfalls zu vitaminreichen Marmeladen verarbeiten lassen. Übers Jahr ist die Berberitze ein Leckerbissen für Insekten und Vögel, die außerdem sichere Nistplätze darin finden. Mein Exemplar ist der Rodung zum Opfer gefallen und auch nicht zurückgekehrt. Sie steht also weiterhin auf meiner Wunschliste.

Wie unschwer zu vermuten, sind mir Rosen die Liebsten unter den Wehrhaften. Einige beantworten jeden Schnitt mit Minifallbeilen oder versenken ihre mit Krummbeilchen ausgestatteten Stacheln unnachsichtig in Kopfhaut, Wange oder – im Abgang – im Nacken. Andere sind dem Anschein nach sanftmütiger; doch während sich die großen Stacheln leicht entfernen lassen und die Wunden schnell heilen, versenken sich die kleinen in der Haut, brechen ab und schwellen vor sich hin. Einige blieben mir schon, von einem Eiterrand umgeben, für Wochen. Ich verzeihe ihnen aufgerissene Arme, weggeschossene Brille und was auch immer ihnen sonst noch einfällt. Sie sind die Herrscherinnen meines Gartens – und selbst ihre Stacheln sind bei genauer Betrachtung wunderschön.

Stacheln und Dornen sind nur einige Beispiele aus dem Waffenarsenal von Pflanzen, die weder passiv noch hilflos sind. Gifte gehören dazu, die sie gezielt gegen Fressfeind einsetzen, oder unappetitliche Absonderungen, auch feine Härchen, die von der Pflanze mit Kalk oder Kieselsäure zu glassplitterartigen Hindernissen aufgebaut werden. Dass die Brennnessel noch eins draufsetzt, indem sie am Ende ihrer Härchen mit giftiger Substanz gefüllte Kügelchen ausbildet, gehört zu den schmerzhaften Alltagserfahrungen mit meinen durchaus wehrhaften Gartenbewohnern. Wie relativ andererseits diese Erfahrungen sind, zeigen jene Schmetterlingsraupen, deren Wirtspflanzen ebenjene Brennnessel ist.

Amsel, Drossel, Fink und Star

Die Amsel, einst Frühlingsbote im Kinderlied, bleibt heute hier, hat gewagt, den gefährlichen Flug in wärmere Gefilde aufzugeben. In manchen Wintern zahlt sie dafür vielleicht mit dem Leben, aber auf der Waage aller hiesigen Amselleben scheint es sich auszubalancieren. Der Versuch hat sich wohl im Gewinn-und-Verlust-Spiel der Evolution gelohnt. ›Meine‹ Amseln wissen, dass sie reichlich Futter finden. Viele liegen gelassene Äpfel, die der Frost weich und süß gemacht hat. Manche stecke ich auf Zaunpfähle, was den Prozess des Faulens sehr verlangsamt; stattdessen werden die Äpfel braun und mehlig. Genauso finden die Schwarzen jede Menge Mispeln, die gar nicht alle den Weg in Glas und Speisekammer finden können und sollen, und die vielen Hundert Minihagebutten der *Rosa multiflora*, die sich so leicht herrunterschlucken lassen. Wenn das alles aufgezehrt ist, gebe ich bereitwillig Obst und Nüsse aus den eigenen Vorräten heraus. Außerdem holen sie sich Fettfutter von den Fütterungsstellen. Zwischendrin sitzen sie regungslos in Büschen, nur die schwarzen Augen folgen mir, wenn ich vorsichtig in ihrer Nähe vorbeigehe; sie fliegen aber eher selten auf. Sie kennen sich aus, haben genug Erfahrungen gesammelt, dass mit mir einigermaßen gut Kirschen essen ist (im Sommer), sich der Aufenthalt meistens lohnt und die Nahrungsbeschaffung wenig mühsam ist. Und da es im hiesigen Winter für die Draußenbewohner vor allem um Ressourcensparen geht, kann das überlebenswichtig sein.

Während ich dies schreibe, sehe ich unter dem großen Apfelbaum drei Amseln um einen Apfel streiten. Keine scheint nachgeben zu wollen, ein Hin-und-her-Gerenne, zorniges Hüpfen und gemeinsames Hochfliegen. Ein bisschen wie Vogelballett. Augenscheinlich sind sie gut bei Kräften. Schließlich landen sie etwas weiter voneinander entfernt und scheinen erkannt zu haben, dass die Streiterei nicht vonnöten ist, da genügend Äpfel herumliegen.

An einem schräg verlaufenden Fallrohr zur Entwässerung des Gründachs entdecke ich ein liederliches Nest, vermutlich ein schnell hingeworfener Versuch, der genauso schnell verworfen wurde; bestimmt von einer Amsel, die lieber in der Abenddämmerung singt, als übermäßig ordentliche Nester zu bauen. Wie eine kleine Freundin des Glücklichseins. Übrigens mischen sich Amseln gern von höherer Warte aus in Menschengespräche ein. Während ich eine Weile auf der abendlichen Straße mit einer Nachbarin plauderte, ließ sich ein Amselhahn augenscheinlich von der Gesprächsmelodie anregen, vom Dachfirst mitzuzwitschern.

An milden Dezembertagen (wie auch im Frühjahr) sind Amseln rechte Straßenrand-Rowdys. Vorm Haus bilden Storchschnäbel eine Randbepflanzung zur Straße; dort entsteht übers Jahr immer wieder eine Humusrinne an den Bordsteinkanten. Wenn ich im Frühling oder Winter Lust auf Fegen habe und der feine Schotter, mit dem hier vereiste Straßen gestreut werden, sich wieder mal unter der Haustür verklemmt hat, kehre ich alles in der Humusrinne zusammen. Am nächsten Tag sind Erde und Steinchen sorgsam auseinandergebreitet. Anfangs zweifelte ich etwas an meiner Wahrnehmung, doch dann beobachtete ich einen Amselhahn, der die Humusrinne inspizierte und Erde nebst Steinchen breit am Straßenrand verteilte; dabei hatte er es wohl auf Kleinlebewesen abgesehen und erwischte mit etwas Glück auch Regenwürmer oder Schnecken, die sich vom milden Wetter hatten herauslocken lassen.

Wenn der Winter ernst macht, sitzen die fedrig aufgeplusterten schwarzen Kugeln im verschneiten Winterschneeball; unbeweglich beobachten sie das Wintervogelgewusel auf der Terrasse. Sie wissen nicht, welch schönes Bild sie abgeben.

Und doch ist die Lage der Amseln ernst. Seit einigen Jahren schwächt ein Virus, das durch Mücken übertragen wird, vor allem im Sommer ihre Populationen. Teilweise sind die Verluste so hoch, dass Experten vom Amselsterben sprechen. Wenn ich im Frühling einen Amselflügel im Geäst entdecke, frage ich mich, ob er von einem ›normalen‹ Tod erzählt oder ob auch hier die Infektion um sich greift. Wieder trifft es einen sogenannten Allerweltsvogel, der vielleicht erst durch Insektenmangel und Belastungen mit Umweltgiften anfällig wird für solche Erreger. Auch der Dachfirstsänger scheint also gefährdet.

Mispeln gefällig?
Ein Loblied

Im November habe ich mein Vitaminfrühstück aus Schlehen, Mispeln und Sanddorn erwähnt. Mispeln?, haben sich manche vielleicht gefragt. Nun ist ihr Monat gekommen, obgleich sie den Garten das ganze Jahr schmücken – mit ihrem wilden Wuchs, der inzwischen im Innern einen bequemen Sitzplatz für mich hat entstehen lassen, mit ihren reinweißen Blütensternen und ihren an behaarte Miniäpfel erinnernden Früchten. In manchen Jahren friert es Anfang Dezember so kräftig, dass die Mispelfrüchte weich werden. Die vorher steinharten Früchte werden zu Kugeln, die schon bei wenig Druck ihr Mus, das an braunes Apfelmus erinnert, freigeben. Dies ist roh genießbar oder lässt sich erhitzen und in Gläser füllen. Man kann es mit herbstlichen Gewürzen aufpeppen. Klingt einfach, ist es auch; aber der Zeitaufwand ist beachtlich. Jede Mispelfrucht enthält etwa einen Teelöffel Mus; alles andere ist Haut und Kern. So viel zum Thema Entschleunigungspflanze. Aber Mispelmus ist ein Gaumenschmaus, aromatischer als Apfel, gesüßt oder ungesüßt vielfältig verwendbar; als Dessert oder zu Gemüse und Käse, als Füllung von Gebäck oder Pfannkuchen.

November-Dezember-Gedanken

Dann kommen die Dezembertage, die sich als November verkleidet haben. An den Blättern zerrt der Wind, Buche und Eiche scheinen eisern gegenzuhalten, tief hängende Wolkenbänke, abrupte Wolkenlücken, Sekundensonne, blaue Risse, kalter Regen, den selbst meine abgehärtete und in dickes Winterfell gekleidete Camargue-Stute missmutig zur Kenntnis nimmt. Plötzlich sind die Berge zu sehen, dann ist wieder alles verhangen.

Die Bäume tragen nasses Schwarz, wie nackte Persönlichkeiten stehen Bäume und Sträucher in der ihnen eigenen Gestalt im Zwielicht.

Dann und wann strahlt der Wintergarten Einsamkeit aus und Fremdheit. Als hätte nicht ich mich vor Kälte, Nässe und Dunkelheit ins Innere zurückgezogen, sondern vielmehr der Garten mich ausgesperrt. Mir die Grenze aufgezeigt zwischen ihm als ewig wiederkehrender Natur mit ihren gewaltigen Kräften, ihrer seit Jahrmillionen währenden Geschichte. Ich komme mir in solchen Momenten vor wie der leere Tisch unterm Apfelbaum, der keine Funktion mehr hat, wie der vergessene Klappstuhl, der umgeweht im Matsch liegt. Als müssten wir drinnen und die Geschöpfe draußen jeder für sich schauen, wie er über die kalte, gefährliche Jahreszeit kommt.

Das sind Tage, an denen Feuermachen tröstet oder Plätzchenbacken oder die Nase in die im Herbst getrockneten Kräutersträuße stecken. Ich schließe die Augen und rieche Lavendel, Pfefferminze, wilden Majoran, Steinklee. Sie machen den Atem frei und wecken Bilder von Sonnenwind, Schaukeln, Bienensummen, Zeitvertrödeln. Im vergangenen Dezember fand ich ein sonderbar stimmiges Bild für solche November-Dezember-Tage: »Es war die Unterseite der Angst, die ich liebte, die wie die weichste Wolle auf dem Unterbauch des gröbsten Schafes war« (André Aciman).

Fernblick 7 – Ort des Unmöglichen

Atacama – ein Name wie ein Zauber. Und ein Ort des Unmöglichen, so scheint es mir jedenfalls, wenn ich den Salzbrocken aus dieser trockensten Wüste der Erde anschaue, der auf meinem Schreibtisch liegt. Meine Tochter hat ihn mir mitgebracht und von geballten Extremen berichtet: Höhe, Kälte, Trockenheit. Kaum lebensfeindlicher denkbar. Und doch strahlt dieser Ort, verführt Menschen zu großer Anstrengung und verzaubert sie. Vielleicht ist es die Magie des Unmöglichen, die an der Schwelle zum Wagnis steht.

Paradiesvogelschiss

Sprechen wir also vom Unmöglichen. Heute, da wieder Utopien gefordert werden, während Unmögliches bereits wirklich wird: Klimawandel und Artensterben auf der Seite des Verlusts, Fridays for Future und Garten auf der Seite der Hoffnung.

Natur und Utopie hatten lange Zeit keinen guten Klang. Coolness im Denken und Handeln waren angesagt. Gefühl war mit

Sentimentalität gleichgesetzt, Natur mit Romantik. Cool ist kalt, ein Zustand, den wir nur mit dem Verstand als erstrebenswert erklären können. Damit wird alles pragmatisch, heute sagt man vielleicht smart, aber ohne Glanz, ohne Zauber, ohne Schönheit. Ohne diese empathischen Qualitäten versteinern Gärten und erfrieren Menschen. Doch »das Herz hat einen Verstand, den der Verstand nicht versteht« (Alexander Kluge), und der Garten hat einen Eigensinn, der den Gärtner ignoriert. In diesem Sinne greifen innere und äußere Natur ineinander. Zaunkönigstimme und Glück, Laubfrosch und Lachen, Federgeistchen und Zuversicht. Der Gärtner ist also ein Partisan der lebensfreundlichen Unordnung, ein Hüter des Unmöglichen, niemals aber Idylliker, und Garten ist niemals »arkadisches Leben im Grünen« (Jürgen Dahl). In ihm ist der Widerspruch zu Hause genauso wie Erzählungen vom Gelingen, wie sie der – heute fast vergessene – Philosoph Ernst Bloch mit seinem Echolot der Hoffnung durch Jahrtausende belauscht hat. Er nannte den Garten eine »Wunschlandschaft«, und sein Fazit hat heute einen realistischen Ton: »Es kommt darauf an, das Hoffen zu lernen.« Nicht im Sinne von tagträumender Hofferei, sondern von einem Realismus des Unmöglichen.

Für diese mir überlebenswichtig erscheinende Haltung begegnete mir ein Wort des Lyrikers Peter Rühmkorf: »Paradiesvogelschiss«. Ein anmutig-illusionsloses Wort, das alles besagt. Es klingt wie Schneckenfraß an der Blauen Blume der Romantik, wie Flaneur mit Dreck am Stiefel oder wie zärtliche Gleichgültigkeit. Das Paradies ist, nüchtern betrachtet, ein Ort des Unmöglichen, in dem jeden Winter Büsche blühen, Amseln sterben, Laubfrösche überleben und Vögel sch…

In diesem Sinne ist mein Garten ein utopischer Ort.

SCHLUSS

Ein duftendes Trotzdem

»Wer Träume verwirklichen will,
muss wacher sein und tiefer träumen als andere.«
Karl Foerster

Am Ende der Spaziergänge durch mein Gartenjahr wähle ich mir als Gefährtin für den Abschied eine Wildbiene. Die Mohn-Mauerbiene ist heute so selten wie der einst gewöhnliche Klatschmohn. Sie lebt solitär und legt für ihre Eier Brutröhren an, die sie mit den roten Blütenblättern des Mohns auskleidet. Ihre Brut wächst in roter Seide auf. Warum sie das tut, bleibt ihr Geheimnis. Für solche Großzügigkeit und Schönheit, solchen Ideenreichtum finden sich im Garten wie in der Natur als Ganzes überwältigend viele Beispiele. Als gingen Überleben und Lebenskunst Hand in Hand.

Als ich begann, mich von diesem Buch zu verabschieden – erleichtert, wehmütig und verändert –, kam gerade der Dokumentarfilm »Near and elsewhere« in die Kinos. Ein Aha-Erlebnis, sah ich doch, wie auch andere außerhalb von Gärten im Strudel all der Katastrophenszenarien, von denen wir täglich sprechen, erkennen, dass wir, wenn wir der Zukunft eine Chance geben wollen, Bilder von etwas anderem brauchen, von anderen Möglichkeiten. Das große, lange verpönte Wort der Utopie ist gefallen. Wir hatten für eine Weile vergessen, dass ohne Zukunftsentwürfe die Kraft für Veränderung versiegt. Und dann steht da »die Katastrophe als einzige verbleibende Möglichkeit«; deshalb »müssen wir die Utopie neu lernen« (Nicolas Freund). Der Garten mag hier ein wenig Anschauung bieten – als ein duftendes Trotzdem.

Für meine Spaziergänge durch Garten und Welt habe ich Pflanzen, Tiere und Menschen als Begleiter gewählt, die mir zu Jahreszeit und Gesellschaft zu passen schienen. Unter den Menschen habe ich träumende Realisten ausgesucht, die sich mit Zwischenzeiten auskennen, die Wagemut mit Trauer verknüpfen, Wünsche mit Illusionslosigkeit. Mit ihnen verbinden sich alte Qualitäten wie Flanieren, Zeit haben, Staunen, Spielen, Geduld, Demut, Erbarmen, Vertrauen. Ein Spickzettel für die Zukunft – vielleicht.

Unterwegs habe ich verstanden, was Robert Macfarlane mit seinen Büchern über die Verluste in Landschaft und Sprache so hartnäckig beschwört: Das Verschwinden von Lerche und Nachtkerze, der Verlust der lauten Stimme des Laubfroschs oder der absichtslosen Schönheit des Federgeistchens haben eine gesellschaftspolitische Konsequenz, die Lebensläufe, ja vielleicht Gesellschaften verändern kann. Es ist die einfache Frage nach dem Warum. Was aus diesem Warum erwachsen kann, zeigen uns heute Volksbegehren gegen Insektensterben oder Fridays for Future. Und da können Gespräche über Gärten zum Widerlager werden gegen Schönfärberei, Käuflichkeit und billigen Trost genauso wie gegen Katastrophenzynismus und melancholische Verzweiflung. Vielleicht wäre das Januar-Prinzip ein Anfang. »Unsere Welt ist verloren. Es ist Zeit, sich von ihr zu verabschieden. Was sollen wir tun? Zunächst einmal aufhören, so heillos produktiv zu sein. Und uns das alles mal grundsätzlich durch den Kopf gehen lassen … Die Zeiger stehen auf zwölf Uhr. Endlich! Ein neuer Tag beginnt« (Philipp Bovermann).

Ganz ähnlich klingt das aus dem Mund eines führenden Technologieforschers: Es gelte jetzt einzusehen, »dass die Idee ganz schön veraltet ist, dass wir Menschen auf diesem Planeten dazu da sind, die Tiere und Pflanzen zu beherrschen. So haben wir die Umwelt zerstört. Aber in Wahrheit gehört sie uns nicht, es ist umgekehrt. Wir gehören der Umwelt. Ich glaube, dass wir an einem Punkt der Menschheitsgeschichte angelangt sind, an dem wir die Grundsätze, nach denen wir leben, komplett überdenken müssen« (Joi Ito).

»Am Ende sind es doch die Gärtner, die die Welt retten« (Gerhard Matzig), las ich am Schluss meiner Gartenreise. In einer Gesellschaft, die verhässlicht, wirkt Schönheit subversiv. In einer Welt, die sich einfältig monotonisiert, wirkt Vielfalt provokant. Da kann eine Blumenwiese zum Ärgernis werden – und doch für einen Augenblick die Zeit anhalten, wenn ein alter Mann versunken vor den Blüten seiner Kindheit steht und beginnt, Blumen zu pflücken. All die von Mährobotern bewachten Angst-Gärten, die Kontrollillusions-Gärten, die Keine-Zeit-Gärten vermögen es nicht, den Menschen die Sehnsucht nach Schmetterlingen, nach Blüten, nach Duft und Barfuß-durch-nasse-Wiesen-Laufen endgültig zu nehmen.

Dieses Buch will dazu beitragen, solche Erinnerungen zurückzugewinnen, Mut zu machen, den Sinnen wieder zu vertrauen und uns zu wappnen gegen die Fake News dieser Welt. Damit wir, wie im Märchen das kleine Kind, wieder erkennen, dass der Kaiser nackt ist.

Sich für Augenblicke verzaubern zu lassen baut Möglichkeitsräume gegen die Angst, ermutigt zu Widerstand und gibt Kraft, der Verzagtheit, den Lügen, den Bedenken, all diesen Hausbesetzern von Körper und Seele, die Stirn zu bieten.

Und deshalb geht es eben auch um Glück. Im Garten können wir immer mal wieder jenes grenzenlose, bedingungslose Gefühl wiederfinden, nach dem wir uns alle sehnen, das uns aber der Blick auf die Welt manchmal vergessen lässt. Natürlich ist es nur ein kleines Glücksgefühl, wenn sich das große grüne Heupferd vertrauensvoll in die Hand der menschlichen Riesin schmiegt, wenn die Wespen sich langsam beruhigen, nachdem ihr vom Wind abgerissenes kunstvoll-zartes Nest wieder angeklebt ist. Angesichts der Millionen Menschen, die ihre Heimat verlieren, ist das nichts.

Aber vielleicht doch eine Übung in Empathie. Wenn wir nicht im Kleinen Mitgefühl, Glück, Trauer oder Zorn erleben, können wir es dann in den großen Dimensionen unserer Welt spüren?

Dieses Buch will zum Staunen und zum Wiesenblumenpflücken ermutigen, zum Lächeln und zum Etwas-Wagen – im Garten wie im Leben. Es erinnert daran, dass der Augenblick das Einzige ist, was wir haben. Denn in der Wahrnehmung des Augenblicks ist die Welt geborgen, wird das Kleine groß, wird Natur erkennbar als weise Lehrmeisterin im Querfeldeindenken, für ein gutes Leben in einer menschlichen Gesellschaft.

In diesem Sinne ist mein Garten eine Weile Synonym für die Welt. Als Zeuge von Gefahr, Verlust und Zerstörung, als Refugium für Hoffnung, Schönheit und Freiheit.

Und deshalb gilt: Überall ist Garten.

Dank

Dieses Buch hat eine lange Geschichte, und einige Menschen haben besonderen Anteil daran, dass es nun öffentlich wird – und daher möchte ich mich abschließend bedanken (obwohl ich Dankesbekundungen in Büchern eigentlich wenig schätze), und zwar bei:

Meinem Mann, der unseren Garten gelegentlich unmöglich findet, ihm aber tapfer und aus Liebe zu mir die schönen Seiten abgewinnt.

Meiner Tochter, die sich bis heute Kirschen über die Ohren hängt und mich glücklich macht.

Ulrike Peters, die mit ihren Zeichnungen manchem meiner Gedanken Flügel verliehen hat.

Uli Kohler, der so viel über Pflanzen und Landschaften weiß und den ich immer fragen kann.

Christoph Hirsch, der sich immer wieder als geduldiger und mutiger Geburtshelfer von Ideen erweist.

Literatur

Aciman, André: Call me by your name; München 2018.

Bastian, Claus nach Anna Andlauer: Claus Bastian – Der Häftling mit der Nummer 1; in: Hans-Günter Richardi (Hrsg.): Lebensläufe – Schicksale von Menschen, die im KZ Dachau waren; BoD 2001, Dachauer Dokumente Bd. 2.

Behrendt, Joachim-Ernst: Das Leben – ein Klang; München 1996.

Benjamin, Walter: Das Passagen-Werk; Frankfurt a. M. 1982.

Benjamin, Walter: Zur Kritik der Gewalt; Frankfurt a. M. 1971.

Bloch, Ernst: Das Prinzip Hoffnung; Frankfurt a. M. 1974.

Blume, Patrick: Meister der Extreme; GEO kompakt 38.

Borchardt, Rudolf: Der leidenschaftliche Gärtner; Frankfurt a. M. 1992.

Bovermann, Philipp: Wir sind untröstlich; SZ 22./23.6.2019.

Boyd, David: Die Natur und ihr Recht; Elsbetten 2018.

Brecht, Bertolt: Gedichte über die Liebe; Frankfurt 1982.

Bregman, Rutger: Utopien für Realisten; Reinbek bei Hamburg 2019.

Camus, Albert: Der Fremde; Reinbek bei Hamburg 1986.

Camus, Albert: Hochzeit des Lichts; Zürich 2010.

Camus, Albert: Rede zur Verleihung des Literaturnobelpreises 1957; zit. nach Radisch, Iris: Camus. Das Ideal der Einfachheit; Reinbek bei Hamburg 2013.

Carson, Rachel: Der stumme Frühling; München 2019.

Christian, David in: Seibt, Gustav: Kosmopolitisch; SZ 1./2.9.2018.

Coccia, Emanuele/Wohlleben, Peter: Wir haben viel zu lange geglaubt, Natur sei Krieg: Der Wald ist häufig solidarisch; SZ Magazin 28.9.2018.

Coccia, Emanuele: Die Wurzeln der Welt; München 2018.

Csíkszentmihályi, Mihály: Flow; Stuttgart 2004.

Dahl, Jürgen: Der unbegreifliche Garten und seine Verwüstung; Stuttgart 1984.

Dahl, Jürgen: Nachrichten aus dem Garten; Stuttgart 1985.

Dahl, Jürgen: Vom Geschmack der Lilienblüten; München 1995.

Dogramaci, Burcu: Zauber des hellen Drecks; SZ 24.12.2018.

Eco, Umberto: Der Name der Rose; München 1982.

Engler, Rainer: Pflanzen-Almanach 2; Schongau o. J.

Franzen, Jonathan: In zehn Jahren twittern nur noch Arme und Verrückte; FAZ 18.11.2017.

Freund, Nicholas: Das Ende ist nah; SZ 3.5.2019.

Fromm, Erich: Haben oder sein; München 1979.

Geissler, Karlheinz A., Geissler, Jonas: Time is honey; München 2015.

Geissler, Karlheinz in: Hordych, Harald: Im Zeichen der Schildkröte; SZ 19.9.2003.

Gelitz, Christina: Woher weiß die Pflanze, dass sie grün werden soll; www.spektrum.de/news/woher-die-pflanze-weiss-dass-sie-gruen-werden-soll/, zuletzt: 18.8.2019.

Grass, Günter: Totes Holz; Göttingen 1990.

Greffrath, Mathias: Vom Schaukeln der Dinge – Montaignes Versuche; Berlin 1984.

Greffrath, Mathias: Zorn der Vernunft; www.zeit.de/2011/21/Anti-Atomkraft-Avantgarde/, zuletzt: 16.8.2019.

Grenier, Jean: Die Inseln; Vorwort von Albert Camus; Frankfurt a. M. 1985.

Grimm, Fred: Auf der Suche nach der Greta in uns; Schrot und Korn 05/2019.

Grober, Ulrich: Der leise Atem der Zukunft; München 2016.

Gronemeyer, Marianne: Die Grenze; München 2018.

Grün, Gianna-Carina: Sie lassen nichts anbrennen; www.zeit.de/wissen/umwelt/2011-08/unterschaetztes-tier-gluehwuermchen, zuletzt 18.8.2019.

Haase-Hauptmann, Elke: Die Heilkräuter der Hildegard von Bingen; München 1997.

Hanske, Paul-Philipp/Werner, Christian: Die Blüten der Stadt; Berlin 2018.

Haskell, David G.: Der Gesang der Bäume; München 2017.

Haskell, David G.: Grausam und schön; in: Die Zeit, 12.10.2017, S. 39.

Henning, Peter: Sommervögel; SZ 6./7.7.2019.

Hielscher, Kej/Hücking, Renate: Pflanzenjäger; München 2003.

Ito, Joi: Gibt man jedem eine Stimme, sind die Arschlöcher die lautesten; www.zeit.de/digital/2018-08/joi-ito-mit-media-lab-silicon-valley-social-media-interview/, zuletzt: 16.8.2019.

Jürgens, Norbert: Weil sie Meister der Anpassung sind; GEO kompakt 38.

Kagge, Erling: Stille; Berlin 2017.

Karahasan, Dževad: Das Buch der Gärten; Frankfurt a. M. 2002.

Kästner, Erich: Die dreizehn Monate; Zürich 2015.

Kermani, Navid: Bob und die Weite des Himmels; https://www.zeit.de/2016/51/marion-doenhoff-preis-navid-kermani-dankesrede/, zuletzt: 18.8.2019.

Kersten, Jens: Welches Recht hat die Natur; www.spektrum.de/news/welches-recht-hat-die-natur/, zuletzt: 18.8.2019.

Kittlitz, Alard von: Wie viel Stille ertragen wir?; Die Zeit 19.12.2018.

Kluge, Alexander: Dezember; Berlin 2010.

Kluge, Alexander: Geschichte und Eigensinn; Frankfurt a. M. 1981.

Kluge, Alexander: Theodor Fontane, Heinrich von Kleist und Anna Wilde; Berlin 1987.

Kluge, Alexander: Tür an Tür mit einem anderen Leben; Frankfurt a. M. 2006.

Koch, Timm: Herr Bien und seine Feinde; Frankfurt a. M. 2018.

Kock, Felicitas: Vor uns ein schöner Sommertag – nach uns die Sintflut; www.sueddeutsche.de/leben/hitze-deutschland-kommentar, zuletzt: 18.8.2019.

Kreuter, Marie-Luise: Der Biogarten; München 1988.

Krumenacker, Thomas: Das Ei und alles; SZ 20./21./22.4.2019.

Küster, Hansjörg: Ringen mit der Wildnis; du 758, Juli/August 2005.

Kyba, Christopher: Das Verschwinden der Nacht; eve 06/2018.

l'Aigle, Alma de: Begegnungen mit Rosen (Reprint der Ausgabe von 1957); Hamburg 2002.

Lindo, David: Urban Birding; Stuttgart 2018.

Lotter, Wolf: Die Unabhängigkeitserklärung; brandeins 06/2019.

Macfarlane, Robert anlässlich einer Lesung im Literaturhaus München, 7.6.2018.

Macfarlane, Robert: Alte Wege; Berlin 2016.

Macfarlane, Robert: Auf alten Wegen wird die Vergangenheit greifbar; SZ Magazin 31.8.2018.

Maeterlinck: Die Intelligenz der Blumen; Frankfurt a. M. 2018.

Mandela, Nelson: Der lange Weg zur Freiheit; Frankfurt a. M. 1997.

Márai, Sandor: Himmel und Erde; München 2001.

Matzig, Gerhard: Die Stadt der Zukunft ist grün; www.sueddeutsche.de/kultur/staedtebau-architektur-wueste/, zuletzt 18.8.2019.

Matzig, Gerhard: Erst die Welt ruinieren – und dann wieder bunt anstreichen; www.sueddeutsche.de/kultur/umweltverschmutzung-korallensterben-farbe-des-jahres-1.4268398, zuletzt: 16.8.2019.

Mayer, Kurt: Planet der Spatzen; Dokumentation 2013.

Menzel, Michael in: Kaiser Friedrich II. Welt und Kultur des Mittelmeerraums; Landesmuseum für Natur und Mensch; Oldenburg 2008.

Micheler, Anton: Heimatbuch Stadt und Landkreis Landsberg a. Lech; Landsberg a. Lech 1966.

Morgner, Irmtraud: Leben und Abenteuer der Trobadora Beatriz nach Zeugnissen ihrer Spielfrau Laura; Darmstadt 1977.

Mütze, Wilhelm: Rosen und Sommerblumen; Leipzig 1910.

Nabokov, Vladimir zit. nach Henning Peter: Sommervögel; SZ 6./7.7.2019.

Nadolny, Sten: Die Entdeckung der Langsamkeit; München 1984.

Nebehay, Renée: Petersilie, Suppenkraut wächst in meinem Garten; München 1979.

Neumaier, Rudolf: Das Verschwinden der Kornblume; SZ 28.8.2018.

Newton, Ian in: Krumenacker, Thomas: Wieder da; SZ 19./20./21.5.2018.

Noteboom, Cees: Die Sohlen der Erinnerung; in: www.zeit.de/1995/49/Die_Sohlen_der_Erinnerung, zuletzt 18.8.2019.

Paech, Niko: Befreiung vom Überfluss; München 2013.

Papst Franziskus: Laudato si; Freiburg 2015.

Pearce, Fred: Die neuen Wilden; München 2016.

Plenzat, Frieder: Duftende Pflanzen in Garten und Haus; München 1963.

Pöppelmann, Christa: Hier wächst die Hoffnung! Hildesheim 2012.

Radisch, Iris: Camus. Das Ideal der Einfachheit; Reinbek bei Hamburg 2013.

Reheis, Fritz: Die Resonanzstrategie; München 2019.

Reichholf, Josef H.: Das Rätsel der grünen Rose; München 2011.

Rifkin, Jeremy: Uhrwerk Universum; München 1987.

Robischon, Marcel: Vom Verstummen der Welt; München 2012.

Rosa, Hartmut: Unverfügbarkeit; Wien 2019.

Rühmkorf, Peter: Paradiesvogelschiß; Reinbek bei Hamburg 2008.

Russel, Bertrand: Lob des Müßiggangs; Zürich 1989.

Sackville-West: Vita: Aus meinem Garten; Berlin 1986.

Safranski, Rüdiger; https://hiram7.wordpress.com/2007/03/31/gesprach-mit-rudiger-safranski-philosophie-macht-die-welt-geraumig/, zuletzt 18.8.2019.

Schaefer, Jürgen: Lob des Irrtums; München 2016.

Schellnhuber, Hans Joachim: Selbstverbrennung; München 2015.

Schnabel, Ulrich: Muße; München 2012.

Schwägerl, Christian: Planet der Menschen; Zeit Wissen 02/2014.

Seebens, Hanno: Die Globalisierung der Ökosysteme; FAZ 14.1.2018.

Segerer, Andreas/Rosenkranz, Eva: Das große Insektensterben; München 2018.

Soltau, Ulf in: Göres, Joachim: Gärten des Grauens; www.sueddeutsche.de/geld/steingarten-garten-oekologie/, zuletzt: 18.8.2019.

Stern, Horst: Der Mann aus Apulien; München 1986.

Stoffler, Hans-Dieter: Kräuter aus dem Klostergarten; Stuttgart 2003.

Storl, Wolf-Dieter: Die Seele der Pflanzen; Stuttgart 2009.

Storl, Wolf-Dieter: Heilkräuter und Zauberpflanzen; Aarau 2000.

Taleb, Nassim Nicholas: Antifragilität; München 2013.

Tucholsky, Kurt: Schloss Gripsholm; Reinbek bei Hamburg 1974.

Urtel, Peter Martin: Die anmutige Kunst, Blumen zu ordnen; München 1959.

Vogl, Joseph: Über das Zaudern; Zürich 20087.

Wellbrock, Arndt: Warum leben Mauersegler fast ausschließlich in der Luft?; www.wissenschaft-im-dialog.de/projekte/wieso/artikel/beitrag/warum-leben-mauersegler-fast-ausschliesslich-in-der-luft/, zuletzt: 18.8.2019.

Westrich, Paul: Die Wildbienen Deutschlands; Stuttgart 2018.

Windsperger, Ulrike: Haben wir genug Verständnis für Naturkreisläufe? Gartenratgeber 1/2016.

Witt, Reinhard: Möglichst viel Unordnung; www.nabu.de/umwelt-und-ressourcen/oekologisch-leben/balkon-und-garten/tiere/voegel/02026.html, zuletzt: 18.8.2019.

Witt, Reinhard: Nachhaltige Pflanzungen und Aussaaten; Heilbronn o.J.

Wohlleben, Peter: Das geheime Leben der Bäume; München 2015.

Wolf, Christa (Hrsg.): Karoline von Günderrode. Der Schatten eines Traumes; Darmstadt/Neuwied, 1979.

Wörner, Claudia und Weimar, Martin: GartenLust und BlumenKunst; München 1998.

Wulffen, Barbara von: Lichtwende. Vorsorglicher Nachruf auf die Natur; Osnabrück 1985.

Über die Autorin

Eva Rosenkranz ist Literaturwissenschaftlerin (MA), selbstständige Lektorin und Autorin. Sie veröffentlichte unter anderem »Rosenzauber – die Rose in Malerei und Poesie« und zuletzt im oekom verlag »Das große Insektensterben« (mit Andreas Segerer). Neben dem Gärtnern engagiert sie sich für Artenschutz und den Erhalt der Biodiversität.

Nachhaltigkeit bei oekom

Die Publikationen des oekom verlags ermutigen zu nachhaltigerem Handeln: glaubwürdig & konsequent – und das schon seit 30 Jahren!

Bereits seit 2017 verzichten wir bei den meisten Büchern auf das Einschweißen in Plastikfolie. In unserem Jubiläumsjahr machen wir den nächsten Schritt und weiten den Plastikverzicht auch auf alle ab 2019 erscheinenden Hardcover-Titel aus.

Auch sonst sind wir weiter Vorreiter: Für den Druck unserer Bücher und Zeitschriften verwenden wir vorwiegend Recyclingpapiere (mehrheitlich mit dem Blauen Engel zertifiziert) und drucken mineralölfrei. Unsere Druckereien und Dienstleister wählen wir im Hinblick auf ihr Umweltmanagement und möglichst kurze Transportwege aus. Dadurch liegen unsere CO_2-Emissionen um 25 Prozent unter denen vergleichbar großer Verlage. Unvermeidbare Emissionen kompensieren wir zudem durch Investitionen in ein Gold-Standard-Projekt zum Schutz des Klimas und zur Förderung der Artenvielfalt.

Als Ideengeber beteiligt sich oekom an zahlreichen Projekten, um in der Branche einen hohen ökologischen Standard zu verankern. Über unser Nachhaltigkeitsengagement berichten wir ausführlich im Deutschen Nachhaltigkeitskodex (www.deutscher-nachhaltigkeitskodex.de). Schritt für Schritt folgen wir so den Ideen unserer Publikationen – für eine nachhaltigere Zukunft.

Christoph Hirsch

Dr. Christoph Hirsch
Programmplanung und
Leiter Buch

A. Oxenfarth

Anke Oxenfarth
Leiterin Stabsstelle Nachhaltigkeit

Gartenweisheiten auf dem Prüfstand

Charles Dowding

Gelassen gärtnern

99 Gartenmythen und was von ihnen zu halten ist

oekom verlag, München
144 Seiten, Hardcover
14,95 Euro
ISBN: 978-3-86581-769-3
Erschienen 2016
Auch als E-Book erhältlich

»Das Buch hat Suchtfaktor und man legt es kaum zur Seite.«

OÖ-Nachrichten, 09.12.2016, Irene Preinfalk

Glauben Sie auch, dass man Tomaten niemals neben Gurken pflanzen sollte oder Gießen bei Sonnenschein Blätter schädigt? Dieses reich illustrierte Buch zeigt auf, welche Gartenmythen rund um Pflanzen und Säen, Gießen und Bodenbearbeitung sowie Kompostieren und Düngen ernst zu nehmen sind.

oekom.de DIE GUTEN SEITEN DER ZUKUNFT

oekom